北方民族大学中央高校基本科研业务费专项资金项目资助

辽宁省"兴辽英才计划"项目资助

饮食人类学
视域下的辽代饮食文化研究

张景明　张　杰◎著

科学出版社

北　京

内 容 简 介

本书站在饮食人类学的视域中，就有关学派理论对辽代饮食文化的研究做了专门的分析，包括生计方式与饮食构成、饮食器具分类与造型、制度文化与饮食阶层性、礼仪中的饮食行为与社会文化功能、艺术形式体现的饮食文化与饮食艺术、饮食文化的象征表意与交往交流交融等区域性和民族性特征鲜明的文化内涵，并成为北方草原饮食文化的重要组成部分。通过对草原饮食文化区的界定和历史分期，又可看到辽代饮食文化的主要特征和在中国饮食文化发展史中的重要地位。饮食文化是辽代物质文化的重要载体，还涉及制度文化和精神文化的内容，从其内涵可以了解到辽代社会生活的发展过程。

本书可供对历史学、社会学、民族学感兴趣者参考阅读。

图书在版编目（CIP）数据

饮食人类学视域下的辽代饮食文化研究/张景明，张杰著. —北京：科学出版社，2021.6

ISBN 978-7-03-068938-2

Ⅰ.①饮⋯ Ⅱ.①张⋯ ②张⋯ Ⅲ.①饮食-文化研究-中国-辽代 Ⅳ.①TS971.2

中国版本图书馆 CIP 数据核字（2021）第 104440 号

责任编辑：杨　静　王　媛 / 责任校对：王晓茜
责任印制：张　伟 / 封面设计：润一文化
编辑部电话：010-64011837
E-mail: yangjing@mail.sciencep.com

科学出版社 出版
北京东黄城根北街 16 号
邮政编码：100717
http://www.sciencep.com
北京中石油彩色印刷有限责任公司 印刷
科学出版社发行　各地新华书店经销
*
2021 年 6 月第　一　版　开本：720×1000　B5
2021 年 6 月第一次印刷　印张：16 3/4
字数：287 000
定价：128.00 元
（如有印装质量问题，我社负责调换）

目　　录

插 图 目 录

中国北方草原饮食文化学术史梳理

　　中国北方草原地区主要是指东起我国大兴安岭、西到阿尔泰山、南接长城沿线、北至蒙古国和俄罗斯交界的广大区域，在地理位置上处于北纬40度至50度之间的狭长草原地带，以现今内蒙古地区为主，包括东北三省西部和河北、山西、陕西、宁夏的北部以及甘肃西北部、新疆天山以北等地区。历史上在距今60万年前就出现了人类活动的遗迹，揭开了北方草原文化的历史帷幕，到考古学上的旧石器时代晚期，形成了大型石器和小型石器两大石器文化系统。进入新石器时代以后，在内蒙古中南部地区、东南部地区、阴山以北地区，形成原始文化发展谱系，从距今9000年前延续到4000年前，为中华文明发祥的源地之一。青铜时代，在内蒙古中南部和东南部地区，夏、商、西周、东周的发展序列比较完备整齐，加之其他地区青铜文化的交相辉映，形成北方系青铜文化的主体，甚至发现了商周时期的锡矿和铜矿遗址，解决了长期以来青铜原料来源未解的困惑难题。在夏晚期至早商时期，随着气候条件发生变化，开始有牧业的发展，经过一个半农半牧的阶段以后，到西周晚期进入牧业为主的经济时代，随之出现了游牧民族，创造了包容开放的游牧文化，并成为草原文化的核心所在。具体到饮食文化，作为物质文化的重要组成，其饮食制度、饮食阶层、饮食艺术、饮食风俗、饮食理论又涉及制度文化和精神文化的内涵，同样历经了北方草原饮食文化的时空发展过程，并在自身特点的基础上与中原地区、周边地区和西方地区诸民族饮食文化进行相互的交往交流交融，丰富了北方草原饮食文化的内涵，在中国饮食文化发展史上占有重要地位，促进中华民族共同体的最后形成，为铸牢中华民族共同体意识奠定了历史基础。

从学术界对北方草原饮食文化研究的状况看，系统性的研究成果较少，多数是零散的介绍，作为著作中的一小部分或者以论文的形式出现，涉及民族学、考古学、历史学、民俗学等学科领域，真正从多学科角度去综合研究的成果更是凤毛麟角。这就需要重新审视北方草原地区饮食文化，需要有严谨的学科理论与研究方法作为导引，需要梳理近百年来的研究成果，以便更好地对该地区饮食文化进行综合性、跨学科的研究。因此，必须掌握大量前人研究的资料，在人类学田野调查的前提下，结合考古学、历史学、民族学等资料，深入分析北方草原饮食文化方面的文献，进而挖掘饮食文化所蕴含的各种文化信息。

在梳理学术界对北方草原饮食文化研究成果的基础上，将研究状况分为三个阶段，即20世纪20年代至40年代末、20世纪50年代至70年代后期、20世纪80年代至今。第一阶段的总体研究成果较少，而且外国学者的成果较多，主要反映在考古学、历史学、民族学等领域，偏重饮食器和饮食风俗的研究，虽然不够系统，但毕竟为后来北方草原饮食文化的纵深研究奠定了基础。法国学者沙畹著《西突厥史料》（商务印书馆，1935年），记录了西突厥的饮食宗教礼俗等内容。英国学者巴克尔著《匈奴史》（商务印书馆，1934年），涉及匈奴的社会生活。日本学者白鸟库吉著《东胡民族考》（商务印书馆，1934年），也涉及东胡的饮食生活。俄国学者波兹德涅耶夫于1892年到内蒙古地区调查，著有《蒙古及蒙古人》第1卷和第2卷（内蒙古人民出版社，1983年、1989年），对辽代、元代的饮食风俗有所涉及。俄国人科兹洛夫于1899年开始对内蒙古地区进行考察活动，弄清了位于额济纳旗哈拉浩特（黑城）遗址的位置，著有《蒙古·青海和哈拉浩特遗址》（苏联国立地理书籍出版社，1948年），提到了黑城遗址出土的瓷质饮食器。瑞典人斯文赫定于1927年组建西北科学考察团，对额济纳河流域西夏和元代遗迹及墓葬进行调查，著有《内蒙古额济纳河流域考古报告》《蒙新探险日记》等，也涉及饮食器。日本学者滨田耕作、水野清一著《赤峰红山后——热河省赤峰红山后史前遗迹》，（《东方考古学丛刊》，甲种第6册，东亚考古学会，1938年），通过对内蒙古赤峰市红山遗址的调查，论述了饮食器中彩陶、"之"字纹陶器的类型，并对陶质饮食器进行描述。日本学者鸟居龙藏曾多次到赤峰、通辽等地进行调查，著有《蒙古纪行》《辽之文化》《辽文化再探》等，有关于辽代饮食器的记述。1939年，日本东亚考古学会派田村实造、小林行雄到内蒙古巴林右旗调查，掘开辽代庆陵墓室进行测绘、摄影、临摹，著有《庆陵——关于东蒙古辽代帝王陵墓的研究报告》，涉及墓葬壁画中的饮食图像。1943年和1944年，日本学者上原之节等对赤峰郊区缸瓦窑遗址进行实地调查和发掘，对辽代瓷质饮食器的造型、类别、烧制等进行综合研究（佟柱臣《赤峰缸瓦窑辽代窑址发掘通信》，《盛京时报》1944年8月10、19、20日第4版连载）。日本小山富士夫等人发掘辽上京遗址内的白瓷窑址，并调查赤峰缸瓦窑、巴林左旗白音高勒窑址，对辽代陶瓷器进行了研究。日本学者水野清一、江上波夫著《绥远青铜器》，对内蒙古地区的青铜器类型、文化交流做了比较详细的论述。

　　我国的学者在这一阶段也对内蒙古地区的相关遗址进行调研，取得一定的研究成果。1927年西北科学考察团成员徐炳旭教授，在《徐旭生西游日记》中记录了内蒙古考察的情况。黄文弼在内蒙古达茂旗找到元代汪古部居住的赵王城，并发现《王傅德风堂碑记》石碑，发表在《燕京学报》上。在民族学方面的研究成果较少，如凌纯声著《松花江下游的赫哲族》（商务印书馆，1934年），涉及赫哲族的饮食来源、饮食结构、饮食风俗等内容。

　　第二阶段为20世纪50年代至70年代后期，由于中华人民共和国刚刚成立不久，为此由国家民族事务委员会组织进行了民族识别和少数民族社会历史调查的工作，直接涉及北方草原地区少数民族的饮食状况、饮食风俗、饮食来源等。如国家民委民族问题五种丛书，从70年代末开始陆续出版，包括"中国少数民族""中国少数民族简史丛书""中国少数民族语言简志丛书""中国少数民族自治地方概况丛书""中国少数民族社会历史调查资料丛书"，都涉及北方草原地区生活的蒙古族、鄂温克族、达斡尔族等民族的饮食状况。在考古学方面，发现的墓葬、窖藏等遗迹，编写发掘或清理报告和简报，对新石器时代文化、青铜文化及匈奴、鲜卑、辽、西夏、金、元的饮食器有诸多的论述。在历史学方面，涉及匈奴、乌桓、鲜卑、突厥、契丹、蒙古等的饮食文化。如马长寿著《突厥人和突厥汗国》（上海人民出版社，1957年），岑仲勉著《突厥集史》（中华书局，1958年），蒙文通著《周秦少数民族研究》（龙门联合书局，1958年），马长寿著《北狄与匈奴》（生活·读书·新知三联书店，1962年）、《乌桓与鲜卑》（上海人民出版社，1962年）。

　　第三阶段为20世纪80年代至今，随着改革开放，学术界呈现"百花齐放、百家争鸣"的局面，北方草原饮食文化研究也迎来了新的气象，反映在民族学、考古学、历史学等领域中的研究成果如雨后春笋般地涌现出来，主要包括饮食器的类型与造型、饮食来源、饮食风味、饮食结构、饮食礼俗、饮食行为等，但多数的成果不够系统全面。在外国学者的研究成果中，这一时期翻译出版的著作较多。如意大利商人马可·波罗著《马可·波罗行纪》（冯承钧译，东方出版社，2011年）和英国使臣道森编《出使蒙古记》（吕浦译，中国社会科学出版社，1983年），都记载了元代蒙古贵族的金银饮食器和宴会情况。此外，伊朗学者志费尼著《世界征服者史》（何高济译，内蒙古人民出版社，1981年），波斯学者拉施特主编《史集》（余大均、周建奇译，商务印书馆，1983年），苏联学者符拉基米尔佐夫著《蒙古社会制度史》（刘荣焌译，中国社会科学出版社，1980年），法国学者伯希和著《蒙古与教廷》（冯承钧译，中华书局，1994年），法国学者雷纳·格鲁塞著《蒙古帝国史》（龚钺译，商务印书馆，1989年），日本学者和田清著《明代蒙古史论集》（潘世宪译，商务印书馆，1984年），俄国学者史禄国著《北方通古斯的社会组织》（内蒙古人民出版社，1985年），俄国学者波兹德涅耶夫著《蒙古及蒙古人》（刘汉明等译，内蒙古人民出版社，1983年），蒙古学者沙·比拉著《蒙古史学史》（陈弘法译，内蒙古教育出版社，1988年）等，都对古代蒙古族的饮食文化有所触及。日本学者杉山正明的《疾驰的草原征服者：辽西夏金元》（乌兰乌日娜译，广西师范大学出版社，2014年），依照唐、五代、两宋、元朝的历史变迁主线来呈现公元10至14世纪的中国史。苏联学者普·巴·科诺瓦洛夫等著《蒙古高原考古研究》（陈泓法译，内蒙古人民出版社，2016年），论述蒙古高原发现的东胡、匈奴、鲜卑、契丹、回鹘、突厥、西夏、蒙古等民族的遗址和遗迹，涉及这些古代民族的饮食器。

这一阶段国内学术界对北方草原饮食文化研究的成果也比较零散，多数都是涉及其中的一小部分内容。在考古学的研究成果中，多见对北方草原地区饮食器具的类型和造型艺术、饮食来源的描述。如田广金等著《鄂尔多斯式青铜器》（文物出版社，1986年），陈炳应著《西夏文物研究》（宁夏人民出版社，1985年），内蒙古文物考古研究所编《内蒙古文物考古文集》（第1至3辑，中国大百科全书出版社，1994年、1997年、2004年），中国社会科学院考古研究所编著《大甸子——夏家店下层文化遗址与墓地发掘报告》（科学出版社，1996年），内蒙古文化厅主编《草原文化》（香港商务印书馆，1996年），中国社会科学院考古研究所编著《敖汉赵宝沟：新石器时代聚落》（中国大百科全书出版社，1997年），魏坚编著《内蒙古中南部汉代墓葬》（中国大百科全书出版社，1998年），内蒙古自治区文物考古研究所等编著《朱开沟：青铜时代早期遗址发掘报告》（文物出版社，2000年），内蒙古自治区文物考古研究所等编著《辽陈国公主墓》（文物出版社，1993年），高延青主编《北方民族文化新论》（哈尔滨出版社，2001年），魏坚编著《庙子沟与大坝沟——新石器时代聚落遗址发掘报告》（中国大百科全书出版社，2003年），魏坚主编《内蒙古地区鲜卑墓葬的发现与研究》（科学出版社，2004年），陈永志主编《内蒙古集宁路古城遗址出土瓷器》（文物出版社，2004年），田广金著《北方文化与匈奴文明》（凤凰出版社，2005年），内蒙古文物考古研究所等编著《夏家店上层文化的青铜器》（韩国东北亚历史财团，2007年），魏坚著《元上都》（中国大百科全书出版社，2008年），陈凌著《突厥汗国与欧亚文化交流的考古学研究》（上海古籍出版社，2013年），毕德广著《奚族文化研究》（科学出版社，2016年），刘未著《辽代墓葬的考古学研究》（科学出版社，2016年），倪润安著《光宅中原：拓跋至北魏的墓葬文化与社会演进》（上海古籍出版社，2017年）等。孙建华编著《内蒙古辽代壁画》（文物出版社，2009年），以辽墓壁画题材为主，表现宫廷和贵族生活的起居宴饮图、放牧图等内容。彭善国著《辽金元陶瓷考古研究》（科学出版社，2013年），介绍辽代陶瓷窑址和饮食器类型以及各个窑口瓷器的流布、金元时期瓷器品种与形制、东北地区出土的釉陶等，涉及南北方陶瓷文化的交流。齐东方、李雨生著《中国古代物质文化史：玻璃器》（开明出版社，2018年），第六章为"宋辽玻璃器"，涉及从西方传入的玻璃饮食器。

在民族学的研究成果中，主要是在北方民族的经济类型、文化艺术、民俗风情中涉及饮食文化的内容。如吕光天著《北方民族原始社会形态研究》（宁夏人民出版社，1981年），陈庆隆著《游牧民族的国家》（台北图文出版社，1985年），史金波著《西夏文化》（吉林教育出版社，1986年），王迅等编著《蒙古族风俗志》（中央民族学院出版社，1990年），徐世明、毅松编著《内蒙古少数民族风情》（内蒙古人民出版社，1993年），杨·道尔吉编著《鄂尔多斯风俗录》（蒙古学出版社，1993年），宁昶英著《塞北风俗》（内蒙古大学出版社，1993年），徐万邦、祁庆富著《中国少数民族文化通论》（中央民族大学出版社，1996年），徐万邦著《中国少数民族节日与风情

（2 版）》（中央民族大学出版社，1999 年），安柯钦夫等主编《中国北方少数民族文化》（中央民族大学出版社，1999 年），陈兆复主编《中国少数民族美术史》（中央民族大学出版社，2001 年），张国杰等主编《中国民俗大系》（甘肃人民出版社，2004 年），徐英著《中国北方游牧民族造型艺术》（内蒙古大学出版社，2007 年）等。

在历史学和饮食文化研究成果方面，涉及北方草原饮食文化部分内容的成果较多，但缺乏系统性的科研成果。如郭爱平、郭治宇著《内蒙古饮食文化研究》（青岛出版社，2020 年），以七章的篇幅，较为详细地记录和叙述了内蒙古美食、美食文化的传承，包括饮食文化的产生、特征、历史脉络、自然环境、传承习俗、生产工艺、食用沿革、饮食礼仪、营养保健、饮食禁忌等多方面内容。另外，林幹著《匈奴通史》（人民出版社，1986 年）、《东胡史》（内蒙古人民出版社，1989 年）、《回纥史》（内蒙古人民出版社，1994 年）、《突厥史》（内蒙古人民出版社，1988 年）、《突厥与回纥史》（内蒙古人民出版社，2007 年），周伟洲著《敕勒与柔然》（上海人民出版社，1983 年）、《吐谷浑史》（广西师范大学出版社，2006 年），段连勤著《丁零、高车与铁勒》（上海人民出版社，1988 年）、《北狄族与中山国》（河北人民出版社，1982 年）、《隋唐时期的薛延陀》（三秦出版社，1988 年），杨圣敏著《回纥史》（吉林教育出版社，1991 年），陈育宁等著《北方民族史论丛》（宁夏人民出版社，1991 年），孙进己著《东北民族史研究》（中州古籍出版社，1995 年），刘迎胜著《丝路文化·草原卷》（浙江人民出版社，1995 年），张碧波等主编《中国古代北方民族文化史》（黑龙江人民出版社，2001 年），冯继钦等著《契丹族文化史》（黑龙江人民出版社，1994 年），田广林著《契丹礼俗考》（哈尔滨出版社，1995 年），罗贤佑著《元代民族史》（四川民族出版社，1996 年），乌云毕力格等著《蒙古民族通史》（内蒙古大学出版社，1993 年），吕一飞著《北朝鲜卑文化之历史作用》（黄山书社，1992 年）、《胡族习俗与隋唐风韵——魏晋南北朝北方少数民族社会风俗及其对隋唐的影响》（书目文献出版社，1994 年），董国尧著《北方民族文化论稿》（台北洪业文化事业有限公司，1999 年），白翠琴著《魏晋南北朝民族史》（四川民族出版社，1996 年），席永杰等著《古代西辽河流域的游牧文化》（内蒙古人民出版社，2007 年），马宏伟著《中国饮食文化》（内蒙古人民出版社，1992 年），万建中著《饮食与中国文化》（江西高校出版社，1994 年），刘云主编

《中国箸文化大观》（科学出版社，1996年），于行前主编《中华酒文化大观》（当代中国出版社，1997年），莎日娜编著《蒙古族饮食文化》（内蒙古人民出版社，2014年），徐海荣主编《中国饮食史》（华夏出版社，1999年），姚伟钧著《中国传统饮食礼俗研究》（华中师范大学出版社，1999年），赵荣光等著《饮食文化概论》（中国轻工业出版社，2000年），颜其香主编《中国少数民族饮食文化荟萃》（商务印书馆国际有限公司，2001年），陈诏著《中国馔食文化：图文本》（上海古籍出版社，2001年），何满子著《中国酒文化》（上海古籍出版社，2001年），李自然著《生态文化与人：满族传统饮食文化研究》（民族出版社，2003年），姚伟钧等著《中国饮食典籍史》（上海古籍出版社，2011年），叶昌建主编《中国饮食文化》（北京理工大学出版社，2011年）等。

近年来，笔者从人类学、考古学、历史学的视角对北方草原饮食文化进行系统的研究，先后发表《辽代的箸文化》（《内蒙古周末报》1997年10月28日第4版）、《中国古代北方民族的箸文化》（《中国箸文化研讨会论文集》，1998年）、《辽代金银饮食器的文化内涵》（《饮食文化研究》2001年第1期）、《论蒙古族饮食结构与进食方式的演变》（《饮食文化研究》2002年第1期）、《论内蒙古地区古代生态环境与饮食文化的互动》（《饮食文化研究》2002年第2期）、《契丹民族的饮食文化在礼俗中的反映》（《饮食文化研究》2004年第1期）、《中国北方游牧民族的饮食卫生保健与饮食理论》（《内蒙古民族大学学报（社会科学版）》2004年第1期）、《中国北方游牧民族的饮食文化与艺术创作》（《饮食文化研究》2004年第3期）、《北方游牧民族饮食文化在人生礼俗中的反映》（《饮食文化研究》2004年第4期）、《从艺术形式中所见之北方游牧民族饮食文化》（《内蒙古大学艺术学院学报》2005年第1期）、《论草原生态环境与北方游牧民族饮食文化的关系》（《论草原文化》第1辑，内蒙古教育出版社，2005年）、《试论北方游牧民族饮食文化的交流》（《饮食文化研究》2005年第3期）、《论北方游牧民族饮食文化在宗教礼仪中的作用》（《饮食文化研究》2005年第4期）、《论中国北方游牧民族饮食文化的定位》（《论草原文化》第2辑，内蒙古教育出版社，2006年）、《契丹的茶与茶文化研究》（《饮食文化研究》2006年第2期）、《岁时节庆与北方游牧民族饮食文化》（《黑龙江民族丛刊》2006年第2期）、《契丹饮食文化在墓葬壁画中的反映》（《大连大学学报》2007年第1期）、《论北方游牧民族饮食结构与饮食风味》(《饮食文化研究》2008年第1期)、《辽代壁画中的茶饮及相关问题》(《饮食文化研究下》,黑龙江科学技术出版社,2009年)、《饮食人类学与草原饮食文化研究》(《青海民族研究》2010年第4期)、《中国北方草原饮食非物质文化遗产的界定》(《留住祖先餐桌的记忆——2011年亚洲食学论坛文集》,云南人民出版社,2011年)、《论中国北方草原饮食文化的生态观》(《内蒙古社会科学(汉文版)》2012年第2期)、《饮食人类学的实践与文化多样性理论对食学研究的支撑》(《楚雄师范学院学报》2013年第1期)、《论北方草原饮食文化区的界定和研究现状》(《青海民族大学学报(社会科学版)》2017年第4期)、《人类学视野下北方游牧民族饮食行为的文化象征》(《黑龙江民族丛刊》2018年第2期)等20余篇论文。出版《中国北方游牧民族饮食文化研究》(文物出版社,2008年)、《中国饮食器具发展史》(上海古籍出版社,2011年)、《中国饮食文化史·中北地区卷》(中国轻工业出版社,2013年)、《草原饮食文化研究》(内蒙古教育出版社,2016年)。研究内容主要涉及饮食人类学的理论与方法、北方草原饮食结构与风味、饮食器具与造型、饮食习俗、饮食艺术、饮食阶层性、饮食文化的传承与交流、饮食文化的特征与寓意、饮食观念与理论等方面。

学术界对辽代饮食文化的专题研究,迄今还没有见到相关的专著,只是在一些关于辽代或契丹史、文化习俗等论著中有所触及。如田广林著《契丹礼俗考论》、冯继钦等著《契丹族文化史》、笔者著《中国北方游牧民族饮食文化研究》等。在论文方面,除了笔者所著的几篇论文外,还有张国庆《辽代契丹人饮食考述》(《中国社会经济史研究》1990年第1期)、《辽代契丹人的饮酒习俗》(《黑龙江民族丛刊》1990年第1期),彭善国《辽代的茶叶与饮茶风俗》(《北方文物》1998年第2期),冯继钦《契丹人与茶(文史哲版)》(《内蒙古社会科学》1995年第5期),刘海文《试述河北宣化下八里辽代壁画墓中的茶道图及茶具》(《农业考古》1996年第2期),王大方《从出土壁画看契丹人的蔬菜和水果》(《中国文物报》1999年3月17日),王洪军等《契丹族人的饮茶、茶事与政治》(《饮食文化研究》2006年第2期),于淑华《辽代的音乐歌舞与酒文化》(《昭乌达蒙族师专学报(汉文哲学社会科学版)》2000年第2期),田晓雷《辽代饮食结构新探》(《阴山学刊》2015年第5期),胡畔《中原茶文化对契丹饮茶习俗的影响》(《赤峰学院学报(汉文哲学社会科学版)》2018年第9期),王冬冬《契丹民族饮食习俗探究——

以朝阳地区出土的辽代文物为例》(《辽金历史与考古》第9辑,科学出版社,2018年),赵淑霞《契丹饮茶与茶具》(《赤峰学院学报(汉文哲学社会科学版)》2019年第6期),张思萌《辽代的饮食文化》(《赤峰学院学报(汉文哲学社会科学版)》2019年第9期)等。重点探讨辽代或契丹的茶文化较多,并局限于考古学、中国史领域,几乎没有站在饮食人类学的角度进行研究。

从以上的学术史分析看,在明确北方草原饮食文化区的基础上,虽然目前笔者已有以北方草原饮食文化为题的研究成果,但仍需做进一步的纵深研究,为中国饮食文化的研究增添新的内容。同时也可看出,关于辽代饮食文化研究的成果更少,这与内涵深厚、文化多样的辽朝历史极不相符,这是本书选题最主要的依据之一,希望该书面世后能够把学界的专家学者以及广大读者带入五彩缤纷的辽代饮食世界中。

饮食人类学的学科构建及其
对食学理论的支撑

饮食人类学是文化人类学的一个分支学科，主要是研究各个民族或群体在人类社会发展过程中的饮食生产、饮食生活及相关的文化现象，包括了物质文化、制度文化和精神文化的内容，运用文化人类学、考古学、历史学、生态学等学科的理论和方法，跨学科综合性地研究人类生活的饮食和饮食行为。它有别于学术界对饮食文化的单纯研究，把其列入人类社会生活史的一部分，甚至仅仅是物质文化的一个方面，而忽视制度文化和精神文化。中国饮食文化应该站在饮食人类学的视野中，研究人类社会发展过程中的饮食生产、饮食生活、饮食行为、饮食理论及与饮食相关的文化现象等，将之上升到学科的角度，这样更有利于把握和系统地研究，同时，构建饮食人类学的学科体系，可以对食学的研究提供理论支撑。

一、饮食人类学的理论构成

自文化人类学诞生以后，在西方学术界产生了多个学术流派，就人类文化阐述了各自的观点。据不完全统计，学术界关于文化的概念大概多达260多种，在社会科学领域中，文化的概念一直是个争论不休而又歧义层出的问题。自从19世纪中叶以来，文化人类学各个流派的代表人物都给文化下过定义，并对文化的内涵和外延做出不同的界定。人类自从诞生以后，随着社会历史的发展，形成各个族群和民族共同体，随之产生了不同族群或民族的文化。所以说，与其他学科比较而言，文化人类学首先要研究的一个重要问题就是文化。当然，饮食文化也是文化人类学要关注的对象。

文化人类学的各个流派对文化的观点给饮食文化研究提供了理论和方法上的指导。文化人类学学科的创建者、美国人类学家摩尔根（Lewis Henry Morgan），曾多次访问并调查居住在纽约州的易洛魁印第安人，发表了《易洛魁联盟》，追溯了易洛魁人数百年的历史，详细地描绘了易洛魁人的房屋、衣服、习俗等，涉及他们的饮食状况。在1877年出版的《古代社会》中，把人类社会发展分为七个阶段，其中的六个阶段都以与饮食相关的生产技术和生产工具的发明作为划分标志。虽然有的划分标志在人类发展史上并不准确，但以饮食生产和饮食生活作为划分标志，可以说是对人类发展史研究的一个尝试。文化人类学进化学派的代表人物之一英国人类学家泰勒（Edward Burnett Tylor），在人类学研究方法上做了三方面的贡献，提出"残存"法，发展了比较法，在文化现象的研究中采用统计学的方法。饮食人类学运用了这三种研究方法，通过考古发掘资料、多学科综合研究、数理统计，探索人类饮食文化发展的过程和文化特征，分析饮食与人口的关系和比例等问题。他给文化下了一个经典性的定义，认为"文化就其在民族志中的广义而言，是个复合的整体，它包含知识、信仰、艺术、道德、法律、习俗和个人作为社会成员所必需的其他能力及习惯"。这个定义被文化人类学和民族学界（包括不同学派）的学者以及从事其他社会科学的专家学者所普遍接受，这就为饮食文化的研究提供了理论基础。[①]

饮食文化的社会功能，涉及了饮食与祭祀礼俗，其中包括了原始祭祀活动。泰勒在《原始文化》一书中的重要主题就是对"万物有灵论"的论述，认为"作为宗教最低限度的定义，是对神灵的信仰"。泰勒所说的原始宗教包括原始人对超自然神灵的信仰、死后生活、偶像崇拜、祭献活动等信仰的表现。这个观点对原始祭祀中饮食习俗的解释有着重要的参考价值。另一进化派的代表人物英国人类学家弗雷泽（James G. Frazer）认为，对原始艺术与原始宗教最基本的认识，就是认为二者始终是"原始文化"这个整体定义中最重要的成分，因为原始时期的艺术和宗教一样都是人们表达主客观意识的最重要的手段，是一种心灵最深处的观念的体现，它们都具有不同于生产

---

① E. B. Tylor，*The Orins of Culture*，New York：Harper and Brothers Publishers，1958，p.1.

劳动及生活活动的非功利性质，因而在形式上早期的艺术和宗教往往是混沌一体的。弗雷泽的学术观点同样对饮食的来源、饮食与原始祭祀礼俗、原始祭祀活动相关的饮食器等内容有着指导作用。

文化人类学播化学派的先驱人物德国的拉策尔（F. Ratzel）认为，各民族间的联系，包括诸如战争、贸易、通婚、迁徙等，都能导致各种文化现象的转移，而民族迁徙又常常使文化面貌发生重大变化，如影响到具体文化形态的形成。德国人类学家格雷布奈尔（F. Graebner）认为，物质文化形式以及社会生活和精神文化的某些现象都属于文化元素。他建立文化圈，认为当两种性质不同的文化区域，彼此相互接触的时候，两者边境便会重叠起来，因而产生混合现象；或者仅是边缘相遇，因而产生接触现象。虽然他的文化圈概念并不严密，但文化圈对饮食文化区的划分也有着启示作用。文化圈内的特质包括了饮食生产行为，如农业、牧业、渔业等。中国在历史上形成三大生态文化区，即北方和西北游牧兼事渔猎文化区、黄河中下游旱地农业文化区、长江中下游水田农业文化区。在每一个生态文化区内由于独特的生态环境和地理位置，造就了饮食文化的某些相似性。如北方游牧民族诞生以后先后承继、循序渐进，形成了富有特色的饮食文化。但在发展过程中，特别是在草原丝绸之路开通以后，无论是西方文化还是中国中原文化、南方文化都渗透到北方草原文化之中，反之亦然，丰富了北方草原饮食文化的内涵。因此，播化学派的传播理论对研究饮食文化的信息传播与文化交流有直接的指导作用。

文化人类学法国社会学派的代表人物杜尔干（Emile Durkheim）如何通过社会去解释社会现象，他说："一切社会过程的最初起源都必须从社会内部环境的构成中去寻找。"[①]任何事物都必须在一定的"场"中才能存在和表现出来，社会现象的"场"就是社会环境，其构成因素有二：一是人，一是事物。事物包括物质和法律、风俗习惯、建筑、艺术等。他认为社会环境是社会现象变迁的根源，因为社会环境是社会现象存在的基本条件，只有通过社会环境才能真正解释社会现象及其变化的实际情况。饮食文化的创造者就是社会环境中的人，被创造的饮食文化本身以及与之发生关系的就是社会环境中的事物，当社会环境发生变化时，饮食文化也会发生变化。如中国北方

---

① ［法］迪尔凯姆：《社会学研究方法论》，胡伟译，北京：华夏出版社，1988年，第90页。

草原地区的居住形式可以反映饮食团体的稳定性和进餐方式，尤其是游牧民族出现以后，以穹庐式的毡帐为主要居住形式，但在受到中原地区居住形式的影响后，游动饮食团体就会趋于稳定，从而也改变了进餐方式。所以，社会学派的理论对饮食文化的发展变化有重要的参考价值。法国的人类学家莫斯（Marce Mauss）也用社会学分析方法研究民族学材料，特别是提出的交换理论，核心为礼物的馈赠模式和互惠原则。他认为早期社会的交换形式是礼物的赠送和回赠，交换不是在个体之间，而是在群体之间进行，是整体的社会活动，这种活动实际是与经济、法律、道德、政治、宗教等制度都有关。莫斯还试图从馈赠、交换抽象出互惠的原则，并把这一原则看作人类社会中相互关系的基本形式。虽然莫斯认为馈赠与交换是发生在早期社会中，并且是在群体之间进行，排除了个体之间的关系，这种观点有其局限性，但馈赠与交换理论对饮食文化社会功能中的人际交往有着指导意义。

文化人类学功能主义学派的代表人物英国人类学家马林诺夫斯基（B. K. Malinowski）提出文化的八个方面：即经济、教育、政治、法律与秩序、知识、巫术宗教、艺术、娱乐，分别代表了文化的功能。他还认为文化要素的动态性质揭示了人类学的重要工作就在研究文化的功能，而文化的意义就在文化要素的关系中。他认为文化的真正要素是社会制度。比如任一器物，只有把它放在社会制度的文化布局中去说明它所处的地位，即它如何发生文化的功能，才能得到它的文化意义。[①] 同时，马林诺夫斯基把文化看作是一种工具性实体，强调文化源自人类的需要。他在列表中指出：饥饿—进食—吃饱与渴—饮入液体—解渴的冲动、行为、满足三步骤，说明人类在谋取食物以满足需要时，便为自己创造了一个新的、第二性的、派生的环境，这个环境就是文化，即由饮食而引发出各种文化现象。英国另一位功能学派的代表人物拉德克利夫－布朗（Alfred Reginald Radcliffe-Brown）在《人类学研究现状》中指出，文化也发生变化，经过变化的过程重新整合。"任何存续的文化都看成是一个整合的统一体或系统，在这个统一体或系统中，每个元素都有与整体相联系的确定功能。偶尔，一个文化的统一体会由于某个极其不同的文化的碰撞而处于严重的动乱之中，甚至也许会被摧毁和取而代之。……更常见的过程是文化的相互作用、相互影响，通过这种过程，一个

---

① ［英］马林诺夫斯基：《文化论》，费孝通等译，北京：中国民间文艺出版社，1987年，第12—23页。

民族从它的相邻民族那里接受一些文化元素，同时又拒斥另一些文化元素；接受或拒斥都是由这一些文化本身的体系性质所决定的。从相邻民族那里采用或'借'来的元素，一般说来要在适应现存体系的过程中经过重新加工和改良。"①功能学派的理论对饮食文化所反映的社会现象与功能研究提供了参考的理论价值，并对饮食文化交流提供了理论上的支撑。

文化人类学历史学派的代表人物美国人类学家博厄斯（Franz Boas）认为，人类学、民族学的一般任务是"研究社会生活现象的全部总和"，这种研究总的来说应当构成"人类的历史"，点明了人类学研究的任务和目标。博厄斯提出历史特殊论，认为"每个文化集团（族体）都有自己独一无二的历史，这种历史一部分取决于该社会集团特殊的内部发展，一部分取决于它所受到的外部影响"②。这一观点虽然反对单线进化论，所谓的历史其实就是文化的传播，并不追溯历史，因而局限性较大，但对饮食文化的发展历史同样具有借鉴作用。还提出"文化区"的概念，同样适用于饮食文化区的划分，以不同的饮食文化特征划分地域性的区位。文化人类学新心理学派的代表人物美国人类学家本尼迪克特（Ruth Benedict）在《文化模式》中，多处论述文化整合，指出："整体并非仅是其所有的部分的总和，而是那些部分的独特的排列和内在关系，从而产生了一种新实体的结果。""一种文化就像是一个人，是思想和行为的一个或多或少贯一的模式。""这种文化的整合一点儿也不神秘。它与艺术风格的产生和存留是同一进程。"③饮食文化作为一种文化现象，在历史发展过程中形成先后承继的文化特性，如草原饮食文化中的"饮酪食肉"在某种意义上说就是一种文化模式，围绕这种模式延伸出种种的文化现象。所以，这种文化模式理论同样可以运用在饮食文化范式的研究之中。

美国人类学家斯图尔德（Julian H. Steward）创始了文化生态学，提出文化—生态适应的理论，认为"文化变迁可被归纳为适应环境。这个适应是一个重要的创造过程，称为文化生态学，这一概念与社会学概念的人类生态学

---

① ［英］拉德克利夫-布朗：《社会人类学方法》，夏建中译，济南：山东人民出版社，1988年，第60页。

② F. Boas，Race，*Language and Culture*，New York：Macmillan，1982，p.264.

③ ［美］露丝·本尼迪克特：《文化模式》，王炜等译，北京：生活·读书·新知三联书店，1988年，第48—49页。

或社会生态学是有区别的。"①探讨环境、技术以及人类行为等因素的系统互动关系，认为文化之间的差异是由社会和环境相互影响的特殊适应过程引起的。由此而兴起的生态人类学，研究人类群体与周围环境的关系，把人类社会和文化视为特定环境条件下适应和改造环境的产物，以历时性和共时性的方法研究不同环境下的不同群体及文化。这对饮食文化与生态环境互动关系的研究有着积极的作用。

20世纪80年代，美国著名人类学家马文·哈里斯（Marin Harris）提出文化唯物论，认为基础结构对结构和上层建筑起决定作用，客观行为对主位思想起决定作用，并试图在文化生态学理论中融入文化内在认知的考虑及整合研究者的观点与被研究的当事人的观点，强调区分人类思想和行为的主位与客位观点。②以此理论为指导，完成了《食物与文化之谜》的著作，是饮食人类学的典型例证。用象征人类学的理论与方法研究饮食文化，在西方学术界已有近百年的历史。马文·哈里斯认为，在列维·斯特劳斯（Clande Levi-Strauss）看来，"人们选择食物是因为他们看中了食物所负载的信息而非它们含有的热量和蛋白质。一切文化都无意识地传递着在食物媒介和制作食物的方式中译成密码的信息"③。饮食文化具有象征符号的性质和特征，其功能包括饮食对人们生理需要、心理需要和社会需要的三重属性，以饮食作为传递信息的符号，来反映人类的文化现象。如中国各地的饮食，供人们在不同时间和场合举行仪式过程、人际交往、节日庆典、宗教祭祀等社会活动中消费，并作为象征符号来传递信息，以产生各种不同的文化象征意义。

因此，饮食人类学有众多的文化人类学流派的理论和方法为基础，形成独立的分支学科，研究人类社会发展过程中饮食生产、饮食生活、饮食行为以及相关的文化现象，是符合学科整合的发展规律。饮食人类学的提法，具有学科规范化的特点，更有利于对一个民族或群体的饮食以及由此而衍生的各种文化现象的系统研究。

---

① J. H. Steward, *Theory of Culture Change: the methodology of multilinear evolution*, University of Illinois Press, Urbana, 1972, p.5.

② Marvin Harris, *Cultural Materialism: the Struggle for a Science of Culture*, New York: Vintage Books, 1980.

③ ［美］马文·哈里斯：《文化唯物论》，张海洋、王曼萍译，北京：华夏出版社，1989年，第218页。

二、饮食人类学在国内外的实践以及对食学的理论支撑

饮食人类学的提法，在国内外一些出版物中都有涉足，也有一些学者著书撰文探讨。如马文·哈里斯著《好吃：食物与文化之谜》（山东画报出版社，2001年）就是一部研究饮食人类学专题的力作，从肉食主义与素食主义的争执入手，把人类社会中由吃所引发的种种奇特现象和风俗作为解析的对象，把读者引入饮食人类学的知识视野，告诉我们吃的文化差异和民族个性，在特定的社会中应该吃什么，怎样吃，如何看待各个文化特有的饮食禁忌等。[①] 书中反复强调了饮食人类学对人的归类概括基点，即"人是一种杂食动物"，这里蕴涵了很深的文化特性。美国学者西敏司（Sidney W. Mintz）著《甜与权力：糖在近代历史上的地位》（商务印书馆，2010年），论述了糖曾经作为欧洲贵族奢侈品，如何变成欧洲无产者的日常饮食品，对糖的生产以及消费方式演变史做了政治经济学的分析。西敏司著《饮食人类学：漫话餐桌上的权力和影响力》（电子工业出版社，2015年），认为饮食不仅是关乎人类生死存亡的大事，也是人类文化史中的重要一环，与政治、经济、战争有着密切的联系，甚至对人类思想形态的形成造成了重大影响。英国考古学家马丁·钟斯（Martin Jones）著《宴飨的故事》（陈香雪译，山东人民出版社，2009年），通过食物遗存考古的方法，结合现实生活中参与各种宴会经验，对人类社会普遍的共食行为做了专门的研究，重点考察了食物与家庭、身份、权力的关系。美国人类学家詹姆斯·华生（James L. Watson）著《饮食全球化：跟着麦当劳，深入东亚街头》（早安财经文化，2007年），通过个案研究展示麦当劳在东亚五个城市（北京、香港、台北、首尔、东京）的落脚、发展情景，以麦当劳作为社会文化变迁的连接点，对20世纪90年代以后的经济增长引发中国人对美国文化的追求、独生子女亚文化引发餐饮领域的消费革命、老龄化问题、食品安全问题，以及由麦当劳引导的排队文明等社会现象做了深入的田野调查与分析。后者虽然没有提出饮食人类学的概念，但研究方法和所涉及的饮食问题都是饮食人类学所倡导的。美国学者王晴佳著《筷子：饮食与文化》（生活·读书·新知三联书店，2019年），以吃饭的筷子为载体，提出筷子用途的变迁、筷子文化圈、用筷的习俗与礼仪、筷

[①] ［美］马文·哈里斯：《好吃：食物与文化之谜》，叶舒宪、户晓辉译，济南：山东画报出版社，2001年，第1—2页。

子的象征以及架起世界饮食文化之"桥"等学术观点，将筷子的内涵与外延扩大到整个饮食文化之中。

云南大学的瞿明安教授著《隐藏民族灵魂的符号：中国饮食象征文化论》（云南大学出版社，2011年），把象征人类学的理论和方法引入中国饮食文化的研究领域，提出饮食象征文化，对基本的理论框架、价值取向、社会功能做了详细地探讨和阐述。书中说："饮食象征文化研究所依托的则是象征人类学、饮食民族学、民俗学、社会学、宗教学、符号学、文化史等方面的理论和方法，它所关注的是人的饮食活动与自身观念意识的相互关系，所以在研究过程中就偏重理论性的阐释和典型的个案分析。"[①]提到了饮食民族学，但没有深入解释。其实，饮食象征文化应该是饮食人类学研究的一个方面。

陈云飘、孙箫韵《中国饮食人类学初论》（《广西民族研究》2005年第3期），从中国饮食人类学的发展状况，对其研究内容、理论方法等问题进行探讨，认为其是建设和发展这一人类学分支学科的重要工作之一。通过对以往人类学的饮食文化领域的研究回顾，结合人类学对饮食文化与饮食行为的相关理论分析，可以获得对饮食人类学这一分支学科的基本理论认识，并由此而形成关于中国饮食人类学发展的基本看法。叶舒宪《饮食人类学：求解人与文化之谜的新途径》（《广西民族学院学报（哲学社会科学版）》2001年第2期），认为马文·哈里斯《好吃：饮食与文化之谜》一书的研究思路代表着文化人类学发展的一种前沿方向，即从自然科学与废寝忘食结合部去探索，动用各种可能的学科资源去求解人与文化之谜的新途径。叶舒宪《圣牛之谜——饮食人类学的个案研究》（《广西民族学院学报（哲学社会科学版）》2001年第2期），认为肉食禁忌在不同文化中的表现形式各异，印度教的核心教义中有牛崇拜与牛保护的条文，这个世界第二人口大国至今仍把禁止屠宰母牛的条款写入法律，饲养着约两亿头牛。印度人口的增长与自然资源的紧缺是"不杀生"教义的基础，也是印度人不得不放弃吠陀时代的牛肉美味的原因。在现代农业条件下，废除杀牛禁规不会给印度的饮食节制带来大的改进。没有任何一种动物能够像印度瘤牛那样为人的生存提供如此多的贡献。

谭志国《从文化人类学的角度看中国饮食文化研究》（《湖北经济学院学

[①]　瞿明安：《隐藏民族灵魂的符号——中国饮食象征文化论》，昆明：云南大学出版社，2001年，第3页。

报》2004年第2期）一文，认为与灿烂辉煌的中国饮食文化相比，中国饮食文化研究明显落后。有着各种学术背景的学者从不同角度对饮食文化做了比较深入的研究，但中国饮食文化研究还远未形成完整的学科体系。用文化人类学中的某些理论研究中国饮食文化，这种视角能为中国饮食文化研究提供一条新的思路。徐新建等《饮食文化与族群边界——关于饮食人类学的对话》（《广西民族学院学报（哲学社会科学版）》2005年第6期），以饮食与文化、食物与边界等方面，探讨了人类、饮食、文化的关联性，分析了饮食文化的层次性、多样性和丰富性。李自然著《生态文化与人——满族传统饮食文化研究》（民族出版社，2002年），主要分析了满族及其先民在不同时期吃什么、怎么吃和为什么吃，同时叙述了满族饮食时间轴的发展历程，叙述了清宫满汉全席的礼仪、器具和上菜程序等横断面的内容。

彭兆荣著《饮食人类学》（北京大学出版社，2013年），梳理国际学术界关于饮食人类学相关理论和知识谱系，从文化人类学的角度对中国饮食现象进行讨论。内容涉及品尝民族志——饮食反哺的经验理性、食物的世界性话题、饮食人类学研究的历史脉络、中国饮食的人类学研究概貌、作为民族志研究的食物体系、吃与不吃——食物体系与文化体系、人类学对饮食的研究：从分类开始、菜系——饮食在区域上的表述、菜谱：吃出来的文化认同、食物的权力：反思的"中心/边缘"、饮食政治学——饮食的社会调节作用、食物的生产与消费——市场中的神奇之手、饮食功能的告白、民族志视野中食物的交换、饮食中的社会性别、仪礼与仪食和礼食与礼事、"共食"——饮食共同体的表述伦理、要面子还是不要面子——这是一个问题、"勺"与"碗"——我吃你的和你吃我的、吃出来的生命哲学、自然的食物与食物的自然、饮食的表白——食相和食符与食义、饮食正义和雅俗共"尝"、饮食与巫术和禁忌、饮食与医疗——食疗中的辩证法、吃出形色之美、无形遗产——饮食的技术与技艺，以及中国饮食体系——认识、表述与思维。这是国内第一部以"饮食人类学"为题的著作，从简单的饮食入手，深入到理论、方法、政治、经济、文化、哲学、礼仪、社交、性别以及社会现象。

笔者一直以多学科的角度从事北方草原地区的饮食文化研究。所著的《中国北方游牧民族饮食文化研究》（文物出版社，2008年），运用民族学的理论和方法，对北方游牧民族的饮食及相关文化现象进行研究，是饮食文化领域专题研究的一个成果。在方法上，运用民族学田野调查的方法，结合历史文献分析法、跨学科综合分析法，突出了历时性和共时性相结合的方法。历史上的北方游牧民族主要生息于北方草原地区，诸民族创造的饮食文化不仅影响了中国的中原地区、南方地区，而且远至朝鲜半岛、日本群岛、西伯利亚、中亚、西亚和欧洲地区。与此同时，这些地区的饮食文化对中国北方游牧民族饮食文化也产生了极大的影响。相互间经济交往和文化交流，更加促进了北方游牧民族饮食文化的发展。该书获改革开放四十周年优秀食学著作"随园奖"（图1）。中央民族大学徐万邦教授在《序言》中指出，作者在总结前人研究成果的基础上，根据自己的调查和工作经验，将历代零散的北方游牧民族饮食文化进行了系统的、全面的分析和研究，运用民族学、考古学、历史学、生态学等多学科相结合的研究方法，对我国北方游牧民族饮食文化与自然生态环境、生活方式、艺术表现、社会功能、文化交流以及卫生保健理论等的关系做了历时性、全方位的探讨与论述，具有开创性。《中国饮食器具发展史》（上海古籍出版社，2011年），以饮食器具为主题，运用考古学、历史学、艺术学、民族学等学科的研究方法和资料，特别是注重考古资料与文献资料的结合，论述了中国饮食器具的发展简史，内容从中国境内的原始人用来夹食的树枝开始讲起，一直到当代中国的中外结合，充分体现了具有多元文化特征的精彩纷呈的各类饮食器具。长春师范大学张晓刚教授以《追寻美食配美器的〈中国饮食器具发展史〉》（《大连大学学报》2013年第2期）为题，指出该书与出版的同类著作相比，无论是研究内容还是研究方法都具有新意。《草原饮食文化研究》（内蒙古教育出版社，2016年），主要站在饮食人类学的视野中，论述饮食人类学理论与方法的构建、饮食文化区的划分、艺术与饮食文化的结合、草原饮食文化的特征、草原饮食非物质文化的界定等内容。其中，在分析草原饮食文化的特征时，提出无论是从区域性、民族性、传播性还是结构性、历史性、开放性看，都是中国饮食文化的重要组成部分，特别是对京津地区、黄河中游地区、黄河下游地区、西北地区、东北地区的饮食文化有直接影响，甚至渗透于长江中下游、西南地区的饮食文化中，在中国饮食文化发展史上具有举足轻重的地位。该著作为国家社科基金特别委托项目的研究成果，获第四届国家民委民族问题研究优秀成果三等奖和第七届辽宁省哲学社会科学优秀成果二等奖。中央民族大学麻国庆教授以《草原饮食文化研究的新动向》（《通化师范学院学报》2017年第1期）、北京师范大学色音教授以《中国饮食人类学研究的新收获——读〈草原饮食文化研究〉有感》(《地域文化研究》2018年第2期)，认为主要站在饮食人类学的视野中，梳理草原饮食文化的研究状况和发展趋势以及交流交融，在此基础上提出饮食人类学理论方法的新观点。

图1　《中国北方游牧民族饮食文化研究》获改革开放四十周年优秀食学著作"随园奖"证书

食学主要是研究人类食生产和食生活过程中的科学、技术、工艺以及饮食结构、社会习俗、哲学思想等方面的一门学科，其研究的对象与饮食人类学相同。因此，在研究食学的过程中可以用饮食人类学的理论与方法作为指导。从目前学术界对饮食文化的研究现状看，基本上是置之于社会生活史中。如王明德、王子辉著《中国古代饮食》(陕西人民出版社，1988年)，论述从原始社会到清末饮食生活的发展变化，包括饮食开发与制作以及饮食礼仪、风俗的流变。马宏伟著《中国饮食文化》(内蒙古人民出版社，1992年)，探讨了中国饮食文化的动态特征和断层透视两部分，述及中国烹饪史、饮宴史、饮食文化定位、饮食文化差异等诸多问题。王仁湘著《饮食与中国文化》(人民出版社，1993年)，对五味调和、岁时饮馔、茶道、酒中三味、亦食亦药、进食方式、吃的艺术、食礼、饮食观等进行分析。王仁湘主编《中国史前饮食史》(青岛出版社，1997年)，论述了中国史前经济类型、原始烹饪术、进食方式、美器传统的奠基、酿酒的起源与酒的饮用、食物储藏与加工技术、史前饮食与中国文明的起源等。徐海荣主编《中国饮食史》(华夏出版社，1999年)，对各时期饮食文化涉及的饮食原料的生产与制作、饮食的烹饪方法、饮食器具、饮食礼俗和制度、饮食风尚、饮食业、饮食思想和食疗养生以及中外饮食文化交流等进行多方位的阐述。姚伟钧著《中国传统饮食礼俗研究》(华中师范大学出版社,1999年),论述饮食与礼的起源、商周饮食礼俗、乡饮酒礼探微、汉唐饮食礼俗、汉唐节日饮食礼俗、汉唐佛道饮食礼俗、宋明宫廷饮食礼俗、满汉融合的清宫饮食礼俗、中国古代社会的饮食观念、社会转型与中国饮食礼俗演变等内容。王学泰著《华夏饮食文化》(中华书局,1993年),从物质和精神两方面对中国饮食文化加以研究,介绍了各时代的食物、肴馔、食品加工、烹调、饮食习俗乃至进餐环境、食具餐具等,论述了不同阶层人群的饮食生活。赵荣光、谢定源著《饮食文化概论》(中国轻工业出版社,2000年),论述了中国民族饮食文化的理论基础、中国饮食文化的区域性、中国饮食文化的层次性、中国饮食民俗、中国茶文化、中国酒文化、中国古代饮食思想、中国传统食礼、多向交流中的中国饮食文化等。王建中主编《东北地区食生活史》(黑龙江人民出版社,2004年),以历史发展为背景,以可靠的史料记载为基础,辅之以考古发掘资料,论述了东北地区各时代、各民族的饮食文化状况。刘云主编《中国箸文化史》(中华书局,2006年),介绍了各个时代的箸类型和箸文化。类似的研究成果还很多,从内容上看都是传统的介绍,缺乏学科理论的指导。

因此,饮食人类学不仅是一门学科的建构问题,更重要的是为研究食学提供了理论和方法上的支撑。从纵横贯通的时空去考察,中国饮食文化明显地存在着区域性、民族性、传播性、结构性、历史性和开放性六大特征,涉及饮食来源、饮食结构、饮食加工、饮食制作、饮食政策、饮食卫生、饮食保健、饮食礼俗、饮食层次性、饮食交流、饮食思想、饮食理论等方面。特别是涉及人类生活最基本的首要问题,即吃的条件、吃什么、喝什么、怎么吃,并由吃引发的各种文化现象。浙江工商大学赵荣光教授指出:"人类食事活动的每一具体方面,又均可从史的角度分别作更具体深入的研究,从而可以初步建构食学的独立学科体系,因此决定了食学研究的重点为食事的形态、方式、过程、规律与社会、历史功能。"[①]这种食学学科体系的建构就要有一套完善的理论和研究方法,而饮食人类学恰好可以提供这样的学科理论和方法,来充实和指导食学的学科内容与具体研究过程。

---

① 赵荣光:《大树繁枝,浓荫华盖——序〈中国饮食文化专题史〉丛书》,张景明、王雁卿:《中国饮食器具发展史》,上海:上海古籍出版社,2011年,第2—3页。

三、饮食人类学方法及在辽代饮食文化研究中的运用

辽代饮食文化在历史的发展过程中，形成区域性和民族性特征的文化内涵，并成为草原饮食文化的重要组成部分。通过对中国饮食文化的区域划分，又可看到辽代饮食文化在中国北方草原饮食文化区中的主要特征和在中国饮食文化发展史中的重要地位。饮食文化作为物质文化的重要组成部分，还涉及制度文化和精神文化领域，从其内涵可以了解到每一个民族的历史发展过程，涵盖了人类生产生活的各个方面。在方法上，由于饮食人类学属于人类学的分支学科，人类学的方法也便成为饮食人类学主要的研究方法，即必须运用人类学的直接参与观察方法，结合历史文献分析法、跨学科综合分析法，突出了历时性和共时性相结合的方法。还运用了马克思主义关于民族学的理论，站在历史唯物主义和辩证唯物主义的立场上，对辽代饮食文化进行综合研究。饮食文化虽然是多学科交叉渗透研究的对象，但也是文化人类学研究的重点。创建一门饮食人类学，作为人类学的分支学科，以便系统地研究一个民族或群体的饮食文化。辽代饮食文化的研究，将有助于推动这门学科的发展，并对文化人类学的中国化研究有重要的历史和现实意义，还会深化对草原饮食文化的整体研究。

人类学的"直接参与观察"方法，就是要求深入到历史上有民族生活的地区和现今的民族地区，对一些民族文化现象做详细地调查，以解释这些文化现象。英国人类学功能学派要求人类学家学习当地土语，与当地居民生活在一起，进行直接的观察了解，从而获得第一手资料，称为参与观察法。人类学家马林诺夫斯基曾指出，一位民族学家进行研究，仅仅局限在文献资料，或宗教，或技术，或社会组织方面，而省略掉人工的田野访问，那么他的工作将会有严重的缺陷。① 他在《科学的文化理论》中指出："必须从事民族志的田野工作，即经验型研究……必须同时谙熟观察艺术，即民族学田野工作，同时又是文化理论的专家……两者齐头并进，否则，其中任何一者都毫无价值。观察就是在理论的基础上进行选择、归类和离析。建构理论就是总结过去观察到的相关性，并预见其对现有理论难题的经验证实或证

---

① Bronislaw Kaspar Malinowski，*Argonauts of the Western Pacific*，London：GeorgeRoutledge，1922，p.11.

伪。"① 在《西太平洋的航海者》一书中，他提出民族学调查方法的三原则：
（1）真正的科学目的、民族学的价值和标准；（2）住在土人中间，便有好的
工作条件；（3）使用各种方法收集处理各种材料，要像猎人一样主动寻找、
核实，带的问题越多，越能深入了解，要有良好的理论。美国人类学家博厄
斯重视田野调查及其科学性，认为民族学既要分析研究社会文化的最小单
位，如物质生活上的用品、社会生活的基层组织等，又要将一种民族文化做
整体研究。为此，必须重视具体的田野实地调查。且调查者一定要参加到被
调查对象的生活中去，成为其中的一员，而且要站在被调查者立场上思考问
题、观察问题，这就是文化人类学和民族学的重要方法论——参与观察法。
所以，进行辽代饮食文化研究时，必须进行实地的调查，否则闭门造车，就
会成为空中楼阁。

　　跨文化比较研究方法是文化人类学的又一个重要的方法。英国人类学家
泰勒在前人的基础上成功地运用和发展了比较法，利用民族志资料，进行跨
文化研究，用比较法对各种文化特征进行分类，研究文化的起源与发展，判
定文化发展的高低。他阐述了残存法，"残余指的是一类过程、习俗、见解
等，习惯势力使它们进入了与其所源出的社会状态全然不同的新的社会状
态，它们因而成为新文化状态所源出的旧文化状态的物证和实例"②。他用
统计学方法研究文化现象的相互关系，在统计的基础上进行比较。英国人类
学家弗雷泽深受泰勒的影响，虽然没有做过文化人类学的田野调查，但能广
泛利用其他人收集到的民族志资料，运用比较法，对宗教信仰仪式和社会风
俗制度进行比较研究。法国人类学家杜尔干强调要正确运用比较法，在研究
社会现象的因果关系时，应比较它们同时或不同时出现的情况，考察它们在
不同的环境组合中出现的变化是否能证明一个现象取决于另一个现象，具体
采用残余法和相异法。英国人类学家马林诺夫斯基也强调"比较的方法必须
始终是任何归纳、任何理论原则，或任何适用于我们研究课题的普遍法则的
基础"。如此，田野工作经验及比较方法"使人类学家认识到文化现象是相
互关联的"③。英国人类学家拉德克利夫－布朗着重阐述了比较法，认为

　　① ［英］马林诺夫斯基：《科学的文化理论》，黄建波等译，北京：中央民族大学出版社，1999年，
第34页。
　　② E. B. Tylor, *The Orins of Culture*, New York: Harper and Brothers Publishers, 1958, p.16.
　　③ ［英］马林诺夫斯基：《科学的文化理论》，黄建波等译，北京：中央民族大学出版社，1999年，
第39、137页。

"目的就是揭示存在于这些不同的、分散的民族中的相似处"①。他对比较法提出自己的见解，认为这种方法就是要解决两个问题：第一是横的或共时的研究，考察历史上某一时期内的文化，或现代不同社区内部结构或生活的比较，不涉及过去的历史或进行中的变迁，最终目的是尽可能准确地确定任何文化都必须适应的条件。第二是纵的或历时的研究，考察正在进行中的文化变迁，目的在于发现这种变迁过程的一般规律。美国人类学家本尼迪克特非常强调比较文化研究，在《菊与刀》中，用许多的实例对比日本文化与美国文化的不同，而不同的文化造就了两国人民不同的国民性格。美国人类学家默多克（G. P. Murdork）提倡跨文化比较研究，其特点就是利用人类关系区域档案，采用统计分析的手段，进行世界规模的跨文化比较研究。在调查辽代饮食文化过程中，经过收集一手资料进行分析，并与其他民族饮食文化对比，采用主位与客位相结合的研究方法，进一步分析饮食表象后面的文化含义。

历史文献研究法是在田野调查资料的基础上进行历史文献的分析，由于文化人类学与民族学之间的特殊关系，这种方法必然成为研究古今民族文化的一个重要的手段。在第二次世界大战以前，一些西方的学者将人类文化分为两个范畴，无文字的各族文化和有文字的各族文化。认为民族学研究前一种文化，而研究后一种文化的属于历史学。②现在也开始转向重点研究有文字的各族文化，这就需要历史文献的记载作为一个重要的参考资料。如人类学历史学派的代表人物博厄斯提出的历史特殊论，认为人类学的任务就是研究社会生活现象的全部总和。苏维埃民族学更加重视民族的历史研究，认为将世界各族人民当作人类全部历程中的创造历史的主体来研究，特别是对各个民族的族源和原始社会历史的研究尤其重要。辽代有自己的发展历史，在文献中记载了大量的相关资料，同样饮食文化也有其发展历史，必然借助于历史文献的记载进行分析，才能客观地对饮食文化的历史有个认识。

跨学科综合研究方法是由文化人类学自身的特点来决定的，研究一个民族的文化必然要涉及其他的一些学科。美国人类学家博厄斯把种族、民族、生态、文化、社会、语言、民俗、考古、心理、地理和博物等各学科，做跨学科的综合科学体系的研究，即融自然科学、社会科学和思维科学之大成。

---

① ［英］拉德克利夫-布朗：《社会人类学方法》，夏建中等译，济南：山东人民出版社，1988年，第129页。

② ［法］列维·斯特劳斯：《近代人类学的危机》，转引自杨堃译：《论列维·斯特劳斯的结构人类学派》，《民族学研究》第1辑，北京：民族出版社，1981年。

他还认为田野调查必须要涉及文化的各个方面，对社会文化系统深入的了解，需要多学科相结合进行。民族调查的深入，必然会涉及语言学、考古学、历史学、心理学、统计学等学科的知识，这就需要多学科相结合。在人类学强调的"整合"中，是指文化的各个方面在发挥其功能上相互联系成为一个整体的倾向，这种整体是"人类学上看问题的一种观点。主张在研究社会或历史现象时必须对与之有关的所有各类现象即各个时代、各个地区的生物、心理、社会和文化方面有所了解"[①]。正因为人类学提倡跨学科综合研究方法，才会出现许多边缘学科，如民族社会学、民族心理学、民族语言学、生态文化学、饮食人类学、旅游人类学等。在研究辽代饮食文化时，除了文化人类学的理论与方法外，还运用考古学、历史学、民俗学、文化学、生态学等学科的理论、方法与资料，形成多学科指导下的综合性研究成果。

从上述饮食人类学的理论与方法看，饮食人类学是以人类学各种流派的理论为基点，同时还运用诸如历史学、考古学、文化学等学科的理论、方法作为重要参考，为研究辽代饮食文化提供了学科理论上的支撑。在国内外对饮食人类学的研究中，虽然有些学者运用了这一概念，但系统性的论述较少，甚至不能在理论和实践中予以学科的构建。因此，饮食人类学作为一个人类学的分支学科，还需对其理论、方法进行探讨，真正建立一套完成的学科体系。辽代饮食文化就是站在饮食人类学的视野中进行较为系统的研究，目的在于进一步发展人类学的本土化问题和为饮食人类学学科建构充实内涵。

四、文化多样性理论与饮食文化研究

2005年10月联合国教科文组织第33届大会上通过的《保护和促进文化表现形式多样性公约》中，"文化多样性"被定义为各群体和社会借以表现其文化的多种不同形式。这些表现形式在他们内部及其间传承。文化多样性是人类社会的基本特征，也是人类文明进步的重要动力。我们对待文化多样性的正确态度应是：既要认同本民族文化，又要尊重其他民族文化，相互借鉴，求同存异，尊重世界文化多样性，共同促进人类文明繁荣进步。我国著

---

① 吴泽霖总纂：《人类学词典》，上海：上海辞书出版社，1991年，第330页。

名的人类学家费孝通先生在晚年提出了"各美其美，美人之美，美美与共，天下大同"的思想，就是指文化的多样性。他强调说："真正传统的好的东西是不会完全走掉的。我们的任务就是要把这些好的传统从生活中提炼出来，让大家意识到和理解到我们有些什么样的、应该保留的优秀传统，并有意识地去发扬它和继承它。我把这种行为叫做（作）文化自觉，这就是自知之明。"① 费孝通还指出："文化自觉只是指生活在一定的文化中的人对其文化有'自知之明'，明白它的来历、形成过程，所具有的特色和它发展的趋势，不带任何'文化回归'的意思，不是要'复旧'，同时也不主张'全盘西化'或'全盘他化'。自知之明是为了加强对文化转型的自主能力，取得决定适应新环境、新时代时文化选择的自主地位。文化自觉是一个艰巨的过程，首先要认识自己的文化，理解所接触到的多种文化，才有条件在这个已经在形成中的多元文化的世界里确立自己的位置，经过自主的适应，和其他文化一起，取长补短，共同建立一个有共同认可的基本秩序和一套各种文化能和平共处，各抒所长，联手发展的共处原则。"② 在民族学的背景下，他提出了"中华文化多元一体"的学说，这种学说对处于少数民族文化怀着极大的肯定和尊重。

我国著名的考古学家苏秉琦先生，在新石器时代文化区系类型理论的基础上，把中国古代文明分为六大区系，指出："所有这一过程，都不是由中原向四周辐射的形势，而是各大文化区系在大致同步发展的前提下，不断组合和重组，形成在六大区系范围内涵盖为大致平衡又不平衡的多元一体的格局。"③ 由此看来，文化的多样性发展要求既要承认一种文化类型与另一种文化类型之间的差异性，又能深刻地了解不同文化的产生背景、传承方式、文化内涵、交流发展、价值取向和现实状况，同时每种文化能够吸收不同文化的内涵，并与异质文化相互吸收和融合，从而形成一种"和而不同"的良性关系。无论是世界性的全球化现代进程，还是不同文化的自身发展，都要求现代条件下的多元文化在保持其文化精神的前提下，能以更加开放的深度采纳吸取异质文化的优质要素，从而也尊重历史发展规律而实现自身的文化变迁，这不仅是多元文化间的一种有效的文化调适，更是文化多样性在历史演

---

① 方李莉编著：《费孝通晚年思想录——文化的传统与创造》，长沙：岳麓书社，2005年，第94页。
② 费孝通：《反思·对话·文化自觉》，《北京大学学报（哲学社会科学版）》1997年第3期，第15—22页。
③ 苏秉琦：《中国文明起源新探》，北京：生活·读书·新知三联书店，1999年，第98页。

变中的主要体现。

从遵循文化多样性理论看，在原始社会时期，中国饮食文化就已经呈现出各自的区域性特点，而且每个文化区之间的饮食文化有着互动的双向交流。如北方草原地区旧石器时代的大窑文化属于大型石器文化系统，与山西襄汾县发现的丁村文化有着十分密切的联系。新石器时代，中原地区仰韶文化半坡类型、庙底沟类型、后冈类型、大司空类型及大汶口文化、龙山文化等都对该地区的原始文化有较大的影响，反之亦然，草原地区的原始文化也对中原地区的文化有一定的冲击。而商代青铜器上的云雷纹、饕餮纹等又可以在北方草原地区早期青铜文化夏家店下层文化的陶器上找到渊源。我国著名的考古学家苏秉琦先生于 1985 年在山西省侯马市召开的晋文化研讨会上，关于中国北方草原地区的古文明对中华民族文明起源的影响，精辟地总结了七言诗："华山玫瑰燕山龙，大青山下斝与瓮。汾河湾旁磬和鼓，夏商周及晋文公。"说的就是在距今五六千年间仰韶文化与红山文化会合迸发出文明火花之后，距今四五千年间在内蒙古河套、山西汾水流域也出现了以文化融合为形式的文明火花，最终连贯一气，阐明了从源于中原的仰韶文化和源于北方的红山文化到秦统一上下几千年间中华文明起源和发展的主要脉络，充分说明了草原饮食文化在很早以前就与外界的文化产生了共鸣。

从中国饮食文化的发展历史看，一开始就不存在封闭的状况，而是多趋的发展。随着各民族以及与其他国家的政治、经济、军事、文化上的往来和接触，饮食文化必然受到影响，双向交流，形成你中有我、我中有你的现象，虽然有时这种影响的冲击很大，但不会改变中国饮食文化固有的模式，反而正是因为多种文化的交融，才使中国饮食文化的内涵更加丰富。这种文化的多样性不仅反映在饮食器具、饮食结构、饮食与艺术、饮食礼俗等方面，还有饮食制度、饮食思想与观念等制度和精神文化方面的内容。中国饮食文化的多样性虽然主要是通过物质文化来表现，但足以说明中国饮食文化的包容性。时至今日，中国饮食文化经过多次的更替、演变，但其内在脉络始终没有中断，在发展过程中不断地融入其他文化的因素，积极吸收现代文化的有益成分，从内涵到外延都在增强现代意识，使中国饮食文化成为传统文化与现代文化相统一的有机体。

北方草原饮食文化区的界定
与文化生态观

北方草原文化在形成与发展过程中，与中原地区的黄河文化、南方地区的长江文化共存并行，相互影响，相互补充，共同缔造了中华民族优秀传统文化。饮食文化作为草原文化的重要组成，其出现的时间与草原文化相同，距今已有60余万年的历史，从一开始就具有典型的地域性特征。在初期的发展中，这种地域特征越显突出，并与中原地区形成相互交流的状况。当北方游牧民族诞生以后，草原饮食文化又具有民族性的特征，在外来文化因素的滋润下丰富了自身的文化内涵，成为相对独立又践行开放的饮食文化区。同时，由于生态环境和历史文化背景的不同，草原饮食文化的整体特征具有区域性、民族性、开放性、结构性和历史性，直接影响了中国其他的饮食文化区，尤其是东北、西北、京津、黄河中下游饮食文化区，可见在中国饮食文化发展史上的重要地位。

一、北方草原饮食文化区的界定

谈及饮食文化区，就涉及文化人类学中关于文化区或文化圈的概念。德国传播学派的代表人物弗罗贝纽斯（Leo-Frobenius）在《非洲文化起源》中，明确将刚果河流域、下几内亚河和上几内亚河沿岸划分为"西非文化圈"，在学术界第一次提出文化圈的概念。①另一位德国传播学派的代表人物

---

① 黄淑娉、龚佩华：《文化人类学理论方法研究》，广州：广东高等教育出版社，2004年，第60页。

格雷布奈尔认为，物质文化形式以及社会生活和精神文化的某些现象都属于文化元素，将各"文化圈"内的每一种文化现象一一标在地图上，发现有的"文化圈"彼此有部分重叠，而形成"文化层"，从中可推算出各文化层出现的时间顺序和文化现象的转移道路。①奥地利人类学家施米特（W. Schmidt）在《南美洲的文化圈和文化层》中，提出了"连续的标准"和"亲缘关系程度的标准"，进一步发展了格雷布奈尔的方法论标准，以此为立论基础，并用瑞典生物学家科尔曼的俾格米理论加以补充。施米特按照"文化圈"的顺序来划分人类发展阶段，分成原始的、初期的和二期的三个阶段，认为"一切属原始阶段的种族，还都是所谓采集食物者……在这阶段，男人打猎以获得肉食，女人采集植物以为食品。属于初期阶段的文化圈是那些已经开始开辟自然界的文化圈：女人从采集植物进而为栽培植物，这就是进到了原始的园艺文化的阶段，也就是外婚制的母系文化圈。在以大家庭以父系组织为特征的文化圈中……则产生了图腾崇拜……最后，在二期的阶段中，又有新的文化圈出现；这些文化圈乃是初期文化彼此混合或为初期与原始文化混合的结果"②。传播学派的文化圈观点尽管存在着一定的缺陷，但对建立饮食文化区仍然具有理论上的指导意义。

继传播学派以后，美国历史学派的一些人类学家提出的文化区理论，均在一定程度上受到传播学派的影响，尤其是威斯勒（C. Wissler）提倡、又经过克罗伯（Alfred L. Kroeber）发展了的文化区域概念，有力地推动了美国民族文化区域研究的发展。威斯勒在《人与文化》中认为，许多文化特质的聚合构成文化丛，它们具有地区特征，形成文化类型和特定的文化区域。他还认为文化是由各个层次的单元所组成的一种完整的结构，单元分成文化特质、文化丛、文化型、文化带、文化区等。在同一文化区内存在着一系列基本相同的，在生产和生活上至关重要的文化丛。文化区有一个中心，那里特点最典型，特点数也最多，向外扩展时典型性和数量会逐渐递减，愈远愈稀，并出现另一个文化区的某些文化特质，如此，逐渐进入另一个文化区。③威斯勒提出的年代—区域关系概念，作为一种研究民族文化的方法曾得到学术界的很高评价。克罗伯进一步发展了文化区的研究方法，他的文化区域以

① 黄淑娉、龚佩华：《文化人类学理论方法研究》，广州：广东高等教育出版社，2004年，第63页。
② ［奥地利］施米特：《原始宗教与神话》，萧师毅、陈祥春译，上海：上海文艺出版社，1987年，第293—294页。
③ C. Wissler, *Man and Culture*, New York: Crowell, 1923, pp.52-54.

某地域的文化起源、发展、稳定、衰落为研究对象，并成为当时美国人类学派的最有效的文化地域研究方法之一。

以上的人类学关于文化圈或文化区的概念和研究文化地域的方法，为研究中国饮食文化区的划分提供了理论与方法上的支撑，尽管有些提法不尽完善，但作为一种研究方法值得借鉴。国内学术界对饮食文化区的划分在浙江工商大学教授赵荣光著《饮食文化概论》中有专章论述，以前只是对各地的菜系进行划分，有六系说、八系说、十二系说等，很少有对饮食文化区予以划分。根据赵荣光教授的观点，认为："经过漫长历史过程的发生、发展、整合的不断运动，中国域内大致形成了东北饮食文化区、京津饮食文化区、黄河中游饮食文化区、黄河下游饮食文化区、长江中游饮食文化区、长江下游饮食文化区、中北饮食文化区、西北饮食文化区、西南饮食文化区、东南饮食文化区、青藏高原饮食文化区、素食文化区。"①这一观点，成为学术界对饮食文化区的首次划分。

从赵荣光教授划分的中国饮食文化区看，以地域为界限，形成了各区域内的饮食文化，这是历史上的地理环境、政治经济、民族心理、风俗习惯等造成的，这种划分在学术界是可以接受的，但把素食文化区归入地域划分有失妥当。素食的概念是指荤食之外的食品，从现代意义上讲包括两层含义：一是指以植物性原料制成的少油腻且较清淡的食物；一是指只食用植物构成的食物。赵荣光教授也承认与其他饮食文化区相比，没有严格固定的地域，只作为一个特殊的饮食文化区。确切地说，应该称之为"素食文化圈"，有群体之意，存在于各个地域性饮食文化区内。赵荣光教授认为："素食文化区的存在，是以释、道教众为主体，包括素食隐士、处士、居士，各种类型的上层社会素食者及整个社会受素食观念与习俗影响而奉行素食主义的食者群，还包括那些介于素食与杂食二者之间定期斋食的更广大的食者群。"②因此，素食文化区不是一个地域性饮食文化区，应为散布于各个饮食文化区中的特殊饮食群体，不应该将此作为一个地域上的饮食文化区。

赵荣光教授划分的中北饮食文化区，是指以内蒙古为主的。在这一区域内，饮食文化出现后就带有地域性的特点，在游牧民族诞生以后，以游牧和畜牧业为主要的生产生活方式。从行政区划看，以内蒙古为中心，包括新

---

① 赵荣光、谢定源：《饮食文化概论》，北京：中国轻工业出版社，2000年，第49页。
② 赵荣光、谢定源：《饮食文化概论》，北京：中国轻工业出版社，2000年，第87页。

疆、甘肃、宁夏、陕西、山西、河北、辽宁、吉林、黑龙江的部分地区。古代民族有东胡系、匈奴系、突厥系和党项，现代民族有蒙古族和部分鄂温克族、达斡尔族、哈萨克族等。由于这些民族活动的范围超越了本地区，在饮食文化区的划分上与西北饮食文化区和东北饮食文化区有着交叉的现象，甚至与蒙古国、俄罗斯等国的饮食文化相互渗透。但"中北"的含义无论从地理概念，还是文化意义上说，都比较模糊和笼统，其意可能是说这一地区处于中国的正北方而命名，但学术界的很多专家和学者都不能接受。其实，在草原文化出现以后，学术界已经把这一地区归为北方草原地区，其地理概念、文化发展非常清晰，不妨改为北方草原饮食文化区更为妥切，这样更能直接地体现出本地区饮食文化的内涵与特征。

根据上述文化人类学关于文化区的概念与研究方法，将中国饮食文化区划分的中北饮食文化区界定为北方草原饮食文化区，这是符合地理概念与区域文化发展规律的要求。在草原饮食文化区内，单纯地从某些文化特质看，并不能说明问题，如饮食结构中的肉、奶、米、面、蔬菜、水果以及为此制作的加工工具、饮食用器（图2）等，如果只是论述这些文化特质，就无从认识整体的草原饮食文化内涵，只能说明其中的饮食构成。因此，必须将多个文化特质组成文化丛才能显示出其具体的意义。如与草原饮食结构相关的生计方式、政策制度、社会功能、艺术礼俗等，便构成多个文化丛，文化丛聚集在一起可以上升为文化型，甚至文化带，如果在地域上加以限制，冠以中国北方草原地区，就可以与亚欧草原其他饮食文化区加以区分，并与中国境内的其他饮食文化区在文化内涵上存在着很大的差别。这样就形成中国北方草原饮食文化区，在文化特质、文化丛等方面都独具特征。

图2 白釉鸡冠壶（辽代，内蒙古赤峰市大营子辽驸马墓出土，内蒙古博物院藏）

二、北方草原饮食文化区的历史分期

从社会发展历程看，北方草原地区迄今已有60余万年的人类活动历史，饮食文化也是如此。在对草原文化的分期中，学术界存在着不同的看法和依据。有的按照不同历史时期出现的不同语种进行分期，有的按照不同历史时期出现的各个民族社会性质变化而分期，有的按照游牧民族出现的先后顺序再结合历史划分去分期。内蒙古社会科学院的何天明研究员根据历史分期的普遍内涵和古代北方草原文化分期的特殊性，结合社会历史发展的实际情况，对北方草原文化的分期重新进行大胆的设想，提出三期说的观点：（1）以原创游牧文化为主要特点的区域文化形成期（公元前209—公元906年）；（2）拓展地域空间和经济类型的文化跨越发展期（公元907—1205年）；（3）在统一中国的大背景下创新与吸融相互渗透的全面发展时期（公元1206—1911年）。[①]这种分期恰好是中国北方游牧文化的历史分期，但第一期还应向前延伸至公元前16世纪，就是游牧文化出现的历史背景，包括游牧文化的正式产生。既然草原文化作为一种地域性、民族性的复合文化，在古代应该将原始时期包括在内，现代应该将民国时期和中华人民共和国包括进去，这样的分期才具有完整性。

草原饮食文化的发展历史与草原文化是同步进行的，在某种意义上说，草原饮食文化的发展历史就是草原文化的一部历史篇章。从分期的角度来说，既要考虑历史发展阶段，也要照顾到文化内涵发展的变化，将草原饮食文化区的历史分期分为六个阶段。第一阶段以采集和狩猎为生的原始饮食文化阶段（距今60万年至1万年前）。北方草原地区在60万年前就出现了人类活动的遗迹——大窑文化遗址（图3），在距今5万年前和1万年前分别由河套人和扎赉诺尔人创造了萨拉乌苏文化与扎赉诺尔文化，还有锡林郭勒盟东乌珠穆沁旗的金斯泰洞穴遗址、鄂尔多斯康巴什乌兰木伦遗址、呼伦贝市满洲里扎赉诺尔蘑菇山遗址等。当时的社会生产力非常低下，人们用打制石器从事简单的采集与狩猎活动，其中，大窑文化遗址出土的龟背形刮削器最具特色，这是区别于中国其他地区发现的旧石器时代文化内涵，一开始就具有地域性的文化特色，揭开草原饮食文化发展的历史帷幕。

---

① 何天明：《中国古代北方草原文化的连续性与阶段性》，《论草原文化》第3辑，呼和浩特：内蒙古教育出版社，2007年，第16—37页。

图3　大窑文化遗址（旧石器时代，内蒙古呼和浩特市东郊大窑村，实地拍摄）

第二阶段以原始农业经济类型为主、渔猎经济为辅的饮食文化阶段（距今9000年至3600年前）。北方草原地区进入距今9000年以后，这里的气候温暖湿润，适宜原始农业经济的开发，种植粟、稷等农作物，饲养马、牛、羊、猪、狗、鸡，并以采集和渔猎为经济的补充手段。出现了实用的饮食器，炊煮、盛食、进食、贮藏、汲水、饮用等分工明确，在此基础上创造了饮食器的造型艺术（图4）。在社会习俗方面，丧葬与祭祀中的饮食行为比较明显，尤其是随葬饮食器与家畜、野生动物的骨骼和用饮食器作为供奉用具的现象较为普遍。从文化内涵看，在原有区域性特征的基础上又融入中原地区的文化因素，同时对辽河流域和中原地区的文化影响甚大。

图4　带盖彩陶罐（红山文化，辽宁省博物馆藏）

第三阶段为游牧经济初始的饮食文化阶段（距今3600年至公元前250年前后）。在公元前16世纪，由于气候逐渐向寒冷干旱转变，适宜草的生长，原来从事农业的群体向从事牧业的群体转变，但还没有脱离农业生产活动，形成典型的半农半牧经济类型，并逐步向东扩大。在西周时期，随着气候的变化和草原生态环境的最后形成，为游牧经济的出现创造了条件，饮食文化的内涵更多地体现出这一经济类型所具备的特征（图5）。

图5　环首青铜刀（早商，内蒙古伊金霍洛旗朱开沟遗址出土，内蒙古文物考古研究所藏）

第四阶段为原创游牧经济明显的饮食文化阶段（公元前250年前后至公元906年）。相当于战国晚期至契丹国的建立，在这个时间段内，北方草原地区先后有匈奴、丁零、乌桓、鲜卑、敕勒、柔然、突厥、回纥等在此生息，牧业经济占绝对优势，除了鲜卑拓跋部入主中原后各方面汉化外，其他民族原创的文化比较清晰，虽然也接受外来文化的影响，但民族的主体文化占很大比重，因而饮食文化的原创性也比较明显（图6）。

图6　伫立状鹿形青铜饰牌（战国晚期，内蒙古鄂尔多斯青铜器博物馆藏）

　　第五阶段为多种经济类型的饮食文化阶段（公元907年至1911年）。在这一阶段内，北方草原生活的游牧民族有契丹、党项、女真、蒙古等，这些民族都建立自己的政权，社会制度存在着原始部落制－奴隶制－封建制的转变过程，有的民族甚至统一中国，建立强大的草原帝国。由于无论在政治、军事上，还是在经济、文化方面，过多地受到中原地区和西方国家的影响。在经济类型上虽然牧业经济仍占主要地位，但农业经济几乎与牧业经济并驾齐驱，这就决定了肉、乳、米、面、蔬菜、水果的饮食结构，并由此衍生出多样化的饮食文化内涵（图7）。

图7　白釉绿彩剔花凤首瓶（辽代，内蒙古赤峰出土，内蒙古博物院藏）

　　第六阶段为新时期的饮食文化阶段（1912年至今）。1912年，资产阶级民主革命推翻了清王朝，结束了两千余年中国封建社会的长期统治，从此中国人民开始了新的历史。1949年，中国共产党领导全国人民，历经艰难，推翻了国民党的统治，建立了中华人民共和国，进入了社会主义建设时期，各项事业蒸蒸日上。1978年，中国共产党第十一届三中全会的召开，标志着我国社会主义建设进入一个新的时期。随着改革开放的实施，世界全球化经济一体和文化多样性格局的形成，草原饮食文化也发生了很大的变化，进入一个多姿多彩的发展阶段。当前，在习近平新时代中国特色社会主义思想指导下，在铸牢中华民族共同体意识的视域中，草原饮食文化更加表现出多趋性的发展，反映出各民族交往交流交融的态势。

以上的北方草原饮食文化历史发展的划分，与草原文化的发展阶段相符合，维系草原饮食文化发展的整体序列。

三、草原饮食文化的生态观

在中国北方草原饮食文化形成以后，由于独特的自然环境、经济环境和社会文化环境有别于其他地区，因而在文化内涵上呈现出草原区域性和游牧民族的特征，但不是一成不变，在遵循"崇尚自然、践行开放"的草原文化核心理念之下，接受外来文化的因素，使草原饮食文化具有多样性的特点。马克思指出："资本的祖国不是草木繁茂的热带，而是温带。不是土壤的绝对肥力，而是它的差异性和它的自然产品的多样化，形成社会分工的自然基础，并且通过人所处的自然环境的变化，促使他们自己的需要、能力、劳动资料和劳动方式趋于多样化。"[1]这对于了解草原饮食文化多样性有重要的指导意义。文化的多样除了融入外来文化因素外，还有不同的地理环境导致文化多样发展，于是便产生了草原饮食文化的生态观。

（一）草原生态环境下的饮食观念

目前，学术界认为，中国从新石器时代起就形成三大生态文化区，即北方和西北游牧兼事渔猎文化区、黄河中下游旱地农业文化区、长江中下游水田农业文化区。其中，北方和西北游牧兼事渔猎文化区以细石器为代表的新石器文化，文化遗址缺乏陶器共存，或陶器不发达，体现了随畜迁徙的"行国"特点。[2]其实，从中国北方草原地区历史发展过程中的生态变化看，这种说法值得商榷。考古学资料表明，北方草原地区的旧石器时代处于一个渔猎和采集经济阶段。到了距今1万年前后，在内蒙古呼和浩特市东郊大窑村南山二道沟北口[3]和内蒙古呼伦贝尔市海拉尔地区发现有细石器文化遗址与

---

① [德] 马克思：《资本论》卷1，北京：人民出版社，1975年，第561页。
② 文物编辑委员会编：《文物考古工作三十年》，北京：文物出版社，1979年。
③ 内蒙古博物馆等：《呼和浩特市东郊旧石器时代石器制造场发掘报告》，《文物》1977年第5期，第7—14页。

遗存①，出土大量的细石器工具，种类有小石核、小石叶、刮削器、尖状器、雕刻器、石镞等（图8），特别是石镞的数量最多，制作也精致，但是没有发现有代表农业经济的陶器与居住址伴生，这是符合狩猎经济的运行规律和文化特征的。在新石器时代的内蒙古，无论是东南部和中南部考古学文化的发展谱系中，诸文化类型的陶器都很发达，并且有定居的聚落形态，完全处于原始农业时期。内蒙古东南部的原始文化遗址虽然普遍发现了细石器，但并未影响文化主流中发达的陶器和磨制石器，只有个别文化类型的打制石器数量较多，陶器显得粗糙，狩猎经济的比重较大，这并没有改变整个新石器时代的农业经济之优势。所以这一阶段并未出现游牧或者相关的痕迹，只是在公元前16世纪或稍早时期，因气候的变化，导致生态环境的演变，随之诞生了以从事牧业经济和农业经济活动并重的群体。在西周时期开始出现游牧民族，进而转向游牧式的生产和生活，同时创造了具有民族性、地域性的草原饮食文化。商周时期，部落或部族分布林立，处于北方游牧民族的发生时期。其中，商代在内蒙古中南部、陕西省北部、山西省北部出现了鬼方、土方、舌方、林胡、楼烦等部落或部族，西周时期在内蒙古东南部、河北省北部出现了孤竹、山戎等部族。这些部落或部族从事牧业生产，兼营农业，饮食文化具有农牧结合的特征。直到西周晚期，游牧民族诞生以后，产生了游牧式的饮食文化。因此，北方草原地区在新石器时代并非处于游牧阶段，而是一个原始农业经济时代，并一直延续到夏代晚期，直至游牧经济的出现，才最后形成草原生态游牧文化区。

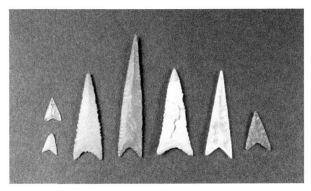

图8　细石器（新石器时代，内蒙古海拉尔地区出土，内蒙古博物院藏）

---

① 安志敏：《海拉尔的中石器遗存——兼论细石器的起源和传统》，《考古学报》1978年第3期，第289—316、396—397页。

　　古代北方游牧民族的生态理念，构成草原饮食文化的价值内涵。草原生态和饮食文化内涵是由北方游牧民族的生产方式、生活方式、风俗习惯、思想意识等文化因素构成的统一体，是追求人与自然协调发展，维护人类与自然界共存的共同利益。依据生态文化观念，通过对历史上自发形成的游牧文化进行对比，特别是对相应饮食生态观进行一种理性自觉的再认识，使饮食文化与草原生态和观念思想结合起来。从北方游牧民族的自然崇拜来看，有其自己的发展渊源。北方草原地区的新石器时代，已经出现了对大自然物象的崇拜，红山文化系统中的玉器，最早在兴隆洼文化中就已发现，器类有玉玦、玉匕、玉斧等，选料讲究，雕工精细，造型各异，内涵深邃，蕴含着原始人类对大自然和人文现象的神秘色彩。红山文化的玉器，多为反映自然界的物像和带有神化色彩的动物。如云形玉佩、玉龙、玉凤、玉猪龙、玉鸮、玉龟、玉蝉、玉蚕等，其中的玉猪龙就是农业经济的象征，勾云形玉佩却是崇拜苍天的礼器（图9）。同时，在陶器上也出现对神物的崇拜内容和对田园生活的追求。如赵宝沟文化的凤形陶杯、鹿首蛇身纹陶尊等，鹿首、蛇身、鸟首、凤形等动物纹已不是单纯的写实形象，出现了具有原始崇拜的"神灵"图案，使图像达到了神化的境界，反映了当时饮食器在原始礼仪方面有了进一步的发展（图10）。小河沿文化的符号纹陶罐，表面刻画田园风光，表现了原始人类对男耕女织生活的描述，同时也是饮食文化中的原始生态观念的具体实证。在北方游牧民族诞生以后，以草原上常见的动物为其器物的造型，并将动物作为图腾崇拜的对象。同时，游牧民族普遍存在着崇拜自然的现象，将天地、山川、日月、星辰、林木、风雨等作为崇拜的对象。因而在草原饮食文化的创造过程中，体现了朴素的生态哲学与思想。

图9　勾云形玉佩（红山文化，辽宁省朝阳市东山嘴遗址出土，辽宁省博物馆藏）

图 10　鹿首蛇身纹灰陶尊（赵宝沟文化，内蒙古赤峰市敖汉旗赵宝沟遗址出土，
内蒙古博物院藏）

　　在没有受到中原地区各种经史和理念影响之前，北方游牧民族一直遵循"长生天"可持续发展规律，以"天地人合一"的朴素辩证思想为指导，在与饮食文化相关的内涵中充分地表现出来。在游牧民族诞生以后，就认为自然界的动物、植物是他们赖以生存的必然的生活资料，甚至将动植物作为与之有血缘关系的图腾来崇拜，所以无论在经济政策制定、经济活动、饮食风俗习惯，还是在饮食器物制作、饮食理论等方面，都将草原生态的观念融入进去。如匈奴以马、牛、羊、虎、狼、鹰等动物作为图腾，用此制作各种造型的器物，将羚羊形金饰件作为祭天的偶像，这是匈奴草原生态观念在反映饮食来源器物制作中的具体表现。在牧业经济活动中，蒙古族一直实行夏、秋、冬季牧场的轮牧方式，一方面可以增加生活资料的来源，另一方面又能很好地保护草场，维持草原生态环境的良性循环（图 11）。在饮食理论方面，由于独特的生态环境，游牧民族在经营牧业生计的过程中，一直认识到水草丰美的地方能够使牲畜肥壮，可以满足人们所需要的生活资料，以至于总结出牲畜的饲养、繁殖和牧场管理的经验，以及酿酒、乳酪、奶酒的配方和制作方法等，并形成一系列的饮食理论著作。

　　美国人类学家斯图尔德认为："文化变迁可被归纳为适应环境。这个适应是一个重要的创造过程，称为文化生态学，这一概念是与社会学概念的人类生态学或社学生态学有区别的。"他还说："由于人是一种驯化了的动物，体质上受他的一切文化活动的影响。人科的进化与文化的出现密切相关，智人的出现比起体质的原因来也许更多的是文化原因的结果。工具的使用，火、掩体、衣服、新的食物，以及其他物质附属物的存在，显然在进化中十

图 11　蒙古族转场（现代，实地拍摄）

分重要，但也不应忽视社会习俗。"在谈到文化核心时，他认为是文化系统的决定因素，这是与生计活动和经济安排有最密切关系的特征丛。把文化系统的决定因素分为核心制度和外围制度，核心制度包括技术经济、社会政治和意识形态。经济的、社会的、政治的、宗教的、军事模式以及技术的、美学的特征成为发展的分类法的基础。这些特征不是组成文化的整体。它们形成文化核心，是由跨文化类型和水平的经验材料所制约的。[①]概括地说，在一个文化系统内，有一组文化特征是其核心，当该文化适应环境并形成其特性时，包括经济、社会、政治、宗教等文化因素在内而以经济为中心的相互有机联系的一组文化特征表现出很大的功能，发挥着很大的作用，它是文化系统的决定因素。现代人类学者指出，理解文化在人与环境关系中的作用、文化对解决环境问题的重要性，是人类学的专长，应保存人类文化的多样性，重视人类活动对环境的影响，寻找有利于可持续发展的生活方式。

　　根据生态人类学的观点，北方游牧民族由于所处的草原生态环境决定了其游牧式的生产和生活方式，并由此产生了游牧文化，成为草原文化的核心所在，这里包括具有草原特征的饮食文化。这种文化在适应草原生态环境的过程中，在人们的日常生活用具、经济活动、政策制度、人生礼俗、人际交往、祭祀行为、饮食艺术、文化交流、饮食理论等文化现象中表现出很大的功能，发挥着重要作用，从物质文化上升到精神文化，就是追寻草原生态环境的适应性，在草原饮食文化中体现游牧民族追求自然的淳朴思想。草原饮食文化的显著特征在于充分利用自然、适应自然环境，来延续游牧人的生存

①　J. H. Steward，*Theory of Culture Change*，Urbana：University of Illinois Press，1979，pp.5，31，93.

技能和生产方式。草原文化的独特价值在于"天地人合一"的思维方式，草原地区的游牧民族视天地为父母，视水草为血液和神灵，视动物为生存的资料，他们关于家的概念是那样广阔，在他们看来，家就是整个草原，而山水花鸟、野兽家畜都是家里的成员（图12）。"天地人合一"是草原游牧民族评判人与自然关系好坏的尺度，通过人的活动影响自然，以达到人与自然间的转换，这就涉及如何人化自然的问题。因此，游牧民族在创造饮食文化的过程中，充分考虑到草原生态的观念，以此来表达游牧人对维护草原生态平衡的思想，反映游牧人对维系生产与生活的亲近感情。

图12　牧场（现代，实地拍摄）

英国人类学家弗雷泽认为："在通常的情况下，它们或是某一种特殊的动物或某一个特殊的植物，很少把无生命的自然物当作图腾，而人工制品当作图腾的则更少。"[1]在北方游牧民族中，将自然界的山川森林、雨雪风霜、日月星辰等作为生存的必要条件，动植物也是自然界的造化，与游牧人有着特殊的感情，由此衍生出草原饮食文化的内涵，包括将拟人化的动物图腾在人工制品上（如饮食器、动物造型等）表现出来，这是游牧民族饮食文化与草原生态互相作用的结果。英国人类学家马林诺夫斯基认为："在一般人，特别是初民，是常以自己形象来想象客观世界的；动植物等既有行动的方式，而且与人有益或有害，必然也是秉赋了灵魂或精神的。初民哲学与宗教的有灵观，即以这种观察与推断为基础。"[2]北方游牧民族的动物造型，就是

① 朱狄：《原始文化研究：对审美发生问题的思考》，北京：生活·读书·新知三联书店，1988年，第77页。
② ［英］马林诺夫斯基：《巫术科学宗教与神话》，李安宅编译，上海：上海文艺出版社，1987年，第2页。

一种人与动植物以及草原生态环境之间的相互关系。造型艺术的功能、样式、质材等，大多与草原环境有关，同时又与游牧式的生产和生活方式相关。如游牧民族在特定的草原环境中，皮、木器和带鋬、耳的器物比较发达，就是为了适应游牧式的生产和生活方式，可以就地取材，便于携带。德国学者卡西尔（E. Cassirer）指出："如果我们接受这种生物学的观点，我们就会发现人类知识的最初阶段只能局限在外部世界中。为了满足人的各种直接需求和实际利益，他不得不依赖于自己的物理环境。如果无法使自己适应于外部世界的环境，人就不可能生存下去。通向人的理性生活和文化生活的最初步伐，可以看作一系列涉及对直接环境的某种大脑适应的行为。"[①]就是说，社会的人必然要依赖于自然界，同时也要对自然界有正确的认识和适应心理，这一点在北方游牧民族的草原饮食生态观中尤为突出。

英国人类学家马林诺夫斯基在论述精神文化时指出："只有在人类的精神改变了物质，使人们依他们的理智及道德的见解去应用时，物质才有用处。另一方面，物质文化是模塑或控制下一代人的生活习惯的历程中所不能缺少的工具。人工环境或文化的物质设备，是机体在幼年时代养成反射作用、冲动及情感倾向的试验室。"[②]文化对一个民族的成长产生重要的作用，既体现在物质文化的实用价值，又反映了精神文化的渗透和影响，饮食文化是集物质文化和精神文化为一体的文化表现形式，体现出实用和精神的价值观念。在草原饮食文化中，饮食来源、饮食结构、饮食风味、饮食器形都属于物质文化的范畴。但是，饮食艺术、饮食社会功能、饮食理论等又属于精神文化的内容。有时二者之间相互转化，在紧紧围绕草原生态观的思想下，既可体现出饮食的本质属性，又可反映出由饮食上升到精神领域的特点。如蒙古族普遍信仰萨满教，在传统的萨满教中，表达了人们对自然以及与自然关系的认识。在萨满教的祈祷中，人们祈求各种神灵赐予食物、长寿、幸福、儿孙、和平，人们还祈求他们的保护以对付痛苦、疾病、瘟疫、毒蛇、魔鬼、敌人、灾难等。那些形形色色的保护神、天神，都有着各不相同且与人类生产生活密切相关的职能。萨满跳神是萨满教中的一项重要活动，通过敬奉神灵的饮食和饮食行为以及仪式过程，借助神的力量进行医病、祭祀、保畜、求雨等。萨满教归根到底是对生命、对自然的一种看法，其中包括着

① ［德］卡西尔：《人论》，李琛译，北京：光明日报出版社，2009年，第5页。
② ［英］马林诺夫斯基：《文化论》，费孝通等译，北京：中国民间文艺出版社，1987年，第5页。

人与自然相处的一种自律性的准则，诸如对代表不同自然物像的神灵崇拜、禁忌等。而这种自律则意味着对自然的尊重与敬畏，更意味着人与自然、生命与自然之间那种根深蒂固的一体性及相互依赖性。蒙古族萨满教中的自然崇拜和图腾崇拜，体现了人与自然的关系，也就是人与草原生态的关系。崇拜的原型是大自然及赋予的一切现象，是人们身边的山川、草地、树木、动物、家畜，例如对地方神及鄂博的崇拜。蒙古民族与大自然水乳交融、合为一体的关系，反映了对草原生态环境的爱护。蓝天、绿地、牧人、牲畜，这是我们对草原与游牧民族生活最直观的认识，也是游牧民族对自己与自然之间关系的最直观认识。因此，蒙古族跳神仪式中敬奉的整羊、肉食、奶食、酒饮等，虽然说是属于物质文化，在原始宗教中具有实用的功能，但却反映出精神领域的文化价值观念，就是说集物质文化与精神文化为一体。

（二）多种生态环境下的饮食多样化

北方草原地区在旧石器时代早期开始出现人类活动，开创了草原饮食文化发展的历史先河。当人类进入新石器时代以后，在内蒙古东南部、中南部地区和阴山北麓地区形成三大原始文化的发展谱系，因当时气候条件的允许，人们主要从事农业生产活动，以采集和渔猎为谋生的补充手段，并产生了相关的饮食文化。直到早商时期，在后来的沿长城一线以北形成典型的草原生态环境，特别是西周时期北方游牧民族诞生以后，牧业经济成为当时的主业，这种状况一直延续到近现代，"饮酪食肉"及其产生的文化现象成为草原饮食文化的范式。但是，秦汉时期在农牧业交界地设置郡县，并进行屯田种植农作物，开始对草原地区进行开垦，再加上草原的东北地区有着天然的原始森林。在草原、森林、农田等多种生态环境下，草原饮食文化呈现多样化的状况。

从生计方式看，决定了草原地区的饮食结构。西周至春秋中期，牧业经济占据主导地位，农业、狩猎、捕鱼、采集仍在社会经济中占有一定的比例。秦汉以后，一方面中原王朝开始对草原地区进行开发，另一方面北方游牧民族的经济活动紧紧依赖中原地区的农耕经济，特别是建立政权的游牧民族更加重视农业的发展，加大了农业在经济活动中的比重。因此，草原饮食结构以肉食、奶食为主，配以农作物、野菜、瓜果等。这一饮食范式一直延续到近现代。饮食器的种类和装饰艺术，都与北方草原地区多种生态环境有关，适宜于游牧生活方式的饮食器颇具特点。如东胡系民族的青铜双联罐、三联罐、六联豆，匈奴民族的青铜四系背壶、青铜刀，鲜卑民族的桦树皮罐（图13）、铜鍑，契丹民族的仿皮囊陶瓷鸡冠壶、四系穿带瓶，蒙古民族的六耳铁锅、錾耳金杯、银碗、蒙古刀等，多用草原上常见的动物、植物作为器物的装饰。同时，具有中原农耕特征的器物也大量存在，如各种陶瓷器、金银器、青铜器等。在绘画、音乐、舞蹈方面，饮食作为重要的内容出现，如契丹族的墓葬壁画，直接反映了生计方式、备食、进食、宴饮、茶道等饮食场面，尤其以野外宴饮最具民族特色。契丹在举行重大典礼仪式时，参加者在宴饮的同时，可以欣赏美妙的音乐和欢快的歌舞。而宴饮的壁画有的如同宋朝以来常见的"开芳宴"壁画风格，歌舞中的饮食次序却是中原地区汉族的礼仪形式。

图 13　桦树皮罐（东汉，内蒙古满洲里市扎赉诺尔墓葬出土，内蒙古博物院藏）

其在军事、法律、政策上，与诸民族的生活来源有关；在遇到自然灾害时，必然南下中原，掠取必需的生活资料。如匈奴民族几次遭遇风雨雪灾、严寒旱疫，造成牲畜大量死亡，人民饥饿困死，在这种情况下，必然要对中原王朝及周边民族发动战争，以解决饮食来源。同时，诸民族以习惯法和建立政权后的法律形式，保护牧业、农业、狩猎等经济的发展，确保饮食来源的丰足。

居所可以反映饮食团体的稳定性与聚餐形式。北方游牧民族随"水草迁徙"，以毡帐为居住形式，过着游而不定的生活，大的饮食团体不稳定，在毡帐内架火炊煮，围火进食。有的民族建立政权后，仿汉制筑造城池，城内要留出大片空地，搭建毡帐居住。因为有皇亲贵族的宫府生活，饮食团体才趋于稳定，但仍然摆脱不了游牧式的居住形式。保藏形式以地窖、冰窖贮藏食物，或把奶食、肉食制作成干货，便于游牧时携带。对于饮食卫生和保健，有一套自己的理论，饮食结构的合理配置、按时令牧畜、食前后的注意卫生等，都显示出诸民族的超强能力。

在礼俗上，北方游牧民族形成各自的饮食风俗，具体表现于人生礼俗、岁时节庆、人际交往、宗教祭祀等方面。如契丹族的婚姻、丧葬、祭祀、节日、娱乐、宗教信仰、宫廷礼仪等，食物、器皿、宴饮等贯穿于各种礼俗的过程中。尤其是进酒、行酒、饮酒、饮茶的饮食行为，无不渗透到契丹民族的礼仪之中。

北方游牧民族以牛、羊、马、驼牧畜和鹿、狍等野生动物的肉、乳为饮食特色，还有野菜、干果等副食品，通过朝贡、赏赐、联姻、榷场等形式，与周边民族和中原地区进行交流。最大的交流对象是中原地区，可以换取农作物和饮食器，并吸收汉式的饮食风俗。如突厥"自俟斤以来，其国富强，有凌轹中夏之志。朝廷既与之和亲，岁给缯絮、锦彩十万段。突厥在京师者，又待以优礼，衣锦食肉，常以千数。齐人惧其寇掠，亦倾府藏以给之。……建德二年，他钵遣使献马。"[1]描述了突厥与北齐、北周的饮食文化交流状况。

草原饮食文化范式，就是与游牧经济相关的饮食结构、饮食器具、饮食相关政策、饮食卫生保健、饮食礼俗、饮食文化交流等，其核心为肉乳组合的饮食结构，并衍生出一系列的饮食文化内涵，这一范式迄今仍为该地区蒙古民族所继承。同时，由于农业经济的渗透，与之相关的饮食文化内涵也融入草原饮食文化的整体中。

草原游牧民族在获取饮食资料、开发经济的过程中，保护了生态环境，随季节移动，本质上就是对草地利用的经济上的选择。牧人对放牧地区的选择与自然的变化紧紧联系在一起，他们对所生活的草原中的草地形状、性质、草的长势、水利等具有敏锐的观察力。公元前16世纪以后，气候变化

① ［唐］李延寿：《北史》卷99《突厥传》，北京：中华书局，1974年，第3290页。

原因导致了典型的草原生态环境的形成。但是，草原生态环境不是一成不变，由于自然条件和社会人为因素，造成草原退化、沙化和能量流失的现象，从而影响了草原地区传统的饮食文化。

秦始皇统一全国后，深感北方的匈奴构成了很大的威胁。公元前214年，派大将蒙恬率30万大军北击匈奴，占领了今内蒙古境内的黄河以南地区。次年，又越过黄河，占据了阴山以南的匈奴地，派兵屯戍。随后修筑长城，置云中（治所在今内蒙古托克托县）、九原（治所在今内蒙古乌拉特前旗）、雁门（治所在今山西省右玉县南）、上郡（治所在今陕西省榆林市东南）、上谷（治所在今河北省怀来县东南）、渔阳（治所在今北京市密云区西南）、右北平（治所在今内蒙古宁城县西）、辽西（治所在今辽宁省义县西）八郡，对长城沿线地区进行开发。西汉时期，经过一系列的战争，汉王朝修缮旧长城，筑造新长城，从西到东设置张掖（治所在今甘肃省张掖市）、朔方（治所在今内蒙古磴口县）、五原（原九原郡）、云中、定襄（治所在今内蒙古和林格尔县）、西河（治所在今内蒙古杭锦旗）、上郡、渔阳、右北平等十一郡，并从中原地区迁徙大量的农业人口到这些郡垦田种地，破坏了原有的草原生态，对匈奴的饮食文化有着一定的冲击。

鲜卑从大兴安岭南迁至今呼和浩特地区后，在今和林格尔县北先后建立了代和北魏政权，该地区因在历史上就已被开发为农业区或半农半牧区，加之靠近中原农业区的北端，受其影响也开始逐渐把草原地带开垦为农田。如北魏建立之初，拓跋珪在都城盛乐（故城在今内蒙古和林格尔县北）附近"息众课农"，又在边塞进行屯田，还把内地的居民迁入盛乐附近从事农业生产。突厥占据草原地区时期，由于阴山以南的黄河流域地带土地肥沃，又有垦殖的历史。唐朝为了加强对突厥的管理，在漠南地设置都督府、都护府，把农业生产技术带入突厥地，在该地区进行农业生产。这些原本对牧区的农业开发，在一定程度上影响了鲜卑、突厥等游牧传统的饮食文化。

辽代契丹民族控制草原地区时期，内蒙古黄河沿岸、岱海盆地、山西省北部、河北省北部、东北平原的西部，土地肥沃，便于灌溉，把内地从事农业的人口迁徙此地，变草原为耕地，发展农业经济。契丹的发源地西辽河流域，地处燕山山脉和大兴安岭山脉的夹角地带，是衔接华北平原、东北平原和蒙古高原的三角区域，"负山抱海""地沃宜耕植，水草便畜牧"，加之山峦叠伏，草木茂盛，河湖交错，有着十分优越的农、林、牧、副、渔多种经济资源。上京临潢府（故城在今内蒙古巴林左旗东）与松辽平原接壤，又有众多的河流、湖泊，开发利用这里的肥土沃野，"地宜耕种"，发展农业经济。在牧区开发土地资源，垦田种地，形成半农半牧的地区，出现以农养牧、以牧带农的景象。辽代还在今海拉尔河、石勒喀河、克鲁伦河流域的水草丰美之地开垦耕种，使其农业经济非常发达。这些原生的自然条件和变牧为农的开发，对契丹民族饮食文化有一定的影响，食物结构出现了肉、乳、米、面、兼容的局面。

元明时期，继续对水草丰美的地区开垦种地，造成了一定程度的草原生态的破坏。此前的几次开发，多为中原地区农耕民族的自发迁徙或政府的局部迁徙，人口数量有限，开垦的草原面积较小，被破坏的草原生态会很快恢复。根据我国气候史研究成果，历史上曾发生四个寒冷期，即公元前1000年（夏家店上层文化初期）、公元400年（十六国末期）、公元1200年（金代中晚期）、公元1700年（清代前期），这四个寒冷期影响了草原生态环境的良性循环，出现草原退化、沙化现象。气候回升到温暖期后，草原植被又会恢复，基本上没有造成太大的破坏，因而对饮食文化影响的幅度较小。

清朝晚期至民国时期实行的开放蒙荒和蒙地放垦政策，使内地农耕民族大量涌入内蒙古，在荒地、牧场上开田种地，严重地破坏了草原植被，生态失衡、水土流失、空气干燥、降水量减少、无霜期缩短等现象，引起大面积的草原沙化。其严重后果是水土流失逐年加剧，降水量普遍减少，风沙天气增多，自然灾害频繁发生，草原退化及能量流失，以至于"历史上，被匈奴贵族赫连勃勃选作夏国都城的统万城不见了；西汉中叶之后穿过昆仑山北麓和天山南麓的南北两道中外闻名的丝绸之路不见了；一千多年前丰美无比的鄂尔多斯大草原不见了……它们一一被迅速扩展的大沙漠所吞噬。"[1]蒙古族土默特部传统的饮食文化不见了，所处地已是一片农田，无法联想到"天苍苍，野茫茫，风吹草低见牛羊"的历史自然景观。饮食文化几乎全部汉化，蒙古族"农重于牧，操作也如汉人"了。其他蒙古族诸部也因生态的变迁，传统的饮食文化正在弱化和消失。

在20世纪50年代以来，由于片面强调"以粮为纲"的政策，曾经对许多牧场进行盲目开发，加之自然条件的恶化，人为因素的破坏，导致了草原

---

① 何博传：《山坳上的中国》，贵阳：贵州人民出版社，1989年，第251—252页。

退化、沙化及能量流失的严重现象。近年来，随着国家和地方政府颁布实施恢复生态的政策与措施，自然条件逐步得到恢复和发展，有效地遏止了草原沙化、退化及能量流失的现象，使草原的恢复取得了很大的成效。如圈养牲畜、退耕还草、退耕还林等政策，对实现草原生态环境的良性循环起了一定的作用，也对现今民族传统的饮食文化的保留和传承有着积极影响。

北方草原地区，从 60 万年前有人类以来，气候温暖湿润，呈现森林草原生态，古人类因生产能力低下，从事狩猎和采集经济，饮食文化处于初创阶段。到 1 万年前，由于有着适宜的气候条件，古人类在劳动实践中发明了原始农业，并逐渐成为主业，饮食文化也逐渐丰富起来。进入夏末商初，气候开始向干寒转变，草原生态日趋占据了本地的大部分地区，经济类型也由农业向畜牧业过渡，最后变为主业。从此，北方草原地区形成独特的饮食文化内涵，并与草原生态环境互动发展。在历史的发展过程中，随着自然现象的变化和人为因素的影响，草原生态环境也在发生着变化，使草原传统的饮食文化或多或少地受到直接的冲击，呈现出多样化发展的趋势。

四、草原饮食观念与理论的发展

饮食观念与饮食理论是人类对与饮食相关现象的一种规律性的系统认识，内容包括农作物种植、耕作、家畜养殖、生态环境、食物加工、饮食结构、饮食市场、饮食服务、烹调技法、饮食保藏、饮食卫生、食疗方法、饮食思想、饮食礼仪等诸多方面，这都是在长期的生产生活实践中总结出来的。从人类诞生以后，在日常生活中首先要解决的就是饮食问题，"王者以民人为天，而民人以食为天"[①]，说明了饮食对人类生活的重要性。常言道："开门七件事，柴米油盐酱醋茶。""人生万事，吃饭第一。"这些谚语都指出饮食是人类生活之首。《礼记·礼运》卷 21 曰："夫礼之初，始诸饮食。其燔黍捭豚……犹若可以致其敬于鬼神。及其死也，升屋而号，告曰：'皋某复。'然后饭腥而苴孰。"概括了饮食礼仪的内在理论。北方草原地区的饮食理论，也包含了诸方面的内涵，由于自身所处的生态环境和经济形态，人们在长期实践中形成一套特征明显的饮食观念与饮食理论。

---

① ［汉］司马迁：《史记》卷 97《郦生陆贾列传》，北京：中华书局，1959 年，第 2694 页。

北方草原地区经过原始时期的孕育和发展，早在新石器时代就已经开始出现原始的饮食观念，在早商或稍早时期因气候条件和生态环境的变化，逐渐总结出具有草原特色的饮食方面的理论，并使之深化、发展、完善。北方游牧民族诞生以后，饮食始终保持有自己的特征，对中原地区的饮食文化有着深远影响。瞿宣颖先生说："自汉以来，南北饮食之宜，判然殊异。盖北人嗜肉酪麦饼，而南人嗜鱼菜稻茗，如此者数百年。隋唐建都于此，饶有胡风，南食终未能夺北食之席。惟宋明以来，南人势盛，渐贵南食，近三十年来，竞尚闽广川苏，而鲁豫二省之菜馆，仅得与之相抗，亦古今变迁之迹矣。"[①]可见北食的重要性，由此而形成的饮食理论也至关重要，甚至影响了近现代中国饮食文化理论。古代北方草原地区饮食观念与饮食理论的发展历史，可分为三个阶段。第一个阶段为新石器时代（距今9000年前—4000年前），属于饮食理论的雏形时期；第二阶段从夏朝至隋唐（公元前21世纪—公元907年），为饮食理论的初步发展时期；第三个阶段，从辽代至清代（公元907—1911年），为饮食理论的逐步完善时期。

（一）饮食理论的雏形期

从旧石器时代人类的发展历史看，对于后世饮食理论方面的认识具有最大影响的便是火的使用与发明。在旧石器时代早期，人类的原始生产能力极低，粗糙的饮食直接影响着人类体质的发展。火发明以前，人类过着"食草木之食，鸟兽之肉"的生活，生食不利于人的肠胃消化，食物单一，阻碍了人类体质的变化。早期大窑人的年代与北京人相同，就北京人头骨化石而言相当原始，其特点是前额低平，眉骨粗大，脑壳厚实，鼻子宽扁，颧骨高大，吻部前伸，平均脑量约等于现代人平均数的80%。大窑早期古人类的体骼应与北京人相仿，随着火的使用，食物可以烧烤食用，极大地增进了人类体质的发展。特别是在人工取火发明后，使人类体质的发展进入了一个新台阶，再加上人类在长期的劳动过程中，对食物认识程度的提高，使大窑人在旧石器时代晚期接近于现代人的体质。

进入新石器时代以后，当时的气候条件要好于现代，比较温暖湿润，适宜发展原始农业经济。从现代自然环境地带的分布看，内蒙古东部及东北部

---

① 瞿宣颖纂辑：《中国社会史料丛钞·南北饮食风尚》，上海：上海书店，1985年，第142页。

地区主要受降水和温度的双重影响，自南至北依次为水浇地和旱作农业区、农牧林交错区、林业区。在东南部地区的新石器时代，属于农牧林交错地带，在冰期结束后，这一地区气候变暖，降水量较多，宜于农业的发展。从环境特征看，小河西文化、兴隆洼文化属于凉湿、温湿环境，赵宝沟文化、红山文化属于暖湿环境，富河文化和小河沿文化属于温湿环境，总体上比较温暖湿润，草原、森林宜于生长，还有众多的河流、湖泊、沼泽等，土地肥沃，利于开发。从发现的文化遗址看，多数位于河流的二级台地，有农业遗迹，饲养和狩猎比例较大。到小河沿文化时期，农业占绝对优势，说明这里处于农、牧、林交错地带。内蒙古中南部由于地处中国北方季风区的尾闾，是东南季风、西南季风和西风环流交互影响的地区，气候变化十分敏感，生态环境逊于东南部地区。在白泥窑文化、庙子沟文化时期，黄河以东的低山丘陵地区至岱海盆地，以森林草原、灌丛草原为特色，有利于初期农业的发展。黄河以西以南、东部的丘陵地区以温湿为特色，河谷各阶地更有利于初期农业的发展。在西部高原地区和黄河以北的山前台地，以暖干为特征，虽不利于初期农业的发展，但也具有初期农业的规模。老虎山文化和永兴店文化时期，环境条件的干湿与冷暖变化，在有利于农业发展的同时，必然更有利于牧业的发展，形成典型的农、牧交错地带。

新石器时代，北方草原地区的古人类普遍过着定居的生活，无论是东南部地区还是中南部地区、阴山北麓地区的原始文化都发现了聚落遗址。如内蒙古林西县白音长汗遗址中的兴隆洼文化聚落址，外部有环壕围绕，中间留有中心广场，房址以大型房子为中心，有规律地排列整齐。大型房址内的居住面上立有女性石雕像，没有发现灶坑遗迹，出土成叠的农业生产工具，说明这是氏族成员公共集会的地方。在遗址外的山坡上还发现有排列有序的积石冢区，大墓居中，小墓顺两侧的山脊分布。这种聚落遗址与中原地区仰韶文化的布局近似，定居式的生活非常有利于农业的开发，也使饮食团体趋于稳定。在房屋内和周围，都有窖穴，储存食物和生产工具。这种专门储藏粮食等物场所的出现，表明人类的食物已有剩余。从制陶技术看，小河西文化、兴隆洼文化的陶器虽然比较粗糙，但已经走出了无烹调炊具的时代，主要器类为筒形罐，常见一器多用的现象，器表多为素面或三段式纹样装饰，说明人类在很早时期已懂得用陶质炊具烹煮食物，以陶质饮食器盛食饮水（图14）。到红山文化时期，陶器制作更加精美，一器多用的现象逐渐减少，如炊煮器为罐，贮藏器有瓮，盛食器有钵、盘，饮用器有杯，进食器有骨匕，对饮食器用途的认识有了进一步提高。从农业生产工具看，原始时期经历了刀耕火种、耜耕和锄耕三个阶段，兴隆洼文化已经发现了农具耜，一直延续到红山文化，在制作上先后有打制、琢制、磨制，直到小河沿文化时期进入锄耕农业，表明农业一开始的起点比较高，而且有一个循序渐进的发展过程。在各个遗址中，兴隆洼时期就已经种植粟等农作物，并积累了一定的种植经验。同时，还发现有大量的家畜、家禽等动物骨骼，经过鉴定有猪、牛、羊、鸡、狗、马等，说明在农业和狩猎业的基础上驯化了这些动物，为后来的牧业经济出现奠定了基础。

图 14　筒形陶罐（兴隆洼文化，内蒙古林西县白音长汗遗址出土，
内蒙古文物考古研究所藏）

（二）饮食理论的初步发展

在夏代，北方草原地区的气候仍然温暖、湿润，到了晚期逐渐向寒冷转变，植被由森林草原向草原型转变，人类虽然仍以农业经济为主，但已认识到草原更适宜发展畜牧业，以至于早商时期，在鄂尔多斯地区出现半农半牧的经济类型。在干凉的气候条件下，经过劳动实践，在新石器时代种植经验的基础上，更加认识到哪些植物适宜于本地区的种植，从而扩大了耐旱、耐寒的粟、稷等作物的产量。同时，人类在长期的狩猎过程中，认识到哪些动物可以驯化，哪些动物不可以驯化，到此时饲养的猪、狗、羊、牛、马、鸡的数量增多，并有了初步的饲养和牧放经验。

　　从饮食结构上讲，夏商时期北方草原的人群已注重食物的搭配比例和营养成分，从而对人的体质和延长寿命产生了积极作用。在饮食器方面主要为陶器，根据用途制作各类器物，分工更加明确，出现炊煮器鬲（图15）、甗、斝，贮藏器罐、瓮，盛食器碗、钵、豆、簋，盛水器壶，酒器有盉、鬶、爵、尊，饮用器杯，进食器骨匕。还有竹木漆器，如盛食的筒形竹筭，饮酒的木胎觚形器等。特别是三足炊煮器的大量出现，体现出人们对器物适应炊煮食物认识的提高，这种炊具可以扩大受火面积，加快食物熟化的时间。在遗址房子周围分布附着的窖穴，有圆形袋状、圆形筒状、圆角方形、圆形锅底状、不规则形，有的窖穴底部抹白灰面或垫白灰渣，起防潮作用，更好地保藏粮食及其他食物。根据内蒙古敖汉旗大甸子墓葬[①]人骨遗留下的痕迹，发现当时人类有多种疾病，主要有口腔疾病、骨关节病等。口腔疾病中的龋齿，可以反映男女两性的日常饮食习惯和食物种类的不同；骨关节病又与当时人类的饮食起居条件相关。从出土的饮食器种类看，当时的烹饪技艺已掌握了煮、蒸、烤，并且懂得酿酒技术，这是人类在长期的饮食过程中逐渐获得的规律性认识。

图15　灰陶鬲（朱开沟文化，内蒙古伊金霍洛旗朱开沟文化遗址出土，
内蒙古文物考古研究所藏）

---

　　① 中国社会科学院考古研究所编著：《大甸子——夏家店下层文化遗址与墓地发掘报告》，北京：科学出版社，1996年，第255—259页。

　　西周至春秋中期，草原地区饮食器的质地扩大，除了陶器、木器外，出现了大量的青铜器，如炊煮器甗、鼎、鬲，贮藏器罐，盛食器簋、豆、盨、联罐，酒器罍、盉（图16）、壶、尊，分食器勺等，说明上层社会对饮食器选择比较讲究。这一时期，山戎部落在经营畜牧业和农业的过程中，认识到水草丰美的地方，牲畜肥壮，能满足人们所需要的生活资料。根据气候条件和土地状况，适宜种植耐干旱的粟、稷，而不种植其他农作物，偶然在低洼地带种植瓜果，即懂得适时令而种植的道理。从考古资料发现的食物来看，当时上层贵族的饮食结构非常合理，肉虽然含蛋白质、脂肪很高，营养成分足，但容易伤害肠胃，加以瓜果、野菜、鱼类食物，能冲淡肉食带来的疾病。经鉴定青铜四联罐中的食物含有盐分，已注重饮食中的调味。在出土的青铜器中，有一种盥洗具铜匜，说明贵族阶层已注意饮食时的卫生，以防止进食时带入细菌而造成疾病。

图16　青铜盉（西周至春秋中期，内蒙古宁城县小黑石沟墓葬出土，
内蒙古宁城县辽中京博物馆藏）

　　春秋末期至战国时期，匈奴人主要食肉饮酪，有足够的营养，但不利于消化。在日常生活中，匈奴人懂得"逐水草迁徙"的生活规律，只有水草丰美的地方，牛、羊、马才能肥壮。《史记》卷129《货殖列传》说："北有戎、翟之畜，畜牧为天下饶。"[①]匈奴正因为拥有大量的牲畜，才得以有赖以生存的生活资料。匈奴人一般食牛、羊，马用来作游牧和征战的坐骑，不轻

---

①　[汉]司马迁：《史记》卷129《货殖列传》，北京：中华书局，1959年，第3262页。

易食用，只有应急时才宰杀食用。在牧养过程中，他们认识到牛、羊长到几岁时适宜食用，什么季节的牛、羊肥壮味美，什么季节的牛、羊瘦弱，每日何时挤取畜乳最好。另外，还饲养了驼、驴、骡等，增加了饲养牲畜的种类，丰富了饮食资料来源。"其畜之所多则马、牛、羊，其奇畜则……骒𬳿、𫘦𫘧。"[1]在文献资料中，可以看到匈奴人在日常生活中吃乳浆和干酪，这种食物既便于携带，又易于保藏，以供随时食用。《汉书》卷94《匈奴传》记载："卫律为单于谋'穿井筑城，治楼以藏谷，与秦人守之。汉兵至，无奈我何。'即穿井数百，伐材数千。"[2]在城内建楼以储藏粮食。在漠北匈奴墓葬中，常见一种大型陶器，匈奴人通常把谷物装在这种陶器内贮藏。这些实践经验逐渐形成与饮食相关的理论。

西汉时期，随着汉匈关系的改善，中原地区的耕种技术传入匈奴地，匈奴人学会了农业生产，使饮食结构发生了变化，加之经常能得到汉朝赏赐的酒、米、蔬菜、瓜果等食物，就大大改进了匈奴人的饮食风习。在长期的生活实践中，匈奴人已掌握了几种熟食方法，烹制技术也有所提高，出现了烧、烤、蒸、煮、炒、烙等方法，丰富了匈奴饮食文化的内涵，形成一套烹饪理论。匈奴人以食肉和饮潼酪为主，营养成分很高，便于体质的发展，使匈奴人有了雄健的体格，勇猛善战，这也是匈奴势力强大的一个原因。但食肉饮酪，在当时缺乏消毒等条件下，必然会导致各种疾病，缩短人的寿命。随着与汉朝的交往，农作物的引进，匈奴人开始改变饮食结构，逐渐吃粮食，能减少疾病的产生，利于匈奴人的健康。文献中多次提到，匈奴人喜好汉朝的财物（包括饮食），汉朝也经常赐给匈奴财物，在一定程度上影响了匈奴人的饮食风习。

东汉、两晋、十六国及北朝时期，草原地区饮食器的质地和种类进一步增多，有陶器、瓷器、金银器、铜器、玻璃器、铁器、木器，几乎涉及饮食器的各种类型，对美食美器的认识更加深入。北魏时期，鲜卑盛产乳酪，便于游牧和征战时的携带，并易于保藏，不易腐坏。北魏贾思勰的《齐民要术》卷6《养羊》第57条详细记载了"作酪法""作漉酪法"，用鲜奶制作干酪和漉酪，不易腐坏，携带方便，很适宜鲜卑的野外流动生活。拓跋鲜卑受

---

① [汉] 司马迁：《史记》卷110《匈奴列传》，北京：中华书局，1959年，第2879页。

② [汉] 班固：《汉书》卷94上《匈奴传》，北京：中华书局，1962年，第3782页。

汉族文化影响，用仓贮藏粮食。在内蒙古呼和浩特市大学路北魏墓葬①中出土有陶仓模型，证实鲜卑用仓贮藏粮食，可防止粮食腐败，在此之前可能挖地窖贮藏食物及粮食。因此，人们在饮食和经济生活的实践过程中，形成一系列的饮食及经济活动的理论，并对隋唐时期的饮食理论有着直接的影响。这一时期，从农业、种植、养殖到食馔、烹调、食品制作等方面，都有许多著作问世，如《齐民要术》《崔氏食经》《北方生酱法》等，可惜大多已佚失，只有《齐民要术》完整存世。这些理论性著作的问世，标志着北方草原地区的饮食理论迈入一个新的阶段，对我国古代饮食理论的发展起了很大的作用。隋唐时期，突厥、回纥"随水草迁徙"，食肉饮酪，还喜饮酒和茶，同时种植农作物，或与中原王朝换取粮食，改变其传统的饮食结构。在饮食卫生、食物制作、烹饪技艺、牧畜养殖等方面，继承了北朝诸民族的方法和经验，使饮食理论逐渐走向完善。

（三）饮食理论的逐步完善

从北方草原地区饮食文化的发展历史看，到辽、金、元、明、清时期，已经形成一套日趋完善的饮食理论，在生产实践中，积累了畜牧、狩猎、农业等一系列经验。

在畜牧方面，契丹人以擅长养马名闻天下，对马的配种、驯放有一套管理技术。宋人苏颂出使辽国后赋诗注说："契丹马群动以千数，每群牧者才二三人而已。纵其逐水草，不复羁绊，有役则旋驱策而用，终日驰骤而力不困乏。彼谚云：'一分喂，十分骑。'番汉人户亦以牧养多少为高下。视马之形，皆不中法相，蹄毛俱不剪剔，云马遂性则滋生益繁，此养马法也。"②根据宋人所见，契丹的上千匹马群只有2至3人放养，所养的马整天驰骋也不困乏，这是具有丰富的养马经验所致。在狩猎方面，特别是契丹皇帝的四时捺钵，形成了春、夏、秋、冬狩猎活动的规律。在春季捕鱼、捕鹅；夏季正是万物滋繁的季节，不再从事游猎；秋季为收获的最佳时机，猎取鹿、虎、熊；冬季以避寒商议国是为主，定期讲武射猎，训练军队。从中可以看出契丹人四季猎取不同的动物，并懂得夏季是动物的繁殖时期，雌性动物产子后

---

① 郭素新：《内蒙古呼和浩特北魏墓》，《文物》1977年第5期，第38—41页。
② ［宋］苏颂：《契丹马诗注》，傅璇琮、孙钦善、倪其心，等主编：《全宋诗》第10册，北京：北京大学出版社，1992年，第6422页。

的肉不肥美，幼子又不能吃，故禁止狩猎。在农业方面，辽代多次教民农耕，使农作物生产迅速发展，从选种、点种、植土、中耕、灌溉、收获，都有一套比较先进的生产经验，农业产量颇丰。辽圣宗耶律隆绪曾"命唐古（耶律唐古）劝督耕稼以给西军，田于胪朐河侧，是岁大熟。明年，移屯镇州，凡十四稔，积粟数十万斛，斗米数钱"①。辽代中期后的粮价一直很低，说明粮食供应有余。如果没有先进的种植和管理技术，就不会出现这种状况。

在饮食结构方面，肉、面、米、蔬菜、瓜果、乳、酒、茶等样样俱全，各有做法和食式，尤其是契丹上层社会的饮食非常讲究，注意卫生和保健，并有调理身体的饮食和医药。如契丹皇后产后，根据生男女的不同，服用相应的饮食，以调理虚弱的身体。考古发掘的实物中，有骨柄牙刷、银匜、银盆、铜盆等洗漱用具，说明契丹贵族已注重刷牙、洗手等清洁活动，保持饮食卫生（图17）。根据宋朝使臣路振出使契丹参加辽筵的情况，可知有一种食物为腊肉，经过盐渍或密渍加以熏制而成。另有一种肉脯，晾干而成。腊肉、肉脯、干奶酪、炒米等食物，都不易腐坏，装入布袋或皮袋中保藏。在考古学资料中没有发现契丹人具体的贮粮形式。《辽史》卷59《食货志上》记载："而东京如咸、信、苏、复、辰、海、同、银、乌、遂、春、泰等五十余城内，沿边诸州，各有和籴仓，依祖宗法，出陈易新，许民自愿假贷，收息二分。"②说明粮食主要用粮仓贮藏。金朝时，考古资料没有发现粮仓遗迹，但在金上京附近有一条运粮河，中原地区的粮食、税银、食盐、菜、酒

图 17 银匜（辽代，内蒙古阿鲁科尔沁旗辽耶律羽之墓出土，内蒙古文物考古研究所藏）

---

① [元] 脱脱等：《辽史》卷91《耶律唐古传》，北京：中华书局，1974年，第1362页。
② [元] 脱脱等：《辽史》卷59《食货志上》，北京：中华书局，1974年，第925页。

都要通过开凿的运粮河转运到上京，在上京城内应该有专储财物的仓府。平民的粮食和日用品，却用窖穴储藏。

经过前代北方游牧民族的饮食和经济生活的实践探索与创造，到西夏、金元、明清时期形成许多专著，总结记录了很多创新的理论，代表著作有西夏的《番汉合时掌中珠》、元朝司农司编纂《农桑辑要》、王祯著《农书》、鲁明善著《农桑衣食撮要》、忽思慧著《饮膳正要》、贾铭著《饮食须知》、日用百科全书《居家必备事类全集》、明末清初李渔著《闲情偶记》、清代袁枚著《随园食单》等。这些著作涉及的农业、牧业、饮食等内容，加之养殖、牧放、管理的实践经验，使古代北方草原的饮食理论达到完善阶段。

蒙古族在长期的畜牧业生产过程中，积累了游牧方法、养畜方法、驯育保护、草场选择等方面的经验，懂得了"随季候而迁徙。春季居山，便畜牧而已"的道理，依季节的特征，合理使用牧场，免于一年四季到处奔波，造成牲畜倒毙，在客观上保护了牲畜的草料不受损害。在养畜方法上，已掌握骟马技术，注重选配种畜，以保证畜种的优良和牲畜的强壮。同时，注意马匹的驯育和保护，使马匹强壮而宜用。《黑鞑事略》记载了当时的养马方法，"自春初罢兵后，凡出战归，并恣其水草，不令骑动，直至西风将生，则取而控之，执于帐房左右，喂以些少水草，经月膘落，而日骑之数百里，自然无汗，故可以耐远而出战。寻常正行路时，并不许其吃水草，盖辛苦中吃水草，不成膘而生病，此养马之良法"[①]。可见，蒙古族在牧养的过程中总结出养马的良好方法。

蒙古族实行牧人分工管理、牲畜分群放牧的方法，"扇（骟）马、骒马各自为群队也"[②]。牧人也有"放马的""放羊的""放羔儿的""放牧骆驼的"，根据牧群种类而有专人放养。蒙古牧民十分重视牧场的选择和水草的保护，驻牧的场所都是"草也好、马也肥"之处。凡破坏牧场者，都要受到惩罚。蒙古族从牛奶中提炼奶油，然后把奶油煮干，贮藏于羊肚里保鲜，以供冬季食用。提取奶油后留下的奶，使其变酸，然后煮之，凝固成坚硬的酸奶块，收藏在袋子里，冬季缺奶时，就把这种酸奶放在皮囊里，倒入热水，搅拌溶化饮用。还制作奶豆腐、奶酪、奶皮、炒米、干肉等，置于仓库中备食。粮食在建立元朝后用仓贮藏，以防止腐坏。内蒙古正蓝旗元上都城

---

① ［宋］彭大雅撰，徐霆疏证：《黑鞑事略》，北京：中华书局，1985年，第11页。
② ［宋］彭大雅撰，徐霆疏证：《黑鞑事略》，北京：中华书局，1985年，第11页。

址城外东西两侧各发现一座规模庞大的粮仓遗址^①，东边的称为万盈仓，西边的称为广积仓，成排分布，每排由若干室组成。可见在贮藏食物方面的丰富经验。

在蒙医食疗法中，有很多药品为可食的乳制品、农作物及其他食品，其中，乳食在很早以前就作为北方游牧民族医治疾病的良方。《素问·异法方宜论》说："北方者，天地所闭藏之域也，其地高陵居，风寒冰冽，其民乐野处而乳食，藏寒生满病，其治宜灸焫。"^②说明北方草原地区一直以乳食治疗疾病，并配以针灸。明朝时期，"达延可汗身患痞积，特穆尔哈达克之妻为此，用九匹初产驼羔的母驼之乳医治，磨穿了三只银碗，治疗结果，萍藻般的七块疮疤脱落了，方告痊愈"^③。在长期的生活经验总结中，蒙古族形成许多文字性的著作，如《蒙医正典》《医学大全》《药剂学》《药五经》《配药法》等，涉及用饮食调理身体的方法。清代蒙古族在牧业生产中，更加注重草场的合理使用和牲畜的驯育，在生产技术和经营管理上实现了改进，如打井、搭棚、筑圈和牧草保护等。在半农半牧区实行打井、搭棚、筑圈、开辟"草甸子"、贮备冬饲料的方法，形成一套完整的养畜、保畜经验。

经过辽、元、明、清的发展，北方草原的饮食理论已逐步达到完善阶段，无论是从种植、养殖、牧放、饮食结构，还是从食物加工、烹调技艺、饮食卫生、饮食保健、饮食观念来看，都已形成著作性的理论构建，对现代我国饮食理论有着重要的借鉴作用。

（四）近现代饮食理论的创新

北方草原地区的饮食理论，经过几千年的发展，到近现代更趋完善。饮食结构、饮食保健、饮食卫生、饮食市场、饮食服务、饮食观念都向现代化发展，衍生出新的饮食理论。中国伟大的革命先行者孙中山先生在《建国方略》中，精辟地论述了饮食文化的精髓，指出："是烹调之术本于文明而生，非深孕乎文明之种族，则辨味不精；辨味不精，则烹调之术不妙。中国烹调之妙，亦足表文明进化之深也。"^④说明了饮食文化与整个民族的经

---

① 贾洲杰：《元上都调查报告》，《元上都研究资料选编》，北京：中央民族大学出版社，2003年，第59页。
② 人民卫生出版社编：《黄帝内经素问》，北京：人民卫生出版社，1963年，第81页。
③ 朱风、贾敬颜译：《汉译蒙古黄金史纲》，呼和浩特：内蒙古人民出版社，1985年，第83页。
④ 孙中山：《建国方略》，武汉：武汉出版社，2011年，第8页。

济、文化的发展紧密相连,是社会进化的结果,是文明程度的重要标志。在我国近现代时期,由于历史发展的不平衡性和曲折性,前后形成了饮食史上的温饱型和营养型理论,二者有着交叉渗透的关系。但从历史发展进程看,20世纪80年代以前基本上属于温饱型阶段,其后的时期进入向营养型转变的阶段。

孙中山先生领导的辛亥革命,推翻了清王朝的统治,结束了中国两千多年来的封建时代,建立了中华民国。"五四运动"的爆发,标志着中国革命进入了一个新的历史时期,即新民主主义革命时期。中国共产党成立以后,领导中国人民历经大革命时期、第二次国内革命战争时期、抗日战争时期、解放战争时期,最终成立中华人民共和国。由于剥削阶级的长期统治和多年的战争,人民政府和广大人民不得不首先解决食的问题,即生活标准的最低起点——温饱问题。

20世纪40年代以前,内蒙古先后由北洋军阀、国民党、日本侵略者统治,在经济上进行残酷的掠夺和沉重的剥削,使大多数蒙古族及其他各民族人民处于水深火热之中,生活不得温饱。察哈尔和绥远两省的各族人民不仅负担蒙旗政府和王公札萨克原有的摊派,还要承受省县政府新加的田赋和苛捐杂税,使"他们只有一天天走上饥饿的线上"[1]。在这种条件下,蒙古族和其他兄弟民族在饮食观念上只能是寻求解决温饱的问题,即使如此,亦不能如愿,过着半饥半饱的贫苦生活。同时,内蒙古的牧业经济形式也受到挑战,特别是内地大量移民的进入,逐渐改变了游牧经济的生产和生活方式,造成牲畜数量的锐减。1902年清王朝推行"放垦蒙地"的政策,迁移大量内地汉民从事粗放的农业生产。北洋军阀在内蒙古武装开垦更为严重。在1902—1937年短短的时间内,内蒙古汉族人口从近百万骤增到318万,导致了草原面积急剧减少。刘克祥先生在《简明中国经济史》中说:"内蒙东部靠东北一线、热河、察哈尔和绥远河套地区,都在近代时期陆续放垦,农垦区由南往北,由东往西,不断向草原和畜牧区推进。到20世纪二三十年代,京绥铁路沿线和绥远河套地区,成为华北重要的杂粮供给地。"[2]蒙疆垦荒使草原遭受严重破坏,"山区、湖区和沿江沿海滩涂的开垦,扩大了耕地

---

① 贺扬灵:《察绥蒙民经济的解剖》,上海:商务印书馆,1935年,第227页。
② 刘克祥:《简明中国经济史》,北京:经济科学出版社,2001年,第163页。

面积和农业区域，同时也破坏了森林、植被，加剧了水土流失"。①美国学者黑迪说："草原的退化，从牲畜自然集中的地方开始，导致完全裸露的小块地面日益扩大。"②由此，生活在草原地区的蒙古族陷入贫困境地，人口由102万下降至83万，牲畜头数由20年代的7000万头（只）降至不足1000万头（只），温饱问题亟待解决。

1947年，内蒙古自治区的成立，使得经济得到迅速恢复和发展，人们的食生产和食生活均有了历史性的改变和进步。种植、养殖、牧放、食品加工等都得到前所未有的发展，粮食、油料、糖、乳品、肉食等都有不同程度的增长，保证了城乡居民的正常供应。但是，20世纪50年代在片面强调"以粮为纲"的农业政策指导之下，很多牧场继续被开垦为农田，结果是粮食产量没有提高，草原生态也遭受破坏，在一定程度上影响了人们的食生产和食生活的条件。同时，在"节约闹革命"的传统教育下，使人们满足于最基本的饮食消费。抑制消费成为人们的主导意识，低消费和解决温饱是这一时期饮食生活和饮食文化的基本特征。经济上的封闭、思想上的禁锢，导致了饮食文化交流的局限，虽然并不排除以绒毛、皮革、奶油、奶粉、干酪素、乳糖等畜产品出口换取外汇，但这并没有影响群众以温饱型理论为主的饮食思想。

1978年12月召开的党的十一届三中全会，是中华人民共和国成立以来我党历史上具有深远意义的伟大转折，经济体制的改革使中国人民的食生产和食生活有了很大的改变。以内蒙古自治区为例，从1978年到2008年，粮食播种面积在有所调减的情况下，年总产量由99.8亿斤增加到410亿斤；全区牲畜存栏头数由4162.3万头（只）增加至10677.2万头（只），到2009年6月末夏季牧业普查时已达10858.5万头（只）；畜牧业产值（按当年价）由8.42亿元增加至559.65亿元，畜牧业产值在第一产业值中的比重由29.7%提高到43.8%；肉类、奶类产品产量分别由20.89万吨、7.24万吨增产到219.37万吨、912.2万吨，牛奶、羊肉、细羊毛、山羊绒等主要畜产品产量已高居全国首位。乳制品、酿酒、榨油、制糖、食品等工业生产，都呈上升趋势。到2012年，内蒙古农牧业已具备年产400亿斤粮食、230万吨肉类、900万吨牛奶、45万吨禽蛋、10万吨水产品的综合生产能力。2019年，内蒙古树立新发展理念，坚持宜粮则粮、宜牧则牧、宜林则林，农牧业向优势区集

---

① 刘克祥：《简明中国经济史》，北京：经济科学出版社，2001年，第141页。

② ［美］哈罗德·F.黑迪：《草原管理》，章景瑞译，北京：农业出版社，1982年，第7页。

中，优质绿色农畜产品产能进一步扩大，全年粮食总产量达731亿斤，猪牛羊禽四肉产量256.9万吨，牛奶产量577.2万吨。这些数据显示，内蒙古的农牧产量极大地满足城乡、牧区人民的生活保障，向小康社会迈进。

改革开放四十多年来，尽管由于种种原因，北方草原地区不同区域、社会不同层次饮食生活的改变或改善还存在着不小的差距，一些地区民众的饮食生活状况还存在着困难，但就整体来看，吃饱问题基本解决了，多数人的食生活有了改善，部分民众的生活则有了明显的提高，大部分人已经吃饱了，一部分人则开始吃好，并产生了追求饮食营养的观念。随着科学技术的发展，对饮食资源的充分开发，北方草原地区不但畜牧业非常发达，农业、园艺、渔业、经济作物等都得到前所未有的开发和利用，使人们的饮食不仅仅是为了解决温饱，更多的是为了营养和健康。如今，牛奶已成为城镇居民每日餐中必不可少的食品，新鲜的牛、羊、猪、鸡肉和蔬菜都随时可食，搭配合理，甚至连海鲜已不算是稀罕之物。国家和政府关心国民健康素质与合理膳食，各种政策和有效措施相继出台。如1982年、1992年的全国第二、第三次营养调查，1993年国务院颁布的《九十年代中国食物结构与发展纲要》，1997年中国营养学会制定的《中国居民膳食营养参考摄入量》，2014年国务院办公厅颁布的《关于印发中国食物与营养发展纲要（2014—2020年）的通知》等。2019年，国家卫生健康委员会制订《健康中国行动（2019—2030）》，提到合理膳食是健康的基础，并且对政府提出了应采取的主要举措，包括完善食品安全标准体系，制定以食品安全为基础的营养健康标准，推进食品营养标准体系建设，推动营养立法和政策研究，加快修订预包装食品营养标签通则等。这些引导中国食品生产、食品加工和国民饮食观念、习惯与膳食结构的活动，对民众饮食生活走向科学化具有重大的意义。

追求饮食营养，首先要改变饮食结构，不能以粮为主食，辅以蔬菜和少量的肉食，要注意合理搭配。目前，人们食物中粮谷比重减少，肉食、禽蛋比重已明显增加，只要再增加蔬菜、水果和薯类食物、豆制品与牛奶的数量，就会成为理想的膳食，这一饮食结构已被越来越多的人接受。在民族学调查中发现，现今的牧区饮食结构改善非常明显，不再以传统的肉食为主，更多的面食、米食成为餐饮中的主食，而肉食、蔬菜搭配得比较合理，说明牧民已经开始重视饮食的营养问题。其次要改变餐制，彻底改变早餐"马虎"、中餐"凑合"、晚餐"丰盛"的现状。营养学研究表明，一日三餐中早餐最为重要，用好早餐胜似服用补药。科学的早餐包括谷类、肉类、蛋类、奶类、蔬菜、水果，其中具备三类以上就算是宜于健康的早餐，许多家庭已经能达到这样的标准。"一日三餐，概莫能外。主食约占60%—70%，南米北面；副食即菜肴，约占25%—30%，看菜吃饭，又称下饭；零食包括小吃、糕点、糖果、炒货、饮料等，约占5%—10%。这种三分开已形成为饮食制度，保证了以植物性原料为主体的膳食结构的不可更易。"① 最后要注意"营养病"或"营养过剩病"的发生，中国的儿童和青少年糖尿病患者目前占总数的5%，正以每年10%的速度递增，过去这种病常见于老年人之中，而今年轻患者不断增加，主要是因为饮食结构的不合理，造成了营养失衡。

草原地区饮食的烹调技艺也变得复杂而精深，从原料加工、原料保藏与鉴别、刀工火候、调味品与调味技术，到热菜工艺、凉菜配制等，都有一套严密的工序。如羊肉烹制法，有煮、烤、氽、炸、煎、烹、熘、爆、炒、涮等多种做法，使羊肉菜看鲜嫩可口，既有羊肉的香味，又无膻味，还可保持肉中营养，深得人们喜好。目前，介绍饮食营养和饮食疗法的论文与著作很多，除国家颁发的有关"纲要"和"指南"外，《中国食品报》《美食导报》《食品导报》《中国烹饪》《营养学报》等报刊上，经常刊登饮食营养和饮食治疗方面的文章。出版的著作有《中国烹饪百科全书》（中国大百科全书出版社，1992年）、《烹饪概论》（陈光新编著，高等教育出版社，1998年）、《饮食营养与卫生》（刘国芸主编，中国商业出版社，2000年）、《饮食文化概论》（赵荣光、谢定源著，中国轻工业出版社，2000年）、《中国饮食文化史》（赵荣光著，上海人民出版社，2006年）等。特别是裴聚斌等编著的《蒙古族饮食图鉴》（内蒙古人民出版社，2010年），全方位、系统地总结了蒙古族及内蒙古饮食文化的发展演变，从理论上厘清了蒙古族饮食的体系要素构成和在新时期的创新方向与成果，建立了蒙古族饮食的科学体系，展示出蒙古族特色菜肴的独特原料、烹饪技术、菜品特色、风味特点等内容。这些文章和著作对丰富和探讨饮食营养理论和促进现代北方草原饮食理论发展都有重要的意义。

随着我国改革开放的深入进行，全球经济一体化格局的逐步形成，饮食文化的交流将会更加宽泛，人们对饮食观念和理论的认识也会更加关注。在

---

①　姜羽：《中国烹饪》，《中国烹饪百科全书》，北京：中国大百科全书出版社，1992年，第6页。

北方草原地区，近年来加大对草原生态环境的保护力度，使北方民族传统的饮食文化有一个良好的外部天然环境。生态环境的良性循环，又使畜牧业有进一步的发展，以保证人们有充足的肉食、奶食等营养食品，这一点如今已经基本做到，包括许多农村、牧区对肉食、奶食的需求已经能供给和购买。人们生活质量的提高，对农作物的种植、耕作和养殖业、畜牧业、食品加工业的快速发展将会起到推动作用，也带动了人们对饮食市场、饮食服务、饮食卫生、烹调技法、饮食消费的更高要求。现今的北方草原地区，在继承传统饮食理论的基础上，对饮食观念有了很大的改变，注重食品的营养保健和食疗方法，把饮食理论全面而普遍地提高到营养型的层次上，使饮食生产和饮食生活走向科学化、规范化和营养化。

辽代的生计方式与饮食构成

北方草原地区由于独特的生态环境，造就了畜牧业在社会经济中的主体地位，给人们提供了主要的生活来源，在北方游牧民族诞生以后，"食肉饮酪"的饮食习惯一直贯穿于诸民族的历史发展过程。从生计方式看，经济类型不是单一的，既有牧业、农业，还有采集、狩猎、捕捞、手工业等，特别是建立政权的契丹民族，其农业与牧业居同等重要的地位。正是这种草原生态环境和生计方式，使辽代饮食结构在肉食和乳食为主的基础上，还有粮食、副食等，既反映出"食肉饮酪"的草原饮食文化范式，又表现出饮食结构的多样性，呈现"主中有副、副中现主"的饮食格局。并由此出现一些辽代所独有的饮食风味，诸如头鹅宴、头鱼宴、貔狸馔、濡肉、腊肉、骆酥、果脯、奶酪、奶酒等。

一、契丹的族源

关于契丹族源问题，学术界一直都在撰文探讨。根据史书记载，对契丹族源有三种说法，即东胡说、匈奴说和鲜卑说。从梳理国内外学术界关于契丹族源的研究成果看，国内学者主张东胡—鲜卑说和混合说，国外学者认为蒙古系种族和蒙古—通古斯混合种，这样，造成对契丹族源多样性的说法。契丹之名，最早见于《魏书》，其后的《北史》《隋书》《新唐书》等史籍都有《传》，早期主要活动于潢水（今西拉木伦河）和土河（今老哈河）流域。

关于契丹的族源，史书中记载了三种说法。第一种为东胡说，主要是

《新唐书》。根据《新唐书》卷219《契丹传》的记载，曰："契丹，本东胡种，其先为匈奴所破，保鲜卑山。魏青龙中，部酋比能稍桀骜，为幽州刺史王雄所杀，众遂微，逃潢水之南，黄龙之北。至元魏，自号曰契丹。"[①]

第二种说法是匈奴说，主要有《魏书》《北史》《隋书》《旧五代史》等。《魏书》卷100《契丹传》记载："契丹国，在库莫奚东，异种同类，俱窜于松漠之间。登国中（公元386—396年），国军大破之，遂逃进，与库莫奚分背。经数十年，稍滋蔓，有部落，于和龙之北数百里，多为寇盗。"同传又载："库莫奚国之先，东部宇文之别种也。初为慕容元真所破，遗落者窜匿松漠之间。"[②]也就是说，契丹与库莫奚同为东部宇文的别种。《魏书》卷103《匈奴宇文莫槐传》记载："匈奴宇文莫槐，出于辽东塞外，其先南单于远属也，世为东部大人。"[③]《后汉书》卷90《乌桓鲜卑传》记载："和帝永元中，大将军窦宪遣右校尉耿夔击破匈奴，北单于逃走，鲜卑因此转徙据其地。匈奴余种留者尚有十余万落，皆自号鲜卑，鲜卑由此渐盛。"[④]从这几段记载看，认为契丹和库莫奚都来自匈奴宇文部，在匈奴势力衰弱后，包括宇文部在内的匈奴有十余万落，固有契丹族源的匈奴说。《北史》卷94《契丹传》记载："契丹国在库莫奚东，与库莫奚异种同类。并为慕容晃所破，俱窜于松漠之间。登国中，魏大破之，遂逃进，与库莫奚分住。经数十年，稍滋蔓，有部落，于和龙之北数百里为寇盗。"[⑤]《隋书》卷84《契丹传》记载："契丹之先，与库莫奚异种而同类，并为慕容氏所破，俱窜于松、漠之间。其后稍大，居黄龙之北数百里。"[⑥]这与《魏书》的记载相似。《旧五代史》卷137《外国列传一》记载："契丹者，古匈奴之种也。代居辽泽之中，潢水南岸，南距榆关一千一百里，榆关南距幽州七百里，本鲜卑之旧地也。"[⑦]直接道出了契丹来自匈奴。

第三种说法是鲜卑说，主要是《旧唐书》《新五代史》《辽史》等。《旧唐书》卷199下《契丹传》记载："契丹，居潢水之南，黄龙之北，鲜卑之故地，在京城东北五千三百里。东与高丽邻，西与奚国接，南至营州，北至

① ［宋］欧阳修、宋祁：《新唐书》卷219《契丹传》，北京：中华书局，1975年，第6167页。
② ［北齐］魏收：《魏书》卷100《契丹传》，北京：中华书局，1974年，第2222页。
③ ［北齐］魏收：《魏书》卷103《匈奴宇文莫槐传》，北京：中华书局，1974年，第2304页。
④ ［南朝·宋］范晔：《后汉书》卷90《乌桓鲜卑传》，北京：中华书局，1965年，第2968页。
⑤ ［唐］李延寿：《北史》卷94《契丹传》，北京：中华书局，1974年，第3172页。
⑥ ［唐］魏征等：《隋书》卷84《契丹传》，北京：中华书局，1973年，第1881页。
⑦ ［宋］薛居正等：《旧五代史》卷137《外国列传一》，北京：中华书局，1976年，1827页。

室韦。冷陉山在其国南，与奚西山相崎，地方二千里。"①《新五代史》卷72
《四夷附录一》记载："契丹自后魏以来，名见中国。或曰与库莫奚同类而异
种。其居曰枭罗箇没里。没里者，河也。是谓黄水之南，黄龙之北，得鲜卑
之故地，故又以为鲜卑之遗种。"②《辽史》卷37《地理志一》记载："辽国
其先曰契丹，本鲜卑之地，居辽泽中；去榆关一千一百三十里，去幽州又七
百一十四里。南控黄龙，北带潢水，冷陉屏右，辽河堑左。高原多榆柳，
下隰饶蒲苇。当元魏时，有地数百里。"③这些文献记载，均认为契丹来源
于鲜卑。

在学术界，对契丹族源的看法也存在着东胡—鲜卑说和混合说。在20
世纪80年代之前，方壮猷先生结合历史文献，认为契丹是"东胡鲜卑之遗
种"④。冯家昇先生认为，契丹源于宇文鲜卑。⑤陈述先生认为，"契丹、
奚、宇文等皆东胡，而此东胡又为极近于匈奴者也"，"契丹之族亦是东北群
族之合体，而非一系之繁衍"。⑥在20世纪80年代以后，张正明从木叶山、
黑山在契丹人心目中的重要性出发，认为两座山都在鲜卑故地，故契丹为鲜
卑后裔。⑦持这种说法的学者还有杨树森、舒焚、张久和、孙进己等人，认
为契丹来自古鲜卑别支、鲜卑宇文部、东胡系南支鲜卑后裔、宇文联盟中较
为落后的鲜卑别部。⑧景爱先生认为，契丹是经过与匈奴人融合的宇文鲜卑
后裔。⑨李桂芝认为，契丹先世东部鲜卑经过魏晋时期复杂的种族融合后已
经渗入了匈奴、乌桓成分，经过不断地部落分化和组合。⑩王钟翰先生认
为，契丹主源为鲜卑，是受其他种族影响的多源民族。⑪于宝林认为，契丹
出自东胡—鲜卑—契丹发展的大系，因多种族融合而形成的民族。⑫另外，

---

① ［后晋］刘昫等：《旧唐书》卷199下《契丹传》，北京：中华书局，1975年，第5349页。
② ［宋］欧阳修：《新五代史》卷72《四夷附录一》，北京：中华书局，1974年，第885—886页。
③ ［元］脱脱等：《辽史》卷37《地理志一》，北京：中华书局，1974年，第437—438页。
④ 方壮猷：《契丹民族考》，《女师大学术季刊》1930年第2期，第10—11页。
⑤ 冯家昇：《契丹名号考释》，《北方史地资料之四·契丹史论著汇编》（上），沈阳：辽宁社会科学院
历史研究所，1988年，第38页。
⑥ 陈述：《契丹史论证稿》，北平：国立北平研究院史学研究所，1948年，第29页。
⑦ 张正明：《契丹史略》，北京：中华书局，1979年，第2页。
⑧ 杨树森：《辽史简编》，沈阳：辽宁人民出版社，1984年，第2—3页；舒焚：《辽史稿》，武汉：湖
北人民出版社，1984年，第4页；张久和：《东胡系各族综观》，《内蒙古大学学报（哲学社会科学版）》1990
年第2期，第41—50页；孙进己、孙泓：《契丹民族史》，桂林：广西师范大学出版社，2010年，第62—63页。
⑨ 景爱：《契丹的起源与族属》，《史学集刊》1984年第2期，第27—32页。
⑩ 李桂芝：《关于契丹古八部之我见》，《中央民族学院学报》1992年第2期，第37—40页。
⑪ 王钟翰主编：《中国民族史》，北京：中国社会科学出版社，1994年，第443页。
⑫ 于宝林：《契丹古代史论稿》，合肥：黄山书社，1998年，第30—31页。

还有乌桓说、丁零说，但在学术界不被接受。国外的学者，如英国的哈奥斯、德国的魏特夫、日本的白鸟库吉及田村实造、苏联的扎尔金特等，从种族的角度认为契丹源于蒙古系种族或蒙古—通古斯混合种。

其实，从史书记载契丹族源的三种说法看并不矛盾，有远源、别源和近源之分。根据《后汉书》卷90《乌桓鲜卑传》的记载，"鲜卑者，亦东胡之支也，别依鲜卑山，故因号焉"①。指出鲜卑是东胡的一支，后被匈奴打败，退居鲜卑山，因以为族名，所以鲜卑源于东胡。史书记载的契丹族源之一东胡说，实为契丹族源的远源。根据《魏书》记载，宇文部是匈奴种，在北匈奴被东汉打败后，留在漠北的部众东迁，后自号鲜卑，与鲜卑混居后形成，成为鲜卑的宇文部。因此，史书中记载的契丹族源来自匈奴的说法，其实就是指匈奴和鲜卑混居形成的宇文部，是为别源。史书中记载的第三种说法就是契丹源于鲜卑，与东胡说并不矛盾，因为鲜卑为东胡的一支，因而可以说是近源。契丹在北魏时期，主要活动于今西拉木伦河和老哈河流域之间，北魏孝文帝时期自称为契丹。学术界出现的契丹族源的说法，也都是根据史书的记载以及与其他民族对比研究而得出的结论，与史书记载并不矛盾。至于契丹先祖来自河北平泉光头山的说法，这里要弄清族源和祖源之别，光头山充其量只能说是契丹父系"白马神人"的源地，也就是说"青牛白马"传说中的马盂山，不能与族源相提并论。

从契丹族源的别源和近源看，来自鲜卑的宇文部。宇文鲜卑的主体是匈奴的宇文氏，在西汉时期由阴山迁徙到辽西地区，东汉时与迁徙此地的鲜卑融合。根据《后汉书》卷90《乌桓鲜卑传》的记载，汉朝的右校尉耿夔率军打败匈奴后，北匈奴单于率一部分部众逃走，鲜卑乘机占据北匈奴原来控制的地区，匈奴有十余万落。两晋时期，自号鲜卑的匈奴、鲜卑、乌桓部落共同组成了以匈奴宇文氏为主体的宇文鲜卑。《北史》卷98《宇文莫槐传》记载："匈奴宇文莫槐，出辽东塞外，其先南单于之远属也，世为东部大人。"②自此宇文鲜卑开始在辽西地区活动。《魏书》卷1《序纪一》记载："昭皇帝讳禄官立，始祖之子也。分国为三部：帝自以一部居东，在上谷北，濡源之西，东接宇文部。"③濡源指今滦河上游，其东为老哈河上游，宇文鲜

① ［南朝·宋］范晔：《后汉书》卷90《乌桓鲜卑传》，北京：中华书局，1965年，第2985页。
② ［唐］李延寿：《北史》卷98《宇文莫槐传》，北京：中华书局，1974年，第3267页。
③ ［北齐］魏收：《魏书》卷1《序纪一》，北京：中华书局，1974年，第5页。

卑的活动区域应该在老哈河流域一带。后被慕容皝所破，其余众分三部，其中一部北遁到西拉木伦河下游，在此一直生息，并衍生出后来的契丹。

在考古学资料中，也能证明契丹来源于鲜卑的说法。内蒙古阿鲁科尔沁旗辽耶律羽之墓①出土的墓志中，有契丹族源的记载，墓志铭说："其先宗分佶首派出石槐，历汉魏隋唐已来世为君长。"佶首即契丹先祖奇首。檀石槐是鲜卑部落首领，东汉末在高柳北弹汗山（今山西阳高县西北一带）建立了王庭，向南劫掠沿边各郡，北边抗拒丁零，东方击退夫余，西方进击乌孙，完全占据匈奴的故土。永寿二年（公元156年）秋，率军攻打云中（今内蒙古呼和浩特西南）。延熹元年（公元158年）后，鲜卑多次在长城一线的缘边九郡及辽东属国侵扰，汉桓帝忧患，欲封檀石槐为王，并跟他和亲。檀石槐非但不受，反而加紧对长城缘边要塞的侵犯和劫掠，并把自己占领的地区分为三部，各置一名大人统领。汉灵帝即位后，鲜卑在长城内外加剧侵扰，幽、并、凉三州常遭攻掠。此后，檀石槐又率军征辽西，讨酒泉，使汉朝缘边地区一直不得安宁。契丹的先祖自东汉以来，历经北魏、隋唐皆为部落的酋长。

《耶律宗愿墓志铭》说：契丹皇族的始祖母，"越自仙轷，下流于潢水，结发瑶源神幄，梦雹于玄郊，有蕃宝胤，故大圣（辽太祖）乘飞天之运，人皇抗高世之风克让，太宗归神器之重传，及天授正丕历而昌，惟皇孝成与子天辅（耶律宗愿之父），洒玄泽以浸万物，陶醇壹以凝兆民"②。从墓志铭得知，契丹先民与鲜卑汗国的创建者檀石槐有血缘关系。《后汉书》卷90《乌桓鲜卑传》记载："桓帝时，鲜卑檀石槐者，其父投鹿侯，初从匈奴军三年，其妻在家生子。投鹿侯归，怪欲杀之。妻言尝昼行闻雷震，仰天视而雹入其口，因吞之，遂妊身，十月而产，此子必有奇异，且宜长视。投鹿侯不听，遂弃之，妻私语家令收养焉，名檀石槐。年十四五，勇健有智略。异部大人抄取其外家牛羊，檀石槐单骑追击之，所向无前，悉还得所亡者，由是部落畏服。乃施法禁，平曲直，无敢犯者，遂推以为大人。"③史书记载的檀石槐的母亲吞雹与《耶律宗愿墓志铭》记载的其始祖母梦雹的史实相符，是指同一人。由此得知，契丹始祖奇首可汗即为投鹿侯。

---

① 内蒙古文物考古研究所等：《辽耶律羽之墓发掘简报》，《文物》1996年第1期，第4—32页。
② 刘凤翥、马俊山：《契丹大字〈北大王墓志〉考释》，《文物》1983年第9期，第23—50页。
③ ［南朝·宋］范晔：《后汉书》卷90《乌桓鲜卑传》，北京：中华书局，1965年，第2989页。

从早期契丹墓葬的形制、埋葬习俗及器物特征看，多有鲜卑的风格。内蒙古巴林右旗塔布敖包早期契丹墓葬[1]，形制呈竖穴梯形，石砌墓室，葬式为仰身直肢，头向北或略偏西。同样，内蒙古呼伦贝尔市发现的东汉鲜卑墓也具有这些特征。在器物组合方面，巴林右旗塔布敖包墓葬主要为陶器，器物组合有罐、壶、碗，部分器底内凹并印有图案，其中的敞口罐具有明显的鲜卑特色。在殉牲方面也有共性，鲜卑墓葬多以牛、马、羊的头、蹄殉葬，特别是羊矩骨的随葬流传时间很久，与早期契丹墓的殉牲情况非常相似。另外，从考古发现的辽代墓葬出土的人骨鉴定看，认为契丹源自东胡、鲜卑。[2]这一切说明契丹与鲜卑在族源上存在着内在的联系。

二、辽代的人口数量

辽代为契丹族于公元十世纪初建立的北方民族政权，曾经占据了黄河流域以北的广大地区。在其统治的二百年间，政治、经济、文化都达到了前所未有的盛况，契丹族的人口随之发生了重大变化，在辽代以前的北方民族发展史上也是空前的。

早期契丹的畜牧业非常发达，后又有农业生产，在唐代晚期时，占据了大漠南北，在如此辽阔的地域内进行经济生产，必有众多的人口，而且有足够的生活资料供给人口的增长。契丹最初是一个包括"白马"和"青牛"两个氏族的小部落，后来子孙繁衍，部众逐渐兴盛，发展为八个氏族，再后由八个氏族发展为八个部落，即悉契丹部、何大何部、伏费郁部、羽陵部、日连部、匹洁部、黎部、吐六于部。公元六七世纪之交，契丹又发展成十个部落，还有很多别部。公元七世纪，形成了一个包括很多部的大部落。从契丹势力的不断壮大，可以反映出人口增长的情况。

《魏书》卷100《契丹传》记载："契丹惧其（高丽与柔然）侵轶，其莫弗贺勿于率其部落车三千乘、众万余口，驱徙杂畜，求入内附，止于白狼水东。"[3]北魏太和三年（公元479年），仅契丹贺勿于部的人口就有一万多人。

① 齐晓光：《巴林右旗塔布敖包石砌墓及相关问题》，《内蒙古文物考古文集》第1辑，北京：中国大百科全书出版社，1994年，第454—461页。
② 朱泓：《契丹族的人种类型及其相关问题》，《内蒙古大学学报（哲学社会科学版）》1992年第2期，第36—41页。
③ ［北齐］魏收：《魏书》卷100《契丹传》，北京：中华书局，1974年，第2223页。

《北史》卷94《契丹传》记载："天保四年（公元553年）九月……帝亲逾山岭，奋击大破之，虏十余万口、杂畜数十万头。"①北齐文宣帝高洋率兵一次俘虏契丹人十万多口。《隋书》卷84《契丹传》载："开皇末（公元600年）……部落渐众，遂北徙逐水草，当辽西正北二百里，依托纥臣水而居。东西亘五百里，南北三百里，分为十部。兵多者三千，少者千余，逐寒暑，随水草畜牧。"②在隋初，契丹发展为十部，大部的军队3000多人，小部的军队也有千余人。以一户出征调二卒，一户4至5人计算，大部有人口近万人，小部也有3000余人。

《新唐书》卷219《契丹传》记载："尽忠自号无上可汗，以万荣为将，纵兵四略，所向辄下，不重浃，众数万，妄言十万，攻崇州，执讨击副使许钦寂"。③同传又载："武后闻尽忠死，更诏夏官尚书王孝杰、羽林卫将军苏宏晖率兵十七万讨契丹，占东硖石，师败，孝杰死之。……乃命右金吾卫大将军河内郡王武懿宗为神兵道大总管，右肃政台御史大夫娄师德为清边道大总管，右武威卫大将军沙吒忠义为清边中道前军总管，兵凡二十万击贼。"④契丹尽忠任可汗时，有部众数万人，号称10万。后唐朝发兵17万击契丹，竟然失败。其后又发兵20万，才击败契丹。可见，唐朝时期契丹的人口应在20万以上。

契丹建辽时的人口，可根据史籍记载有一个大概的计算。耶律阿保机"明年（唐昭宗天复二年，公元902年）秋七月，以兵四十万伐河东、代北，攻下九郡，获生口九万五千，驼、马、牛、羊不可胜纪"⑤。唐昭宣帝天祐二年（公元905年）春，"契丹阿保机始盛，武皇召之，阿保机领部族三十万至云州，与武皇会于云州之东，握手甚欢，结为兄弟"⑥。天祐十四年（公元917年，辽神册二年），契丹"契丹乘胜寇幽州。是时言契丹者，或云五十万，或云百万，渔阳以北，山谷之间，毡车毳幕，羊马弥漫"⑦。在这条史料中，提到契丹兵力为50万和百万，但在《旧五代史》中还多次提到契丹兵力为30万，应该以此为准。根据契丹习俗及依此形成的辽代兵

① ［唐］李延寿：《北史》卷94《契丹传》，北京：中华书局，1974年，第3128页。
② ［唐］魏征等：《隋书》卷84《契丹传》，北京：中华书局，1973年，第1881—1882页。
③ ［宋］欧阳修、宋祁：《新唐书》卷219《契丹传》，北京：中华书局，1975年，第6168—6169页。
④ ［宋］欧阳修、宋祁：《新唐书》卷219《契丹传》，北京：中华书局，1975年，第6169页。
⑤ ［元］脱脱等：《辽史》卷1《太祖本纪上》，北京：中华书局，1974年，第2页。
⑥ ［宋］薛居正等：《旧五代史》卷26《武皇纪下》，北京：中华书局，1976年，第360页。
⑦ ［宋］薛居正等：《旧五代史》卷28《庄宗纪二》，北京：中华书局，1976年，第389页。

制，大体上一户出二兵，30万大军就是15万户，每户以5人计，在建辽初期，契丹人口可达70万余。

随着辽代经济的发展，人口也迅速增长起来。辽太祖平息诸弟之乱后，马上推行"弥兵轻赋，专意于农"的政策，不久便出现"户口滋繁"的景象。"应历初（公元951年），（耶律挞烈）升南院大王，均赋役，劝耕稼，部人化之，户口丰殖。"①辽圣宗时，普遍出现"户口蕃息"的现象。辽兴宗时，"两院户口殷庶"。这都是契丹人口迅速的自身繁衍，即人口的自然增长。

《辽史》卷31《营卫志上》记载："辽国之法：天子践位置宫卫，分州县，析部族，设官府，籍户口，备兵马。崩则扈从后妃宫帐，以奉陵寝。有调发，则丁壮从戎事，老弱居守。……（宫帐）凡州三十八，县十，提辖司四十一，石烈二十三，瓦里七十四，抹里九十八，得里二，闸撒十九。为正户八万，蕃汉转户十二万三千，共二十万三千户。"②正户即为契丹人，户八万，人口达40万余；其他民族和汉人共12.3万户，人口达61万余。宫卫的总人数达百万余。

太祖十八部（奚除外）的人口，归属北大王院（五院部）和南大王院（六院部），他们的2/3驻牧在"西南至山后八军八百余里"，"控弦之士各万人"。③以一户出兵2人计，则各有5000户，至辽末可增加到万户，两院部中另1/3，即三个石烈在辽会同二年（公元939年）就迁至乌古部地区，辽末时也达到万户。品、楮特、乌隗、涅剌、突吕不、突举六个部，自阻午可汗设置起至辽末，在近400年的时间里各以6000户算应为可能。迭剌达部在建辽前就有7000户，辽末应能增加到万余户。乌古涅剌和图鲁二部，辽神册六年（公元921年）为6000户，辽末也能超过万户，突吕不室韦、涅剌拿古、乙室奥隗、品达鲁虢、楮特奥隗部五个部，以3万户计不算多。这样，辽末太祖十八部总计13万户，65万人，这是契丹人口的主要部分。

从辽代兵卫的人数看，"及太祖会李克用于云中，以兵三十万，盛矣"④。

① ［元］脱脱等：《辽史》卷77《耶律挞烈传》，北京：中华书局，1974年，第1262页。
② ［元］脱脱等：《辽史》卷31《营卫志上》，北京：中华书局，1974年，第362页。
③ 贾敬颜：《路振〈乘轺录〉疏证稿》，《五代宋金元人边疆行记十三种疏证稿》，北京：中华书局，2004年，第70—71页。
④ ［元］脱脱等：《辽史》卷34《兵卫志上》，北京：中华书局，1974年，第395页。

"太宗益选天下精甲，置诸爪牙为皮室军。合骑五十万，国威壮矣。"① "辽建五京：临潢，契丹故壤；辽阳，汉之辽东，为渤海故国；中京，汉辽西地，自唐以来契丹有之。三京丁籍可纪者二十二万六千一百，蕃汉转户为多。析津、大同，故汉地，籍丁八十万六千七百。契丹本户多隶宫帐、部族，其余蕃汉户丁分隶者，皆不与焉。"② 辽太祖时，有人口75万余，太宗时，有人口125万。辽代五京的人口达110万余。

辽代其他方面的契丹人口。辽统和二十二年（公元1004年）建镇州等边防城，选诸部族2万余骑充屯军。根据宋朝的李信报告，齐王妃"领兵三万屯西鄙驴驹儿河"。这里的契丹人口总数有一万多户。著帐户、贵族奴隶、亲王的私甲亲兵和投下州中的契丹人，还有汉人契丹化者，辽末有2万户。辽圣宗三十四部中的契丹人接近8000户。投降后唐、北宋的契丹人和在高丽、西夏居住的契丹人，辽末达7000户。兴宗时，有1.6万户契丹人迁徙到西域，驻喀喇汗王朝与辽交界处，辽末增加到2万户、32.5万人。

根据以上的统计，辽代晚期契丹的总人口在150万左右，若加上辽代境内的其他少数民族和汉人的人口，数量达250万人以上。可见，当时契丹人口数量的庞大状况。辽代人口的剧增，是在建立政权之初和其后百余年中发生变化的基础上所致，除社会经济的发展导致人口的自然增长之外，更重要的是依靠军事掳掠而来，使契丹本民族的人口数量在辽代最盛时期达到150万人，加之契丹境内约百余万口的汉民族和其他少数民族，总计在250万人以上。而且人口的特点鲜明，素质提高，分布广泛，对开拓我国北部边疆和民族融合做出了巨大的贡献。

三、辽代多种生计方式

"生计方式"指人类的谋生手段，这一概念不仅能明确地标示出人类社会经济活动的方向，同时也能容纳社会经济的发展水平。③ 随着游牧民族的诞生，北方草原地区出现以牧业经济为主、多种经济并存的局面。虽然一直以牧业经济为主，但不是单一的经济类型，采集、狩猎、捕捞始终作为社会

---

① ［元］脱脱等：《辽史》卷35《兵卫志中》，北京：中华书局，1974年，第401页。
② ［元］脱脱等：《辽史》卷36《兵卫志下》，北京：中华书局，1974年，第417页。
③ 林耀华主编：《民族学通论》（修订本），北京：中央民族大学出版社，1997年，第86页。

经济的补充，有的经济类型在某一时期内所占的比重很大。农业经济一方面继承了原始的耕作方式，另一方面由于中原民族的迁入带来先进的农耕技术和种子，在辽代社会经济中占有重要地位，甚至与牧业经济并驾齐驱。不同的经济类型导致了饮食文化内涵的差异，也使辽代饮食来源呈多样性发展趋势。

（一）牧业经济是辽代社会主要的生计方式

牧业经济是利用家畜家禽等长期以来已被人类驯化的动物，或者狼、鹿、黄羊、狐、貂、水獭、兔、野禽等野生动物的生理机能，通过人工饲养、繁殖，使其将牧草和饲料等植物能转变为动物能，以取得肉、蛋、奶、羊毛、山羊绒、皮张和药材等畜产品的生产部门，这是人类与自然界进行物质交换的重要环节。

牧业是辽代社会经济的主要类型，尤其是在上京道范围内分布水草丰美的牧场。《辽史》卷37《地理志一》记载："上京，太祖创业之地。负山抱海，天险足以为固。地沃宜耕植，水草便畜牧。金辊一箭，二百年之基，壮矣。"[1]证实了上京地区有着肥沃的牧场资源。其实，在契丹立国前，牧业经济就已经比较发达。《北史》卷94《契丹传》记载：北魏太和三年（公元479年），"契丹旧怨其侵轶，其莫贺弗勿干率其部落，车三千乘、众万余口，驱徙杂畜求内附，止于白狼水东"[2]。天保四年（公元）九月，"契丹犯塞，文宣帝亲戎北伐，至平州，遂西趣长堑。……帝亲逾山岭，奋击大破之，虏十余万口、杂畜数十万头"[3]。隋文帝时期，"（契丹）部落渐众，遂北徙，逐水草，当辽西正北二百里，依托纥臣水而居，东西亘〔五百里，南北三〕百里，分为十部。兵多者三千，少者千余。逐寒暑，随水草畜牧"[4]。唐代光启年间，"刘仁恭穷师逾摘星山讨之，岁燎塞下草，使不得留牧，马多死，契丹乃乞盟，献良马求牧地，仁恭许之"[5]。可见，早期的契丹主要依靠牧业，无论是内附中原王朝还是被打败后，都要"驱徙杂畜"和被掳获牲畜，甚至被打败后乞求结盟以获得牧场。因之，"始太祖为迭烈府夷离堇

---

① ［元］脱脱等：《辽史》卷37《地理志一》，北京：中华书局，1974年，第440页。
② ［唐］李延寿：《北史》卷94《契丹传》，北京：中华书局，1974年，第3127页。
③ ［唐］李延寿：《北史》卷94《契丹传》，北京：中华书局，1974年，第3128页。
④ ［唐］李延寿：《北史》卷94《契丹传》，北京：中华书局，1974年，第3128页。
⑤ ［宋］欧阳修、宋祁：《新唐书》卷219《契丹传》，北京：中华书局，1975年，第6172页。

也，惩遥辇氏单弱，于是抚诸部，明赏罚，不妄征讨，因民之利而利之，群牧蓄息，上下给足"①。在早期契丹墓葬中，也发现有殉牲的现象，如内蒙古新巴尔虎左旗甘珠尔花墓群②发现在人骨头部右侧、右肩上放置羊肩胛骨，科左后旗呼斯淖墓葬③的人骨左侧放置羊骨，也能说明早期契丹牧业生计状况。由此，《辽史》卷59《食货志上》记载："契丹旧俗，其富以马，其强以兵。纵马于野，弛兵于民。……马逐水草，人仰湩酪。"④说的就是早期契丹主要依靠马、牛、羊等牲畜从事牧业生产而富国强兵。

契丹立国之后，牧业经济仍是主要的生业。在官吏的设置上，属于北面官中群牧职名总目就有某路群牧使司（设某群太保、某群侍中、某群敞史、某群敞史官职）、总典群牧使司（设总典群牧部籍使、群牧都林牙等官职）、某群牧司（设群牧使、牧副使官职）、西路群牧使司、倒塌岭西路群牧使司、浑河北马群司、漠南马群司、漠北滑水马群司、牛群司等机构，这些机构都设群牧官。如果牧业不是经济的主脉之一，也不会设置与牧业有关的机构和官职。

从史料记载中也能看出牧业的发展状况。在辽代与后晋交兵之际，述律皇后谏曰："吾有西楼羊马之富，其乐不可胜穷也，何必劳师远出以乘危徼利乎！"⑤耶律阿保机在征伐河东地区及女真族时，曾夺取驼、马、牛、羊不可胜数，据《辽史》卷一《太祖本纪上》记载马20万余，分散牧于水草丰盛之地，在漠南、漠北、西路、浑河都有牧地。神册元年（公元916年），"秋七月壬申，亲征突厥、吐浑、党项、小蕃、沙陀诸部，皆平之。俘其酋长及其户万五千六百，铠甲、兵仗、器服九十余万，宝货、驼马、牛羊不可胜算"⑥。神册四年（公元919年），"冬十月丙午，次乌古部，天大风雪，兵不能进，上祷于天，俄顷而霁。命皇太子将先锋军进击，破之，俘获生口万四千二百，牛马、车乘、庐帐、器物二十余万"⑦。辽太宗即位后，"阅群牧与近郊"。统和四年（公元986年）正月，"丙子，枢密使耶律斜轸、林牙

① ［元］脱脱等：《辽史》卷60《食货志下》，北京：中华书局，1974年，第931页。
② 王成、陈凤山：《新巴尔虎左旗甘珠尔花石棺墓群清理简报》，《内蒙古文物考古》1992年第1、2期合刊，第101—105页。
③ 张柏忠：《科左后旗呼斯淖契丹墓》，《文物》1983年第9期，第18—22页。
④ ［元］脱脱等：《辽史》卷59《食货志上》，北京：中华书局，1974年，第923页。
⑤ ［宋］司马光：《资治通鉴》卷271《后梁纪六》，北京：中华书局，1956年，第8870页。
⑥ ［元］脱脱等：《辽史》卷1《太祖本纪上》，北京：中华书局，1974年，第11页。
⑦ ［元］脱脱等：《辽史》卷2《太祖本纪下》，北京：中华书局，1974年，第15页。

勤德等上讨女直所获生口十余万、马二十余万及诸物"①。开泰五年（公元1016年）正月，"庚戌，耶律世良、萧屈烈与高丽战于郭州西，破之，斩首数万级，尽获其辎重"②。太平六年（公元1026年），"二月己酉……东京留守八哥奏黄翩领兵入女直界徇地，俘获人、马、牛、豕，不可胜计，得降户二百七十，诏奖谕之"③。每次战争都能获得大批牲畜、粮食，增加了契丹的生活资料。咸雍五年（公元1069年），"厥后东丹国岁贡千匹，女直万匹，直不古等国万匹，阻卜及吾独婉、惕德各二万匹，西夏、室韦各三百匹，越里笃、剖阿里、奥里米、蒲奴里、铁骊等诸部三百匹；仍禁朔州路羊马入宋，吐浑、党项马鬻于夏。以故群牧滋繁，数至百有余万，诸司牧官以次进阶"④。致使辽代"自太祖及兴宗垂二百年，群牧之盛如一日"⑤。天祚帝初年（公元1101年），"马犹有数万群，每群不下千匹"⑥。到天祚帝末年（公元1121—1125年），"累与金战，番汉战马损十六七，虽增价数倍，竟无所买，乃冒法买官马从军。诸群牧私卖日多，畋猎亦不足用，遂为金所败"⑦。说明契丹以牧业为生，一旦失去赖以生存的牲畜，会亡国灭朝。

在内蒙古、辽宁、河北、吉林等地发现的辽代墓葬中，出土大量的马具。如内蒙古赤峰市大营子辽驸马墓⑧出土的马饰具，包括络饰、鞍饰等；奈曼旗辽陈国公主墓出土的马饰具，有络饰、鞍饰、银鞢、后秋饰等；辽宁省建平县张家营子辽墓⑨出土鎏金飞凤纹马鞍饰、鎏金马具、鎏金银当卢；内蒙古科右中旗代钦塔拉辽墓⑩出土鎏金牡丹纹银马鞍饰；内蒙古巴林右旗巴彦尔灯苏木和布特哈达辽墓⑪出土鎏金凤纹银马鞍饰；赤峰市大营子辽驸马墓出土的鎏金双龙戏珠纹银马鞍饰、鎏金双凤纹银马鞍饰、素面银马鞍

① ［元］脱脱等：《辽史》卷11《圣宗本纪二》，北京：中华书局，1974年，第119页。
② ［元］脱脱等：《辽史》卷15《圣宗本纪六》，北京：中华书局，1974年，第177—178页。
③ ［元］脱脱等：《辽史》卷17《圣宗本纪八》，北京：中华书局，1974年，第199页。
④ ［元］脱脱等：《辽史》卷60《食货志下》，北京：中华书局，1974年，第932页。
⑤ ［元］脱脱等：《辽史》卷60《食货志下》，北京：中华书局，1974年，第932页。
⑥ ［元］脱脱等：《辽史》卷60《食货志下》，北京：中华书局，1974年，第932页。
⑦ ［元］脱脱等：《辽史》卷60《食货志下》，北京：中华书局，1974年，第932页。
⑧ 前热河省博物馆筹备组：《赤峰县大营子辽墓发掘报告》，《考古学报》1956年第3期，第1—36页。
⑨ 冯永谦：《辽宁省建平、新民的三座辽墓》，《考古》1960年第2期，第15—24页。
⑩ 兴安盟文物工作站：《科右中旗代钦塔拉辽墓清理简报》，《内蒙古文物考古文集》第2辑，北京：中国大百科全书出版社，1997年，第651—667页。
⑪ 朱天舒：《辽代金银器上的凤纹》，《内蒙古文物考古》1997年第1期，第33—36页。

饰；内蒙古阿鲁科尔沁旗宝山辽墓[①]壁画中的"契丹人引马图"，在马的各个部位都有描金的饰具，包括缨罩、络头饰、鞍饰、秋饰等，表示当时皇家贵族的马具用金制作或者采用鎏金工艺。契丹有杀马殉葬的现象，为了保护畜牧业的发展，辽政府曾下令禁止杀马以殉，便改为以马具代替杀马来随葬，虽然仍有杀马殉葬的现象，但以马具作为契丹人随葬品的习俗却一直保留下来，另一方面也反映了契丹牧业经济的发展状况。

早期的墓葬多见杀牲殉葬的现象，中期以后政府屡下禁令，遏止杀牲祭祀，保护牧业经济的发展。如辽圣宗统和十年（公元992年）"春正月丁酉，禁丧葬礼杀马，及藏甲胄、金银、器玩"[②]。兴宗重熙十一年（公元1042年）十二月丁卯诏令重申"禁丧葬杀牛马及藏珍宝"[③]。在许多辽墓壁画中，绘有马的形象和放牧场面。如内蒙古克什克腾旗二八地1号辽墓[④]，石棺内壁右侧绘"契丹人草原放牧图"，全画由马、牛、羊群组成一牧群，由一契丹放牧人持鞭放牧，以远景的山冈、近景的小道及柳树为衬托，生动地反映了契丹牧业经济的盛况（图18）。

图18　契丹人草原放牧图（辽代，内蒙古克什克腾旗二八地1号辽墓，刘洪帅绘）

（二）农业经济在生计方式中的并重地位

契丹族早在阻午可汗时期（公元734—741年）就开始经营农业，到迭刺部耶律阿保机父亲撒刺时，进一步发展农业，除种植谷类作物外，还种植桑麻。契丹立国后，形成"南农北牧"的经济格局，这主要得益于后晋石敬

① 内蒙古文物考古研究所等：《内蒙古赤峰宝山辽壁画墓发掘简报》，《文物》1998年第1期，第73—94页。
② [元] 脱脱等：《辽史》卷13《圣宗本纪四》，北京：中华书局，1974年，第142页。
③ [元] 脱脱等：《辽史》卷19《兴宗本纪二》，北京：中华书局，1974年，第228页。
④ 项春松：《克什克腾旗二八地一、二号辽墓》，《内蒙古文物考古》1984年第3期，第80—90页。

瑭向辽太宗割让燕云十六州的结果。从辽代五京道的地理范围看，上京道处于水草畜牧之地；东京道为原渤海国之地，"富农桑"；中京道为奚人、汉人混居之地，亦农亦牧；南京道多为汉人居住，"其利鱼、盐，其畜马、牛、豕，其谷黍、稷、稻"①；西京道地处农牧交界。由此看农业地区占据了很大部分，正如《辽史》卷48《百官志四》记载："辽国以畜牧、田渔为稼穑，财赋之官，初甚简易。自涅里教耕织，而后盐铁诸利日以滋殖，既得燕、代，益富饶矣。"②

辽代历朝皇帝都重视农业开发，致使农作物的产量大增。《辽史》卷59《食货志上》记载："太祖平诸弟之乱，弭兵轻赋，专意于农。尝以户口滋繁，糺辖疏远，分北大浓兀为二部，程以树艺，诸部效之。"③辽太祖采取一系列措施，加强对农业的管理。公元926年，契丹灭渤海国，第一次显著地扩大农业地区。公元938年，其从后晋割来燕云十六州，占据了今天津市、北京市及河北省北部，第二次显著地扩大了农业地区。这里地厚人稠，物产丰富，又有着传统的农业生产，对契丹社会经济的发展起了巨大的推动作用。公元939年，辽太宗下诏命瓯昆石烈在海拉尔河畔从事农业生产。公元940年，又下诏命欧堇突昌、乙斯勃、温纳河剌三石烈，在克鲁伦河、石勒喀河一带农耕。辽世宗、穆宗、景宗时期，农业有较大的发展，无论是供应军需、民食，还是消除战争带来的消极影响，都需要大量的农产品。《辽史》卷59《食货志上》记载："应历间（公元951—969年），云州进嘉禾，时谓重农所召。保宁七年（公元975年），汉有宋兵，使来乞粮，诏赐粟二十万斛助之。非经费有余，其能若是？"④根据《金史》卷50《食货志五》中"月支三斗为率"的记载来计算，20万斛（即二百万斗）够10万人近7个月的食用，说明这一时期国库粮食的殷实状况。

到辽圣宗、兴宗时期，辽代的农业生产已超越畜牧业，成为社会经济中的主脉。就辽代五京地区来看，南京（故城在今北京市）和西京（故城在今山西省大同市）南部原本就是农业比较发达的地区，上京（故城在今内蒙古巴林左旗）、中京（故城在今内蒙古宁城县）、东京（故城在今辽宁省辽阳市）地区的各族人民也有大批人致力于农业生产，把从事农业活动扩大到畜

---

① [元]脱脱等：《辽史》卷40《地理志四》，北京：中华书局，1974年，第493页。
② [元]脱脱等：《辽史》卷48《百官志四》，北京：中华书局，1974年，第822页。
③ [元]脱脱等：《辽史》卷59《食货志上》，北京：中华书局，1974年，924页。
④ [元]脱脱等：《辽史》卷59《食货志上》，北京：中华书局，1974年，924页。

牧、狩猎地，还迁徙居民到农业发达地区从事农耕。在南京地区，"膏腴蔬
蓏、果实、稻粱之类，靡不毕出，而桑、柘、麻、麦、羊、豕、雉、兔，不
问可知。水甘土厚，人多技艺"①。这正是当地农田水利大为改善的结果。
辽道宗、天祚帝时期，农业继续发展。"西北路雨谷，方三十里"②，指的就
是道宗时期龙卷风把某地的农业收获物卷到天上，像雨一样洒在方圆30里
的地方，使春州（治所在今吉林省前郭尔罗斯他虎城）的粟价1斗仅为6
钱。马人望任中京度支使时，加速农业发展进度，半年就获粟15万斛。沿
边诸州，因为农业不断发展，才有可能进行和籴，经济"出陈易新"。辽代
末期，由于与金累日交战，农业开始歉收。天庆八年（公元1118年），"时山
前诸路大饥，乾、显、宜、锦、兴中等路，斗粟直数缣，民削榆皮食之，既
而人相食"③。后来，"雅里（梁王）乃自为直：每粟一车，偿一羊；三车一
牛；五车一马；八车一驼。左右曰：'今一羊易粟二斗且不可得，乃偿一
车！'雅里曰：'民有则我有。若令尽偿，民何堪？'"④看出此时的农业已经
衰落，出现的实际情况是以1只羊只能换取2斗粮食。

在内蒙古、辽宁、河北等地的辽代墓葬、城址、窖藏中，常见出土铁质
农业生产工具，种类有铁犁铧（图19）、铁锄、铁铲等，有的墓葬还出土装
满谷物的陶罐。如辽宁省朝阳市南大街窖藏⑤出土有铁犁铧、铁铲、铁耙，

图19　铁犁铧（辽代，内蒙古巴林左旗博物馆藏）

---

① ［宋］叶隆礼撰，贾敬颜、林荣贵点校：《契丹国志》卷22《四京始末》，上海：上海古籍出版
社，1985年，第217页。

② ［元］脱脱等：《辽史》卷22《道宗本纪二》，北京：中华书局，1974年，第268页。

③ ［元］脱脱等：《辽史》卷28《天祚皇帝本纪二》，北京：中华书局，1974年，第338页。

④ ［元］脱脱等：《辽史》卷30《天祚皇帝本纪四》，北京：中华书局，1974年，第354页。

⑤ 尚晓波：《辽宁省朝阳市南大街辽代铜铁器窖藏》，《文物》1997年第11期，第57—61页。

内蒙古巴林左旗辽上京故城南城遗址出土有石磨盘和高粱、荞麦的种子，赤峰市郊辽高州城址①出土有石磨盘，敖汉旗辽代武安州城址②出土有石磨盘等。从农业生产工具的改进和农作物遗迹也可见当时农业生产的发达程度。

（三）渔猎为辅的生计方式

契丹人的居住地，水草丰美，植物种类丰富，野生动物出没其间，为采集和渔猎经济提供了便利条件。在立国前，狩猎活动成为契丹的习俗。《北史》卷94《奚传》记载："俗甚不洁净，而善射猎，好为寇抄。"③因契丹与奚为"异种同类"，"善射猎"也是契丹早期的一个主要的获取生活资料来源，因此才有"冬月时，向阳食，若我射猎时，使我多得猪、鹿"④的喝酒祝词。《旧唐书》卷119下《契丹传》记载："逐猎往来，居无常处。"⑤《新唐书》卷219《契丹传》记载："射猎居处无常。"⑥反映了契丹早期社会中狩猎经济的重要性。

《辽史》卷31《营卫志上》记载："有事则以攻战为务，间暇则畋渔为生。"⑦这种渔猎经济直到建国后仍然如此。在《辽史·本纪》中，多次提到到历朝皇帝的渔猎活动，用猎物充军食或宴饮取乐或用于祭祀。《辽史》卷2《太祖本纪下》记载："四年（公元919年）春正月丙申，射虎东山。"又载：天赞三年（公元924年），"冬十月丙寅朔，猎寓乐山，获野兽数千，以充军食"⑧。《辽史》卷3《太宗本纪上》记载："[天显]十一年（公元936年）春正月，钩鱼于土河。"⑨《辽史》卷7《穆宗本纪下》记载：应历十四年（公元964年），"八月乙巳，如硐子岭，呼鹿射之，获鹿四，赐虞人女瑰等物有差"；十六年（公元966年）"三月己巳，东幸。庚午获鸭，甲申获鹅，皆饮达旦"。⑩《辽史》卷9《景宗本纪下》记载："[保宁九年（公元977

---

① 张松柏、任学军：《辽高州调查记》，《内蒙古文物考古》1992年第1、2期合刊，第106—112页。
② 邵国田：《辽代武安州城址调查》，《内蒙古文物考古》1997年第1期，第42—58页。
③ [唐]李延寿：《北史》卷94《奚传》，北京：中华书局，1974年，第3126页。
④ [唐]李延寿：《北史》卷94《契丹传》，北京：中华书局，1974年，第3128页。
⑤ [后晋]刘昫等：《旧唐书》卷199下《契丹传》，北京：中华书局，1975年，第5349页。
⑥ [宋]欧阳修、宋祁：《新唐书》卷219《契丹传》，北京：中华书局，1975年，第6167页。
⑦ [元]脱脱等：《辽史》卷31《营卫志上》，北京：中华书局，1974年，第361页。
⑧ [元]脱脱等：《辽史》卷2《太祖本纪下》，北京：中华书局，1974年，第20页。
⑨ [元]脱脱等：《辽史》卷3《太宗本纪上》，北京：中华书局，1974年，第37页。
⑩ [元]脱脱等：《辽史》卷7《穆宗本纪下》，北京：中华书局，1974年，第81、83页。

年)] 十二月戊辰，猎于近郊，以所获祭天。"①《辽史》卷13《圣宗本纪
四》记载："[统和] 十四年（公元996年）春正月己酉，渔于潞河。"②《辽
史》卷18《兴宗本纪一》记载："[重熙五年（公元1036年）]九月癸巳，猎
黄花山，获熊三十六，赏猎人有差。"③在天祚帝乾统三年（公元1103年），
因猎人多数逃离，严立禁令禁止猎人逃亡，过了不久又开始射猎。《辽史》
卷68《游幸表》记载："朔漠以畜牧射猎为业，犹汉人之劭农，生生之资于
是乎出。"④宋人张舜民在《使辽录》中描述，契丹人打猎，年复始终，就像
汉人耕种一样。可见，这种狩猎为主的生计方式在辽代契丹社会中占有一定
的地位。

辽代皇帝的渔猎活动，形成了四时捺钵的定制。《辽史》卷31《营卫志
上》记载："有辽始大，设制尤密。居有宫卫，谓之斡鲁朵；出有行营，谓
之捺钵。"⑤即春捺钵捕鹅、钓鱼，夏捺钵避暑障鹰，秋捺钵射虎、鹿，冬捺
捺钵避寒出猎。四时捺钵不仅是辽代皇帝的狩猎活动，也反映了契丹平民的
经济形式。春捺钵的内容之一就是捕鹅，内蒙古奈曼旗辽陈国公主墓⑥出土
的玉柄银锥，经考证为捕鹅的工具刺鹅锥。《辽史》卷32《营卫志中》记载：
"春捺钵：曰鸭子河泺。皇帝正月上旬起牙帐，约六十日方至。天鹅未至，
卓帐冰上，凿冰取鱼。冰泮，乃纵鹰鹘捕鹅雁。晨出暮归，从事弋猎。……
皇帝每至，侍御皆服墨绿色衣，各各连锤一柄，鹰食一器，刺鹅锥一枚，于
泺周围相去各五七步排立。"⑦《辽史》卷40《地理志四》记载皇帝在延芳
淀春捺钵的情景，"改为县。在京（南京）东南九十里。延芳淀方数百里，
春时鹅鹜所聚，夏秋多菱芡。国主春猎，卫士皆衣墨绿，各持连锤、鹰食、
刺鹅锥，列水次，相去五七步。上风击鼓，惊鹅稍离水面。国主亲放海东青
鹘擒之。鹅坠，恐鹘力不胜，在列者以佩锥刺鹅，急取其脑饲鹘。得头鹅
者，例赏银绢"⑧北宋使臣晁迥在辽圣宗开泰二年（公元1013年），观辽
圣宗在长春泊捕鹅鸭的情景："……辽人皆佩金玉锥，号杀鹅杀鸭锥。每次

---

① [元] 脱脱等：《辽史》卷9《景宗本纪下》，北京：中华书局，1974年，第100页。
② [元] 脱脱等：《辽史》卷13《圣宗本纪四》，北京：中华书局，1974年，第147页。
③ [元] 脱脱等：《辽史》卷18《兴宗本纪一》，北京：中华书局，1974年，第217页。
④ [元] 脱脱等：《辽史》卷68《游幸表》，北京：中华书局，1974年，第1037页。
⑤ [元] 脱脱等：《辽史》卷31《营卫志上》，北京：中华书局，1974年，第361页。
⑥ 内蒙古自治区文物考古研究所等：《辽陈国公主墓》，北京：文物出版社，1993年，第25—113页。
⑦ [元] 脱脱等：《辽史》卷32《营卫志中》，北京：中华书局，1974年，第374页。
⑧ [元] 脱脱等：《辽史》卷40《地理志四》，北京：中华书局，1974年，第496页。

获，即拔毛插之，以鼓为坐，遂纵饮。最以此为乐。"[1]在陈国公主墓中还出土有木弓、木弓囊、银刀、铁刀、玉臂鞲等畋猎工具和用物，其中的玉臂鞲上系有金链，这些工具与玉柄银刺鹅锥一起印证了辽代统治者春捺钵捕鹅时狩猎活动的史实。辽宁省彰武县朝阳沟2号辽墓[2]出土的鎏金双鹿纹银饰件、双鹿纹包金银箭囊饰片（图20），又反映了辽代秋捺钵的情景。秋捺钵也称"秋山"，意为秋猎于山，其中猎虎、射鹿为重要的狩猎活动。每年七月皇帝的车驾到达秋捺钵地，皇族与官员分布于山中泺水之侧，待夜将半，鹿饮盐水，令猎人吹角模仿鹿鸣，鹿乃纷纷奔跑而至，于是开始射鹿，俗称"舐碱鹿"或"呼鹿"。《辽史》卷116《国语解》"舐碱鹿"条注称："鹿性嗜碱，洒碱于地以诱鹿，射之。"[3]内蒙古喀喇沁旗上烧锅辽墓[4]出土有银号角，这大概就是契丹人为了吸引鹿而猎获的特用工具。

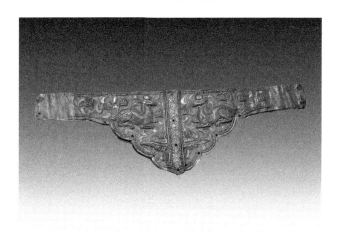

图20 双鹿纹包金银箭囊饰片（辽代，辽宁省彰武县朝阳沟2号辽墓出土，
辽宁省博物馆藏）

契丹的狩猎活动在墓葬壁画中也有反映。内蒙古库伦旗1号辽墓[5]的壁画，有一幅"狩猎出行归来图"。出行图分三组：第一组为主人的车骑和随从，主人坐骑白马，车为轿顶式高轮长辕，车后有女主人和侍女，3个契丹

① ［宋］李焘：《续资治通鉴长编》卷81，北京：中华书局，1979年，1848页。
② 李宇峰：《辽宁彰武朝阳沟辽墓发掘概况》，《阜新辽金史研究》第5辑，北京：中国社会出版社，2002年，第87—88页。
③ ［元］脱脱等：《辽史》卷116《国语解》，北京：中华书局，1974年，第1548页。
④ 项春松：《上烧锅辽墓群》，《内蒙古文物考古》1982年第2期，第56—68页。
⑤ 王健群、陈相伟：《库伦辽代壁画墓》，北京：文物出版社，1989年，第20—33页。

人在备车。第二组为出行仪仗，车骑前有5面大鼓绑缚在一起，由长竿支起，旁边站立5名汉人鼓手和髡发1人，前有6人。第三组为车骑前导，一汉人着契丹装双手握竿挥舞向前。归来图也分三组：第一组为车骑仆从，两驼一车，归来的人物面容疲惫，神态懒散，两驼跪卧，高车架起。第二组为仪仗，6人横排并列，前置一供桌，上置方斗。第三组为前导，两人相对而立，两人相对跪坐，中间置一圆钵状物。内蒙古巴林右旗辽庆陵壁画[1]中的四季山水图，描绘了契丹四时捺钵地的景象。内蒙古敖汉旗七家1号辽墓的穹窿顶与四壁交界处绘有射虎图（图21），2号墓西北壁绘障鹰图。[2]这是辽代契丹人狩猎生计的真实写照。

图21　射虎图（辽代，内蒙古敖汉旗七家1号辽墓，内蒙古敖汉旗史前文化博物馆藏）

（四）手工业是生计方式的生产保障

契丹建立国家以前，就有了冶铁、纺织、煮盐等手工业部门。立国后，食盐、矿冶、陶瓷、铸钱、纺织、酿酒、制酪等手工业非常发达，有专门的官府和官吏管辖，如户部司、钱帛司等。食盐作为辽代的一个重要的手工业部门，盛产食用的池盐、海盐。《辽史》卷60《食货志下》记载："盐策之法，则自太祖以所得汉民数多，即八部中分古汉城别为一部治之。城在炭山南，有盐池之利，即后魏滑盐县也，八部皆取食之。及征幽、蓟还，次于鹤刺泺，命取盐给军。自后泺中盐益多，上下足用。"[3]辽代产盐之地很多，如

---

① ［日］田村实造、小林行雄：《庆陵——关于东蒙古辽代帝王陵墓的研究报告》，日本京都大学文学部座右宝刊行会铅印本，日本昭和二十七至二十八年（1952—1953年）。

② 邵国田：《敖汉旗七家辽墓》，《内蒙古文物考古》1999年第1期，第46—104页。

③ ［元］脱脱等：《辽史》卷60《食货志下》，北京：中华书局，1974年，第930页。

渤海、镇城、海阳、丰州、阳洛城、广济湖等，都处于近海靠湖地带。在民间有用山果酿制的醋，辽代寺公大师的《醉义歌》中有"丈人迎立瓦杯寒，老母自供山果醋"①的诗句。矿冶指金属矿藏和冶炼。《辽史》卷60《食货志下》曰："坑冶，则自太祖始并室韦，其地产铜、铁、金、银，其人善作铜、铁器。""圣宗太平间（公元1021—1031年），于潢河北阴山及辽河之源，各得金、银矿，兴冶采炼。自此以讫天祚，国家皆赖其利。"②辽代大量酿酒，用以祭祀、宴饮，设置麹院专门酿酒机构，民间也酿造酒。上京就有"酒家"，辽穆宗曾"微行市中，赐酒家银绢"，又"以银百两市酒，命群臣亦市酒，纵饮三夕"。③陶瓷烧制在契丹族传统制陶工艺的基础上，吸收北方系的瓷器技法而独创。辽代早期的瓷器类型繁多，既有契丹族传统的特点，又吸收了中原文化的精髓。内蒙古赤峰市松山区缸瓦窑遗址④，是目前所发现的辽代规模最大和品种最齐的一处窑场，以烧制粗白瓷为主（图22）。还有辽上京城内瓷窑址⑤、阿鲁科尔沁旗窑址⑥、北京市门头沟龙泉务窑址⑦等，都烧制陶瓷器。内蒙古、辽宁等地辽墓出土的瓷器、金银器⑧，充分说

图22　内蒙古赤峰市缸瓦窑辽代遗址（实地拍摄）

①　[元]耶律楚材著，谢方点校：《湛然居士文集》卷8，北京：中华书局，1986年，172页。
②　[元]脱脱等：《辽史》卷60《食货志下》，北京：中华书局，1974年，第930页。
③　[元]脱脱等：《辽史》卷7《穆宗本纪下》，北京：中华书局，1974年，第83、85页。
④　洲杰：《赤峰缸瓦窑村辽代瓷窑调查记》，《考古》1973年第4期，第241—243页。
⑤　李文信：《林东辽上京临潢府故城内瓷窑址》，《考古学报》1958年第2期，第97—107页。
⑥　彭善国、周兴启：《内蒙古阿鲁科尔沁旗辽代窑址的调查》，《边疆考古研究》第8辑，北京：科学出版社，2010年，第389—395页。
⑦　鲁琪：《北京门头沟区龙泉务发现辽代瓷窑》，《文物》1978年第5期，第26—32页。
⑧　张景明、赵爱军：《论辽代金银器》，《考古与文物》2001年第2期，第65—77页。

明了辽代陶瓷制作和矿冶的发达程度，为牧业、农业、狩猎等生计提供了生产上的保障。

四、辽代饮食的基本结构

契丹在自身的发展过程中，形成具有民族性和地域性的饮食文化，最基本的内容就是饮食结构的组成，这是饮食文化的物质载体和外在形式，一切的饮食文化现象与饮食行为都围绕这一饮食结构进行。辽朝所处的地域，既有草原生态环境，加之发达的牧业经济，肉酪、美酒相融的饮食结构一直贯穿于社会生活之中，同时拥有广袤的农田生态，粮食也成为主要的食物构成。随着对外文化交流的扩大，游牧经济的发展需要依靠农耕经济的支撑，辽代饮食结构中的蔬菜、瓜果、茶饮等饮食的比例也在增大，从而衍生出特征鲜明的饮食制作与饮食开发。

（一）主食中的肉、乳、粮

契丹兴起后，产业结构以畜牧、射猎为主，肉食成为主要的食物。立国后，农业经济虽然迅速发展，但畜牧、渔猎经济并行不废，这就决定了契丹饮食结构中肉食所处的地位。辽代的对外战争也以掠抢牲畜为主，就是为了解决长期以来形成的食肉风俗所需的肉食来源。在辽代的墓葬中，经常发现有殉牲的现象，史书中多有关于以牛、马祭祀的记载，这些都可说明契丹人的肉食在社会生活中的重要性。辽墓壁画以艺术的形式直观地反映出契丹人煮肉、食肉的情景。内蒙古敖汉旗羊山 3 号辽墓[①]壁画的备食图，一侍者双手高举扶住头顶上的红色大盘，盘内盛满肉食。内蒙古科右中旗代钦塔拉辽墓[②]壁画的原野烹饪图，车旁放一高足火炉，炉上架一口大锅，锅内煮一只全羊。内蒙古敖汉旗喇嘛沟辽墓[③]壁画的烹饪图，一仆人蹲坐于一大盆之后，双手伸向盆中用力作洗肉或割肉状；在仆人前放置 3 个三足锅，后边较大，中间者腹深，内煮肉；锅下均燃木柴，火苗跳动（图 23）。类似这种壁

---

① 邵国田：《敖汉旗羊山 1—3 号辽墓清理简报》，《内蒙古文物考古》1999 年第 1 期，第 1—38 页。

② 兴安盟文物工作站：《科右中旗代钦塔拉辽墓清理简报》，《内蒙古文物考古文集》第 2 辑，北京：中国大百科全书出版社，1997 年，第 651—667 页。

③ 邵国田：《敖汉旗喇嘛沟辽代壁画墓》，《内蒙古文物考古》1999 年第 1 期，第 90—97 页。

画很多，足见契丹人以肉食为主的生活状况。

图 23　烹饪图（辽代，内蒙古敖汉旗喇嘛沟辽墓，内蒙古敖汉旗史前文化博物馆藏）

《辽史》卷59《食货志上》记载："契丹旧俗……人仰湩酪。"①指出奶食是契丹人传统的饮食之一。契丹人的奶酪、奶粥是传统的食品。奶粥以奶加米煮制而成，有时为了调味，要添加蔬菜和生油。宋人王洙的《王氏谈录》记述："契丹主馈客以乳粥，亦北方之珍。其中铁角草，采用阴干，投沸汤中，顷之，茎草舒展如生。"②朱彧的《萍洲可谈》记载："先公使辽日，供乳粥一碗甚珍，但沃以生油，不可入口。谕之使去油，不听，因给令以他器贮油，使自酌用之，乃许，自后遂得淡粥。"③契丹的生油应为奶油，加入粥中美味十足，而宋人不习惯，故不合口味。

契丹地处燕山山脉和大兴安岭山脉的夹角地带，是衔接华北平原、东北平原、蒙古高原的三角区域，"负山抱海""地沃宜耕植""水草便畜牧"，加之山峦叠伏，草木茂密，河湖交错，有着十分优越的牧、农、林、渔多种经济资源。契丹兴起后，产业结构中兼有微弱的农业。立国后，农业经济迅速壮大，注重面食。《辽史》卷51《礼志四》记载的贺生辰正旦宋使朝辞皇帝仪，"就坐、行酒、乐曲，方茵、两廊皆如之；行肴、行茶、行膳亦如之。行馒头毕，从人起，如登位使之仪"④。馒头即肉包，在许多宴饮的场合中

① ［元］脱脱等：《辽史》卷59《食货志上》，北京：中华书局，1974年，第923页。
② ［宋］王洙：《王氏谈录》，《丛书集成初编》，上海：商务印书馆，1935—1937年。
③ ［宋］朱彧撰，李伟国校点：《萍洲可谈》卷2，上海：上海古籍出版社，2012年，第33页。
④ ［元］脱脱等：《辽史》卷51《礼志四》，北京：中华书局，1974年，第853页。

都要"行馒头"。内蒙古巴林左旗滴水壶辽墓[①]壁画的"备餐图",两位髡发少年侍者抬着一个木质红漆大盘,内装馒头、馍、麻花、点心四样面食,应为当时常见的主食(图24)。面食制作有蒸、煮、炸、煎等方法。在辽墓壁画的"宴饮图""备食图"中,常出现馒头、馍、点心等面食,采用蒸、炸的方法。辽墓中还出土铁鏊,用以做煎饼,《辽史》卷53《礼志六》中也记载了契丹人每逢正月初七日都要在庭院中做煎饼。宋人的《王沂公行程录》曰:"食止糜粥、秒糒。"[②]糜粥即肉粥,煮食。秒糒即炒米,用糜子蒸煮烘干做成。

图24　备餐图(辽代,内蒙古巴林左旗滴水壶辽墓,内蒙古巴林左旗辽上京博物馆藏)

(二)副食中的果蔬

在辽上京、中京、东京、南京地区一带,有"园圃",种植蔬菜,东京、南京的蔬菜产量并不低于中原地区。契丹的蔬菜除种植外,有相当多的数量来自野生。在大兴安岭东南麓和燕山北麓一带的丛林草原中,生长着多

① 巴林左旗博物馆:《内蒙古巴林左旗滴水壶辽代壁画墓》,《考古》1999年第8期,第53—59页。
② [宋]叶隆礼撰,贾敬颜、林荣贵点校:《契丹国志》卷24《王沂公行程录》,上海:上海古籍出版社,1985年,第232页。

种野生山珍，如猴头、蘑菇、金针、蕨菜、山葱、山韭等，这些都是契丹人的佐菜原料。

契丹地区盛产桃、李、梨、杏、枣、板栗等干鲜水果，还有欧李、山丁子、山梨等野生山果，培植了西瓜。后晋人的《胡峤陷北记》记载："自上京东去四十里，至真珠寨，始食菜。明日东行，地势渐高，西望平地松林，郁然数十里。遂入平川，多草木，始食西瓜，云契丹破回纥得此种，以牛粪覆棚而种，大如中国冬瓜而味甘。"①内蒙古敖汉旗羊山1号辽墓壁画中，发现一幅"西瓜图"，在墓主人面前放置一张木桌，桌上置两个大果盘，一盘放石榴、桃、杏等水果，另一盘盛三个碧绿的长圆形西瓜（图25）。备茶图中的桌上放四套盏杯，一个带盖罐和一盘一碗，盘内盛果子，有的盏内盛枣。北京市门头沟斋堂辽墓②木门内西侧的侍女图，靠前的侍女双手捧托盘，盘内盛石榴、桃、西瓜。河北宣化辽张文藻墓③壁画的茶道图，南面第1人为髡发男童，手撑双腿跪于地上，一束髻童子双足踏其肩上，双手伸向吊篮，取篮中的桃子；其左前方站一契丹男童正用衣兜接桃子。冻梨是契丹人的一种特产，宋人庞元英的《文昌杂录》说："余奉使北辽，至松子岭，旧例，互置酒，行三，时方穷腊，坐上有北京压沙梨，冰冻不可食。接伴使耶律筹，取冷水浸，良久，冰皆外结。已而敲去，梨已融释。自尔凡所携柑桔之类，皆用此法，味即如故也。"④证实了契丹人食冻梨的情景。契丹人把鲜果制作加工成蜜饯。《契丹国志》卷21《南北朝馈献礼物》记载，在契丹贺宋朝生日礼单中，有"密晒山果十束楥碗，密渍山果十束楥，匹列山梨柿四束楥、榛栗、松子、郁李子、黑郁李子、面枣、楞梨、棠梨二十箱"。⑤这里的"密"同"蜜"，"密晒山果""密渍山果"就是类似今天的果脯。契丹人还食回鹘豆，这种豆"高二尺许，直干，有叶无旁枝，角长二寸，每角止两豆，一根才六七角，色黄，味如栗"⑥。说明回鹘豆是契丹人常见的一种豆科蔬菜。

① ［宋］叶隆礼撰，贾敬颜、林荣贵点校：《契丹国志》卷25《胡峤陷北记》，上海：上海古籍出版社，1985年，第238页。
② 北京市文物事业管理局等：《北京市斋堂辽壁画墓发掘简报》，《文物》1980年第7期，第23—26页。
③ 河北省文物研究所等：《河北宣化辽张文藻壁画墓发掘简报》，《文物》1996年第9期，第14—48页。
④ ［宋］庞元英：《文昌杂录》，北京：中华书局，1985年，第9页。
⑤ ［宋］叶隆礼撰，贾敬颜、林荣贵点校：《契丹国志》卷21《南北朝馈献礼物》，上海：上海古籍出版社，1985年，第200页。
⑥ ［宋］叶隆礼撰，贾敬颜、林荣贵点校：《契丹国志》卷27《岁时杂记》，上海：上海古籍出版社，1985年，第256页。

图 25　西瓜图（辽代，内蒙古敖汉旗羊山 1 号辽墓，内蒙古敖汉旗史前文化博物馆藏）

（三）餐饮中的茶与酒

关于我国蒸馏酒出现的时间，学术界存在着汉代说、隋唐说、两宋说、辽金说、元代说等看法。明朝李时珍的《本草纲目》记载："烧酒并不是按古时的酿酒方法所制。此酒自元代时始创，用浓酒和糟一起放入甑中蒸，待蒸气上升时，用器皿承取滴露。凡是酸、坏的酒都可蒸烧。现在只用糯米，或粳米，或黍米，或秫，或大麦蒸熟，加曲在瓮中酿七天，再用甑蒸取。此酒清如水，味极浓烈。"[①]《宋史》卷185《食货志下七》记载："自春至秋，酝成即鬻，谓之'小酒'，其价自五钱至三十钱，有二十六等；腊酿蒸鬻，候夏而出，谓之'大酒'，自八钱至四十八钱，有二十三等。凡酝用粳、糯、粟、黍、麦等及麹法、酒式，皆从水土所宜。"[②]这里的"腊酿蒸鬻，候夏而出"正是现代大曲酒的传统方法，所以北宋时就开始酿造白酒。吉林省大安市发现一处辽金时期的白酒酿造作坊遗址，出土成套烧酒锅具。[③]河北省青龙满族自治县出土一套金代铜酿酒锅，内蒙古巴林左旗、黑龙江哈尔滨市阿城区金上京故城也出土一套铜酿酒锅（图26）。

高度白酒应从宋、辽、金时期开始酿造，并非元代始创。《契丹国志》卷25《胡峤陷北记》记载："又东女真……能酿糜为酒，醉则缚之而睡，醒而后解，不然则杀人。"[④]糜子，也叫穄子，属于一年生草本第二禾谷类作

①　[明]李时珍著，楼智勇编译：《本草纲目》，昆明：云南人民出版社，2011年，第205页。
②　[元]脱脱等：《宋史》卷185《食货志下七》，北京：中华书局，1977年，第4514页。
③　宋晖、陈曦：《吉林发现最早的白酒酿造作坊遗址》，《中国社会科学报》2012年5月18日。
④　[宋]叶隆礼撰，贾敬颜、林荣贵点校：《契丹国志》卷25《胡峤陷北记》，上海：上海古籍出版社，1985年，第239页。

图26　铜酿酒锅（金代，内蒙古巴林左旗出土，内蒙古博物院藏）

物，与黍同类，但籽实不黏，具有耐旱、耐碱的特点。会同十年（公元947年），后晋的胡峤作为宣武军节度使萧翰掌书记随入辽国，并居住了7年，见到女真人酿白酒的情景，而此时的女真归附契丹，所以辽代也酿白酒，只不过产量少而已，到元代时已经非常普及。契丹人以酒成礼、以酒行事，在日常餐饮和各种宴饮中都离不开酒。内蒙古敖汉旗羊山1号辽墓壁画"备饮图"，在桌前置一大酒瓮和酒器架，架上置四个酒瓶，桌上放有盛酒器、饮酒器（图27）。

图27　备饮图（辽代，内蒙古敖汉旗羊山1号辽墓，刘洪帅绘）

契丹族在唐朝时期主要居于北方草原地区的东部,活动于西拉木伦河流域,在这一地域内由于气候条件的缘故,本身并不产茶,其茶的来源全部来自中原地区和南方地区,契丹的茶也应该是在唐朝时期传入,并被人们所接受和喜好,其后的茶却主要来自五代和北宋。契丹与中原王朝的经济交往主要是通过贸易、赠礼进行的,还经过战争的手段掠抢生活必需品,而中原地区的茶叶就是通过这几种形式传入契丹地。契丹人饮茶的品种有奶茶、散茶、饼茶,以后者最为常见,饼茶中又有龙凤茶(团茶)、乳茶、岳麓茶等名贵珍品。除了奶粥作为茶饮之用外,此时的契丹人也开始饮奶茶。苏辙在《和子瞻煎茶》诗中说:"君不见闽中茶品天下高,倾身事茶不知劳。又不见北方俚人茗饮无不有,盐酪椒姜夸满口。"即在茶中放入鲜奶和调料,形成了我国北方游牧民族最早的奶茶。散茶,也称草茶,宋朝时"出淮南、归州、江南、荆湖,有龙溪、雨前、雨后之类十一等,江、浙又有以上中下或第一至第五为号者"[①]。这种茶的质量和价钱都低于团茶,多在契丹民间流行。饼茶是宋朝的主要茶种,也是输入契丹地的品种。唐朝陆羽的《茶经》中记载,饼茶的制作,需要七种工序,晴日采茶,经过"蒸之、捣之、拍之、焙之、穿之、封之"等制成。即春季的晴天采下茶芽、笋、叶,放入竹篮置于甑中蒸熟,然后捣成茶膏,在模具中拍制成方、圆等形状,穿眼焙干,最后穿系成串,密封而备用。北宋的饼茶制作更为精细,多出上等佳品。宋太宗派特使监制皇室专用的小饼茶,其上印有龙凤团纹,故称之为团茶。欧阳修的《归田录》卷2记载:"茶之品,莫贵于龙凤,谓之团茶,凡八饼重一斤。庆历中蔡君谟为福建路转运使,始造小片龙茶以进,其品绝精,谓之小团。凡二十饼重一斤,其价直金二两。然金可有而茶不可得,每因南郊致斋,中书、枢密院各赐一饼,四人分之。宫人往往缕金花于其上,盖其贵重如此。"[②]团茶和乳茶都产于宋朝的建州(今福建省建瓯市),故统称为建茶。宋朝庆历年间,蔡襄在建州监制出更为精细的"小龙团"茶。宋神宗时期,贾青任福州转运使,监制"密云龙"团茶精绝于小龙团茶,由此说明团茶在北宋宫廷中属于茶类的上品,并被契丹尊为贵品。乳茶也是一种名贵的茶种,其名种要略低于团茶,分石乳、的乳、白乳三种。根据宋人熊蕃的《宣和北苑贡茶录》的记载,五代时期,南唐的北苑制作研膏、腊面等

---

① [元]脱脱等:《宋史》卷183《食货志下五》,北京:中华书局,1977年,第4477—4478页。
② [宋]欧阳修撰,韩谷校点:《归田录》(外五种),上海:上海古籍出版社,2012年,第22页。

茶，上品为京铤。北宋太平兴国初，制作龙凤茶模，并派人到北苑制造团茶，龙凤茶自此开始流行。南唐境内还有一种茶树长在石崖中，至道年间下诏制此茶，名为石乳，还有的乳、白乳茶饼，与龙凤茶号称为四大名茶，而以前的腊面降为下等茶。因此，在北宋的茶叶中，龙凤团茶最为上品，其次为乳茶，都为御用贡茶。在北宋给契丹皇帝的贺礼中，有乳茶和岳麓茶，未见有龙凤团茶，这大概是为政治上的外交政策而考虑。《辽宫词》曰："胆瓶香放旱金花，弦索新腔按琵琶。解渴不须调乳酪，冰瓯刚进小团茶。"[①] 这种小团茶可能是来自私下的交易品。

　　契丹的茶主要来自中原王朝的馈赠、贸易以及军事掠夺，其饮茶的方法也从中原地区传入，大体上有两种，一为煎茶，一为点茶。煎茶是唐人所普遍饮用的方法，陆羽的《茶经》中有记载，包括两道程序，即烧水和煮茶。先将水放入锅中烧开，这谓第一沸，随即放入适量的盐来调味，再行烧开，到了"缘边如涌泉连珠"的程度，这谓第二沸，随后舀出一瓢水，用竹策在锅中搅动，形成水涡，使水的沸度均匀，然后用量茶的小勺量取研磨细碎的茶末，投入水涡中心，再行搅动，到茶汤"势如奔涛溅沫"时，这谓第三沸，此时将事先舀出去的开水倒回锅中，使开水停沸，茶汤面上便会出现许多浮沫，谓之汤花，就可以"酌茶"饮用了。[②] 点茶是宋人普遍的饮法，将茶饼磨碎成沫，调成膏状，放入茶盏之中，然后用称之为"汤提点"的有盖壶把水烧开，将沸水注入盏中，并用茶筅在盏中环回搅拂即可饮用。辽代早期的契丹人行煎茶，中晚期引进宋朝的点茶。朱彧的《萍洲可谈》卷1记载："先公使辽，辽人相见，其俗先点汤，后点茶。至饮会亦先水饮，然后品味以进。"[③] 在辽代晚期的一些墓葬壁画中，常见炉火上有汤瓶的场面，证实了辽代晚期盛行点茶。

五、辽代的饮食风味

　　辽代契丹的饮食风味从其结构看，以肉食、乳食为主，其次为粮食，还有蔬菜、瓜果、酒、茶等。公元1008年，宋朝大臣路振奉使契丹，归来后

---

① ［元］柯九思等编：《辽金元宫词》，北京：北京古籍出版社，1988年，第50页。
② ［唐］陆羽著，沈冬梅编著：《茶经》卷下《五之煮》，北京：中华书局，2010年，第82页。
③ ［宋］朱彧撰，李伟国校点：《萍洲可谈》卷2，上海：上海古籍出版社，2012年，第10页。

作《乘轺录》，记述了参加辽筵的情况，即"九日，虏遣使置宴于副留守之第。第在城南门内，以驸马都尉兰陵君王萧宁侑宴。文木器盛虏食，先荐骆糜，用杓而啖焉。熊肪、羊、豚、雉、兔之肉为濡肉，牛、鹿、雁、鹜、熊、貊之肉为腊肉，割之令方正，杂置大盘中。二胡雏衣鲜洁衣，持帨巾，执刀匕，遍割诸肉，以啖汉使"①。骆糜指用骆驼肉制作的米粥，濡肉为煮熟的新鲜肉，腊肉为加工腌晒的干肉。一次宴会包括了肉粥以及用熊、羊、鸡、兔、牛、鹿、雁、鹜、貊、野猪肉做成的菜肴，可谓风味独特。宋人王安石在《北客置酒》诗中曰："山蔬野果杂饴蜜，獾脯豕腊如炰煎。"也说出了辽代契丹人待客时的饮食菜肴。奶酪是契丹人的传统食品，以奶粥为主食，有时为了调味，还要添加蔬菜、生油。还有肉粥，如"骆糜""鹿糜"。根据《燕京风俗录》的记载，豆汁是辽国的民间食品，以绿豆为原料，颜色不鲜，味道甜酸，具有独特的美味。契丹人的头鹅宴、头鱼宴很流行，每当春季捕获第一只鹅或鱼，都要设宴庆贺，以品尝鹅、鱼的鲜味。契丹人还注重面食，花样有馒头、馍、麻花、点心、煎饼等。

除主要食物外，契丹人的副食包括以肉做成的各种菜肴、蔬菜、水果和面点等。契丹的菜肴独具风味，以各种腊肉、肉脯和肉酱最为著名，常作为"国珍"献给北宋的皇帝，技艺高超的厨师有时到北宋都城汴京（今河南省开封市）给北宋皇帝烹制辽菜。在所有的风味美食中，最有影响的是一种特制的貔狸，其肉极其肥美。辽亡以后，这种珍品被金、元所推崇。水果分种植和野生两种，种类有桃、李、梨、杏、枣、西瓜、欧李、山丁子、山梨等。

（一）头鱼宴与头鹅宴

辽代皇帝及大臣每到春正月之时，都要到春捺钵地趁着江河尚未解冻时凿冰钩鱼，然后举行头鱼宴。《辽史》卷116《国语解》曰："头鱼宴：上岁时钩鱼，得头鱼，辄置酒张宴，与头鹅宴同。"②《续资治通鉴长编》卷177记载，至和元年（公元1054年）九月，"辛巳，三司使、吏部侍郎王拱辰为回谢契丹使，德州刺史李珣副之。拱辰见契丹主于混同江。其国每岁春涨，

---

① 贾敬颜：《路振〈乘轺录〉疏证稿》，《五代宋金元人边疆行记十三种疏证稿》，北京：中华书局，2004年，第46页。

② ［元］脱脱等：《辽史》卷116《国语解》，北京：中华书局，1974年，第1541页。

于水上置宴钓鱼，惟贵族近臣得与，一岁盛礼在此。每得鱼，必亲酌劝拱辰，又亲鼓琵琶侑之"①。根据《辽史·本纪》的记载，辽代皇帝一般在春正月前往混同江钓鱼，这里只是描述了宋使在混同江见辽代皇帝，顺便提起契丹主在岁春举办头鱼宴的情景。天祚帝"天庆二年（公元1112年）。春，天祚如混同江钓鱼，界外生女真酋长在千里内者，以故事皆来会。适遇头鱼酒筵，别具宴劳，酒半酣，天祚临轩，使诸酋次第歌舞为乐。次至阿骨打，端立直视，辞以不能，谕之再三，终不从。……阿骨打会钓鱼而归，疑天祚知其意，即欲称兵"②。这是描述天祚帝在混同江钓鱼举行头鱼宴的活动场面，正逢女真各部酋长前来会见，宴席间让他们唱歌跳舞以为乐趣，唯独完颜阿骨打未从。此后，阿骨打疑心天祚帝发现其谋反，于是就起兵叛辽。宋绶的《契丹风俗》记录，"蕃（契丹）俗喜罩鱼，设毡庐于河冰之上，密掩其门，凿冰为窍，举火照之，鱼尽来凑，即垂钓竿，罕有失者"③。根据程大昌的《演繁露》所记，"达鲁河钓牛鱼，虏中盛礼，意慕中国赏花钓鱼。然非钓也，钩也。达鲁河东与海接，岁正月方冻，至十月面泮。其钩是鱼也，虏主与其母皆设帐冰上，先使人于河上下十里间，以毛网截鱼，令不得散逸。又从而驱之，使集虏帐。其床前预开冰窍四，名为冰眼，中眼透水，旁三眼环之，不透，第断减令薄而已。薄者所以候鱼，而透者将以施钩也。鱼虽水中之物，若久闭于冰，遇可出水之处，亦必伸首吐气。故透水一眼必可以致鱼，而薄不透水者将以伺口也。鱼之将至，伺者以告虏主，遂于断透眼中用绳钩掷之，无不中者。既中，遂从绳令去。久，鱼倦，即曳绳出之，谓之得头鱼。头鱼既得，遂相与出冰帐，于别帐作乐上寿"④。由此看出，在辽代皇帝的捕鱼活动中不是钓鱼，而是钩鱼，《续资治通鉴长编》《契丹国志》等记载有误。但根据《契丹风俗》所记又用竿钓鱼，在《演繁露》记载的详细钩鱼过程中却不见竿钓，可能仍是记录有误。综合以上的史料记载，契丹皇帝及随从在早春时凿冰钩鱼，并举行头鱼宴。

在钩鱼举行头鱼宴之后，等河水的冰全部融化，天鹅前来落栖，辽代皇

① ［宋］李焘：《续资治通鉴长编》卷177，仁宗至和五年辛巳条，北京：中华书局，1995年，第4281页。
② ［宋］叶隆礼撰，贾敬颜、林荣贵点校：《契丹国志》卷10《天祚皇帝上》，上海：上海古籍出版社，1985年，第101页。
③ ［宋］李焘：《续资治通鉴长编》卷97，真宗天禧五年甲申条，北京：中华书局，1995年，第2254页。
④ ［元］柯九思等编：《辽金元宫词》，北京：北京古籍出版社，1988年，第41页。

帝还要捕获天鹅，举办头鹅宴。每当春季捕获第一只鹅都要设宴庆贺，以品尝鹅的鲜味，这也是春捺钵的主要活动之一（图28）。《辽史》卷32《营卫志中》记载了春捺钵捕鹅钩鱼的情景，捕获头鹅后要祭祀祖庙，然后举办头鹅宴。《契丹国志》卷23《渔猎时候》记载："每初获，即拔毛插之，以鼓为坐，遂纵饮，最以此为乐。"① 徐昌祚《燕山丛录》记载："潞县（今北京通州区南部）西有延芳淀，大数顷，中饶荷芰，水鸟群集其中。辽时每季春必来弋猎，打鼓惊天鹅飞起，纵海东青擒。得一头鹅，左右皆呼万岁。"② 李焘的《续资治通鉴长编》卷81记载："言始至长泊，泊多野鹅鸭，辽主射猎，领帐下骑击扁鼓绕泊，惊鹅鸭飞起，乃纵海东青击之，或亲射焉。辽人皆佩金玉锥，号杀鹅杀鸭锥。每初获，即拔毛插之，以鼓为坐，遂纵饮，最以此为乐。"③ 描述的就是这一情景。辽代皇帝最爱吃鹅鸭肉，穆宗应历十六年（公元966年）"三月己巳，东幸。庚午获鸭，甲申获鹅，皆饮达旦"④。道宗大康元年（公元1075年）二月"丁亥，以获鹅，加鹰坊使耶律杨六为工部尚书"⑤。五年（公元1079年）"三月辛未，以宰相仁杰获头鹅，加侍中"⑥。耶律杨六因为捕鹅有功而升为工部尚书，仁杰因捕获头鹅被加封为侍中，可见辽代皇帝对捕获头鹅的重视程度。

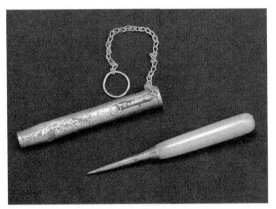

图28　玉柄银刺鹅锥（辽代，内蒙古奈曼旗辽陈国公主墓出土，内蒙古文物考古研究所藏）

① ［宋］叶隆礼撰，贾敬颜、林荣贵点校：《契丹国志》卷23《渔猎时候》，上海：上海古籍出版社，1985年，第226页。
② ［元］柯九思等编：《辽金元宫词》，北京：北京古籍出版社，1988年，第39页。
③ ［宋］李焘：《续资治通鉴长编》卷81，真宗大中祥符六年，北京：中华书局，1995年，第1848页。
④ ［元］脱脱等：《辽史》卷7《穆宗本纪下》，北京：中华书局，1974年，第83页。
⑤ ［元］脱脱等：《辽史》卷23《道宗本纪三》，北京：中华书局，1974年，第276页。
⑥ ［元］脱脱等：《辽史》卷24《道宗本纪四》，北京：中华书局，1974年，第283页。

（二）貔狸馔

貔狸是契丹皇帝专食的野生美味。《契丹国志》卷24《刁奉使北语诗》记载："刁约使契丹，为北语诗云：'押燕移离毕，看房贺跋支。饯行三匹裂，密赐十貔狸。'"并对貔狸进行注解，即"形如鼠而大，穴居，食谷粱，嗜肉。北朝为珍膳，味如豚肉而脆"。[①]王辟之的《渑水燕谈录》卷8《事志》记载："契丹国产毗狸，形类大鼠而足短，极肥，其国以为殊味，穴地取之，以供国主之膳，自公相下，不可得而尝，常以羊乳饲。顷年房使尝携至京，烹以进御。今朝臣奉使其国者，皆得食之，然中国人亦不嗜其味也。"[②]周密在《齐东野语》卷16记载："《渑水燕谈》载契丹国产大鼠曰'毗狸'，形类大鼠而足短极肥。其国以为殊味。穴地取之，以供国王之膳。自公相以下，皆不得尝。常以羊乳饲之。顷北使尝携至京，烹以进御。本朝使其国者，亦皆得食之。盖极珍重之也。浮休《使辽录》亦谓有令邦者，以其肉一脔，置之食物之鼎，则立糜烂，是以爱重。陆氏《旧闻》云'状类大鼠，极肥腯，甚畏日，为隙光所射，辄死。'"[③]刘绩的《霏雪录》记载："北方黄鼠味极肥美，恒为玉食之献。置官守其处，人不得擅取也。"[④]认为貔狸就是北方黄鼠，为珍贵之食，有专职官吏看守，一般人不能擅自取食。笔者认为，貔狸不是黄鼠，因为草原上的黄鼠数量很多，不足以作为珍品，应该为貉，体型短而肥壮，小于狗犬。辽国的御厨将貔狸用牛羊乳喂养肥壮之后，或盐渍，或风干，或熏制，或冷炙，以供帝王专门享用，就连王公贵族也不能吃到，但常给宋朝使者赏赐，可见其为珍贵的饮食美味。

（三）其他饮食风味

契丹人以野生动物的肉或内脏为生食。《契丹国志》卷27《岁时杂记》记载："九月九日，国主打围斗射虎……出兔肝切生，以鹿舌酱拌食之。"[⑤]辽圣宗统和十二年（公元994年）三月，到长春宫观牡丹，少陵诗曰："黄

---

① ［宋］叶隆礼撰，贾敬颜、林荣贵点校：《契丹国志》卷24《刁奉使北语诗》，上海：上海古籍出版社，1985年，第233页。

② ［宋］王辟之：《渑水燕谈录》卷8《事志》，上海：上海书店，1990年，第120—121页。

③ ［宋］周密：《齐东野语》卷16，济南：齐鲁书社，2007年，第201页。

④ ［元］柯九思等编：《辽金元宫词》，北京：北京古籍出版社，1988年，第35页。

⑤ ［宋］叶隆礼撰，贾敬颜、林荣贵点校：《契丹国志》卷27《岁时杂记》，上海：上海古籍出版社，1985年，第253页。

羊饫不膻。"① 除此之外,还有濡肉(以调味的汤烹煮的肉)、燔肉(烧烤的肉)、腊肉和脯肉(肉干)、酪糜(肉粥)等。如陆振的《乘轺录》中记录出使辽国时,宴席上就有以牛、鹿、雁、鹜、貉、熊肉制作的腊肉。乳酪、乳粥也是契丹人的一种美味。宋人王洙的《王氏谈录》记述:"契丹主馈客以乳粥,亦北方之珍。其中铁角草,采用阴干,投沸汤中,顷之,茎草舒展如生。"② 苏辙的《渡桑干》曰:"会同出入凡十日,腥膻酸薄不可食。羊脩乳粥差便人,风隧沙场不宜客。"③ 描述了当时宋使在辽国食用乳粥的情景。在《辽史》等文献中,常见有"馒头"的记载,这种馒头是一种带肉馅的面食。每年的正月一日用糯米饭和白羊髓制作如同拳头大小的圆团饼,正月七日做煎饼,端午节则以面加艾叶制作糕点。这些都是辽代的面食风味特产。还有"渤海螃蟹,红色,大如碗,螯巨而厚,其跪如中国蟹螯。石鲎、鲇鱼之属,皆有之"④。螃蟹、石鲎、鲇鱼等海产品也成为契丹的饮食美味。副食类的特产有"蜜渍山果"、"蜜晒山果"、酒果、冻梨等。

(四)考古发现所见的饮食

考古发掘资料表明,在辽代贵族墓葬中有用食物随葬的现象。如辽宁省法库县叶茂台辽墓⑤棺室前的石供桌上,放置十几件瓷碗、瓷钵、漆罐,内盛桃、李的余核和含有松子的松塔等供品。墓室东南放一张桌子,桌上有漆勺、漆碗、玻璃方盘、玛瑙杯等,桌下有贮藏红色液体的瓷壶,应为酒类饮品。内蒙古宁城县小刘仗子3号墓⑥出土有双色釉供盘,盘内有腐朽的鱼肉痕迹。河北省宣化辽张文藻墓⑦的棺前放一大木桌,桌上放满了食器,有黄釉、和白釉的碗、盘、瓶、漆箸、汤匙及雁足灯,在碗、盘中放置栗子、梨、干葡萄、槟榔、豆、面食品等食物。在大桌东面靠墓壁根部放一小木桌,上面摆放黄釉壶、白瓷碗、碟、匕、箸等饮食器。小桌北面放置陶仓、

---

① [元] 柯九思等编:《辽金元宫词》,北京:北京古籍出版社,1988年,第45页。
② [宋] 王洙:《王氏谈录》,《丛书集成初编》,上海:商务印书馆,1935—1937年。
③ [宋] 苏辙著,曾枣庄、马德富校点:《栾城集》卷16《奉使契丹二十八首》,上海:上海古籍出版社,1987年,第400—401页。
④ [宋] 叶隆礼撰,贾敬颜、林荣贵点校:《契丹国志》卷27《岁时杂记》,上海:上海古籍出版社,1985年,第256页。
⑤ 辽宁省博物馆等:《法库叶茂台辽墓记略》,《文物》1975年第12期,第26—33页。
⑥ 内蒙古自治区文物工作队:《昭乌达盟宁城县小刘仗子辽墓发掘简报》,《文物》1961年第9期,第44—49页。
⑦ 河北省文物研究所等:《河北宣化辽张文藻壁画墓发掘简报》,《文物》1996年第9期,第14—46页。

罐、盘。棺床西侧有彩绘陶仓数件，内贮藏粟和高粱。另有陶执壶、灯碗、陶剪、甑、匜、绿釉鸡腿瓶等，其中，在一个绿釉鸡腿瓶内，盛满了一种散发香气的橘红色液体，应为酒类饮品（图29）。从张文藻墓发现的桌上食物和食器看，好似刚刚结束一场盛宴，反映了辽代晚期官宦人家的宴饮状况。

图29　河北省张家口市宣化区辽张文藻墓的饮食出土状况（来自发掘简报）

综上所述，在北方草原地区的原始社会时期，特别是新石器时代，饮食结构虽以粮食为主，但肉食的比例较大，古人类在房屋内围灶而食，以骨匕等作为进食用具。直到早商时期，由于气候发生了重大变化，草原面积扩大，决定了当时的经济活动从农业发展到畜牧业，西周以后形成许多游牧部落或民族，创造了具有游牧性质的饮食文化和进食方式。北方游牧民族主要以青铜、铁质的刀具为进食器，辅以匕或勺，用箸则出现的较晚。在内蒙古，箸最早见于汉代的墓葬壁画中[1]，实物却见于唐代，皆为汉族人所使用。到辽代时，契丹族因受中原地区文化的影响，进食具箸才逐渐被接受，如辽墓中出土的银箸、铜箸、骨箸、竹箸、木箸等，长度和形状与现代意义上的筷子接近，墓葬壁画中也有较多的箸、勺等画面，说明普遍出现了围桌而餐的进食方式，由此可看出草原饮食方式的演变发展过程。契丹的族源有来自远源的东胡、别源的匈奴、近源的鲜卑，待势力强大以后，人口迅速增长，这就需要有殷实的饮食来源才能维持基本的生活。由于有着水草丰美的

① 魏坚编著：《内蒙古中南部汉代墓葬》，北京：中国大百科全书出版社，1998年，第161—175页。

牧场，牧业成为生计的主业，同时大力发展农业，甚至超越牧业经济水平，还保留有传统的渔猎作为补充的生计手段，手工业又作为生计方式的生产保障，致使辽代的饮食构成品类多样，以肉、乳、粮为主食，以果蔬为副食，以酒、茶为常饮，并形成诸如头鱼宴、头鹅宴等宴饮范例和貔狸馔、濡肉、燔肉、腊肉、脯肉、兔肝、鹿舌、螃蟹、石鲚、鲶鱼、骆麋、鹿麋、奶粥、馒头、馍、麻花、点心、煎饼等饮食风味，丰富了中国古代北方民族饮食文化的物质内涵。

辽代饮食器具的分类与造型

中国饮食文化在世界饮食文化发展史上占有极其重要的地位，饮食器具最能反映饮食文化的物质组成部分。同时，又通过饮食器作为物质载体来体现造型艺术、工艺制作、风俗习惯、社会功能、社会等级等，因而又包含了制度文化和精神文化的内涵。饮食器在草原饮食文化中也是如此，与饮食结构、菜肴美味相对应，讲究实用性和外观审美性。北方草原地区也经历了"汗尊而抔饮"的原始时代，以及从无食器向有食器转变的时期。辽代饮食器从质地上分石、木、皮、陶、瓷、铜、铁、金、银等，特别是皮木质饮食器是为了适应契丹民族的游牧生活而形成独具特色的器物。从用途上分炊煮器、盛食器、进食器、饮用器、贮藏器、盥洗器及其他器具，其中的盥洗器与饮食卫生有关，其他器具是指制食、汲水、取火等工具。在制作上一开始主要是讲究器物的实用功能，随着人类审美观念的不断提高和深入，逐渐集实用与审美为一体，创造了饮食器具的造型艺术。

一、饮食器的分类与用途

关于饮食器的分类，学术界也有一些研究成果。如马宏伟的《中国饮食文化》，以"中国饮食具的产生与发展"一章来论述饮食器具，从用途上分为食具和饮具两类。[①]这样的分类显得有些简单，不足以说明问题。何明、吴明泽的《中国少数民族酒文化》，从酒文化入手，谈到了少数民族的酒

---

① 马宏伟：《中国饮食文化》，呼和浩特：内蒙古人民出版社，1992年，第109页。

具，从质地上分木制、竹制、金属、玻璃等，制作就地取材，造型因材因地因文化而异。① 谢定源编著的《中国饮食文化》，从饮食器具的功用上分为烹饪器具、茶具、酒器，烹饪器具又分为炊具、贮藏器具、盛食器具和进食器具。② 但烹饪器所包含的器类少，不能将贮藏、盛食、进食等器具包括在内。李春祥编著的《饮食器具考》，应该是目前研究饮食器具比较详细的一部著作，从用途上分为炊具、盛食器、酒具、水器、进食器、承器、量器、碾磨器、筵席器等，对每一类进行了历史渊源、发展过程、功用的考证③；但缺乏历史空间上的叙述，内容也不够全面。因此，饮食器具主要是从用途、功能、质地上进行分类。下面从用途上对辽代饮食器具予以分类。

（一）炊煮器

辽代的炊煮器主要为铜、铁、陶器，种类有鼎、釜、锅、桶、火盆等，具有煮肉、煮食、煮茶的功能。在辽代遗址、城址或窖藏中，常见一种带錾耳的铁锅、铜锅（图30），以六耳居多，体量大，有的口径达1至2米之阔，应为行军作战时所用的煮肉、煮饭大锅，如北京市郊区④发现的六耳铁锅。

图30　六耳铜锅（辽代，内蒙古敖汉旗出土，内蒙古敖汉旗民俗博物馆藏）

在墓葬出土物中，炊煮器最为常见。如内蒙古阿鲁科尔沁旗辽耶律羽

---

① 何明、吴明泽：《中国少数民族酒文化》，昆明：云南人民出版社，1999年，第47页。
② 谢定源编著：《中国饮食文化》，杭州：浙江大学出版社，2008年，第227—247、285—292、324—336页。
③ 李春祥编著：《饮食器具考》，北京：知识产权出版社，2006年，第1—349页。
④ 北京市文物工作队：《北京出土的辽、金时代铁器》，《考古》1963年第3期，第140—144页。

之墓①出土的铁鼎，呈釜形，敛口，圆底，下附三兽足。内蒙古赤峰市大营子辽驸马墓②出土的铁桶，直筒状，迭唇，口部有两个对称的环耳，上有提梁，平底，附三个扁长条形足。辽宁省朝阳市南大街窖藏③出土的铜釜，敛口，斜方唇，弧腹，圆底，下附三足，盖为覆钵式。辽宁省朝阳姑营子辽代耿氏家族4号墓④出土的铁火盆、桶、烤炉，火盆呈六边形，平折沿，有圆形铆钉，深腹，平底，圈足，腹部饰连弧纹；铁桶为圆筒形，深腹，平底，下附三个扁足，有平盖，拱形钮，口沿有两个立式环形耳，耳间连提梁；烤炉为长方形炉体，上有薄铁条炉箅，四足。辽宁省朝阳杜杖子辽墓⑤出土的铁釜，直口，上腹呈筒状，腹部中间外曲使下腹向底部圆弧，圆底，下附三足。辽宁省北镇市辽耶律弘礼墓⑥出土三联铁鼎，呈"品"字形焊接在一起，伞状盖，盖上有球形钮，中心有圆形穿，鼎身敛口，圆唇，鼓腹，圆底，下附三个兽蹄足，腹部起宽沿。黑龙江省泰来辽墓⑦出土的铁锅，敛口，斜直颈，颈、腹部平出沿，弧腹，圆底，下附三个柱状足。山西省大同市许从赟墓⑧出土铁釜、鏊盘，釜分三种，一类为敛口，鼓腹，圆底，腹部有六个横鋬耳；二类为盘口，外侈沿，沿上有双耳，斜直腹较深，底略外弧，下附三个扁长条形足；三类与二类相似，腹部较浅，下附三个兽蹄足。鏊盘，盘面鼓，下附三个扁而宽的足，沿下足两侧各有半圆形耳，盘外周有一圈凹弦纹。

在辽代墓葬壁画中也能见到煮肉、煮茶的情景，其中就有炊煮器。如内蒙古科右中旗代钦塔拉辽墓⑨壁画的原野烹饪图，车旁放一高足火炉，炉上架一口大锅，锅内煮一只羊。内蒙古巴林左旗白音敖包辽墓⑩壁画的烹饪图，在髡发契丹人身前置三足铁锅，炉火正旺，锅内煮肉。内蒙古敖汉旗羊

---

① 内蒙古文物考古研究所等：《辽耶律羽之墓发掘简报》，《文物》1996年第1期，第4—32页。
② 前热河省博物馆筹备组：《赤峰县大营子辽墓发掘报告》，《考古学报》1956年第3期，第1—26页。
③ 尚晓波：《辽宁省朝阳市南大街辽代铜铁器窖藏》，《文物》1997年第11期，第57—61页。
④ 朝阳博物馆等：《辽宁朝阳市姑营子辽代耿氏家族3、4号墓发掘简报》，《考古》2011年第8期，第31—45页。
⑤ 朝阳市博物馆等：《辽宁朝阳杜杖子辽代墓葬发掘简报》，《文物》2014年第11期，第19—27页。
⑥ 辽宁省文物考古研究所等：《辽宁北镇市辽代耶律弘礼墓发掘简报》，《考古》2018年第4期，第40—57页。
⑦ 黑龙江省博物馆：《黑龙江泰来辽墓清理》，《考古》1960年第4期，第46页。
⑧ 王银田等：《山西大同市辽代军节度使许从赟夫妇壁画墓》，《考古》2005年第8期，第34—47页。
⑨ 兴安盟文物工作队：《科右中旗代钦塔拉辽墓清理简报》，《内蒙古文物考古文集》第2辑，北京：中国大百科全书出版社，1997年，第651—667页。
⑩ 项春松：《辽宁昭乌达地区发现的辽墓绘画资料》，《文物》1979年第6期，第22—28页。

山1号辽墓[①]壁画的烹饪图，下组左侧为一高足深腹大鼎，鼎口外露兽腿和肉块，鼎后立一人，半侧躬身面向外，首低垂，双目视鼎，挽袖，双手握一棍插入鼎内搅动（图31）。敖汉旗喇嘛沟辽墓[②]壁画的烹饪图，在人物前放置3个三足锅，后边较大，中间者腹深，内煮肉。敖汉旗下湾子5号辽墓[③]壁画的进饮图，在人物前左侧放一叠食盒，右侧放一黄色三足曲口浅腹火盆，盆内燃烧炭火，上放两个执壶，正在煮茶。

图31 烹饪图（辽代，内蒙古敖汉旗羊山1号辽墓，内蒙古敖汉旗史前文化博物馆藏）

另外，还有陶质炊煮器，如北京市大兴区青云店辽墓[④]出土的六耳陶锅、不带耳陶锅、陶甑等。

（二）盛食器

契丹立国前发现的遗迹比较少，以内蒙古巴林右旗塔布敖包墓葬[⑤]为

---

① 邵国田：《敖汉旗羊山1—3号辽墓清理简报》，《内蒙古文物考古》1999年第1期，第1—38页。
② 邵国田：《敖汉旗喇嘛沟辽代壁画墓》，《内蒙古文物考古》，1999年第1期，第90—97页。
③ 邵国田：《敖汉旗下湾子辽墓清理简报》，《内蒙古文物考古》1999年第1期，第67—84页。
④ 北京市文物研究所：《北京大兴区青云店辽墓》，《考古》2004年第2期，第18—25页。
⑤ 齐晓光：《巴林右旗塔布敖包石砌墓及相关问题》，《内蒙古文物考古文集》第1辑，北京：中国大百科全书出版社，1994年，第454—461页。

例。盛食器多为陶器，分泥质灰陶和夹砂灰陶，有的施黑色陶衣，多数为轮制。壶分小口高领壶和盘口壶，为盛水或盛乳器。小口高领壶，敞口，圆唇，直领稍外倾，鼓腹，底内凹；盘口壶，盘口，卷唇，束颈，鼓腹斜收，平底。高领罐，敞口，圆唇，鼓腹，底内凹。碗为敞口，圆唇，曲腹，平底。

在契丹立国后，随着与中原地区贸易往来和文化交流，在传统制陶工艺的基础上烧制陶瓷器，同时通过贸易、馈赠、联姻等途径获取中原地区的陶瓷器。辽代早期以内蒙古阿鲁科尔沁旗辽耶律羽之墓为代表，出土的陶器较少，主要为瓷器，多为白釉，也有少量的青釉和酱釉，还有金银器、玻璃器等。盛食器有瓷碗、瓷钵、瓷罐、银碗、银盘。如"盈"字款白瓷碗，敞口，圆唇，腹部弧收，内底圆滑，假圈足，底正中刻行书"盈"字，属于定窑产品。葵口青瓷碗，敞口，圆唇，腹部稍弧，器身呈五瓣状，圈足，釉色青中泛绿。青瓷碗，敞口，圆唇，腹壁斜收，矮圈足，青釉晶莹。白瓷碗，五曲葵口外撇，方唇，斜腹，圈足。白瓷钵，敞口，圆唇，束颈，腹略鼓，圈足。白瓷穿系盖罐，直口，弧腹，圈足，盖两侧有穿孔横钮，肩部两侧有对称的穿孔方形立耳，另两侧各有2个穿系（图32）。白瓷盖罐，子母口，矮领，五瓣形曲腹，圈足，器盖正中饰扁圆钮。白瓷罐，敞口，圆唇，直领，鼓腹，圈足，肩部饰一周弦纹。青瓷双耳四系盖罐，直口，平唇，圆腹

图32　白瓷穿系盖罐（辽代，内蒙古阿鲁科尔沁旗辽耶律羽之墓出土，
内蒙古文物考古研究所藏）

斜收，圈足，肩部竖置长方形穿孔錾耳一对，间有两对半圆形双系；器盖呈
圆弧形，有对称穿孔小錾，可与罐身四系穿接。酱釉瓷罐，敞口，圆唇，直
领，鼓腹，圈足，肩部饰两周弦纹。酱釉小口瓷罐，小口，卷唇，鼓腹斜
收，小平底。金花银碗，敞口，弧腹，圈足，内底錾刻摩羯纹（图33）。鎏
金錾花银盘，口沿立折，呈五曲形，内平沿，腹部斜垂，圈足，盘底錾刻双
凤纹。

图33　摩羯纹金花银碗（辽代，内蒙古阿鲁科尔沁旗辽耶律羽之墓出土，
内蒙古文物考古研究所藏）

　　内蒙古奈曼旗陈国公主墓[①]为辽代中期遗迹，盛食器分金银器、铜器、
玻璃器、瓷器。银钵，直口微敛，方唇，弧腹，平底，内底錾刻缠枝荷叶莲
花纹，图案鎏金。铜盘，花口，浅腹，平底，内底錾刻卷云纹，外缘錾联珠
纹。玻璃盘，敞口，圆唇，弧腹，圈足，腹壁饰棱锥形乳钉（图34）。瓷器
有碗、盘、罐。花口白瓷碗，胎质细白、坚硬、轻薄，施白釉，釉色晶莹光
亮，釉层均匀，敞口作十二曲花瓣状，深腹，腹壁略呈瓜棱形，圈足。青瓷
碗，胎质细腻、轻薄，呈灰白色，施青釉，釉色光洁莹润，敞口，圆唇，腹
壁斜收，小圈足。花口青瓷碗，胎壁轻薄，呈青灰色，施青釉，釉色光亮莹
润，分布均匀，敞口作十曲花瓣形，弧腹，曲口以下的腹壁呈瓜棱状，圈
足。双蝶纹花口青瓷盘，胎质细腻，呈灰白色，通体施青釉，釉色晶莹光
亮，侈口呈六曲花瓣形，弧腹，曲口以下呈瓜棱状，圈足外撇，内底印双蝶

---

　　①　内蒙古自治区文物考古研究所等：《辽陈国公主墓》，北京：文物出版社，1993年，第25—58页。

纹。缠枝菊花纹花口青瓷盘，胎质略粗，呈灰褐色，通体施青釉，釉色发暗，侈口作六曲花瓣形，弧腹，口以下腹壁为瓜棱形，平底；口沿内壁下刻印一周卷云纹，花纹上下各有一周弦纹，内底压印三朵缠枝菊花纹，并形成圆形规范；底部圈足内有5个弧形支钉痕迹，正中刻行书"官"字款（图35）。绿釉罐，胎质较粗，呈红褐色，外挂白色陶衣，表面施绿釉，肩部釉面有开片，侈口，圆唇，短颈，溜肩，鼓腹，圈足，肩部饰二周凹弦纹。莲花纹白瓷盖罐，胎质细腻，施白釉，釉色晶莹光亮，子母口，斜肩，腹部向下斜收，外底略内凹；盖面隆起呈弧形，中间有宝珠形钮；盖面饰双重四叶纹，肩部刻双重覆莲纹，腹部刻三重仰莲纹；外底内刻行书"官"字款。这里提到的罐体型较小，作为盛食之用。

图34　玻璃盘（辽代，内蒙古奈曼旗陈国公主墓出土，内蒙古文物考古研究所藏）

图35　缠枝菊花纹花口青瓷盘（辽代，内蒙古奈曼旗陈国公主墓出土，
内蒙古文物考古研究所藏）

辽代晚期出土的陶瓷盛食器的遗迹以内蒙古宁城县埋王沟辽墓[①]为代表。1号墓出土的盛食器主要是瓷器，有白釉和青釉之分，器形为碗、盘。如白瓷碗，分二型，Ⅰ型胎质白细，釉色白中泛青灰，晶莹有光泽，花瓣形直口，圆唇，瓜棱形，深腹，垂弧，高圈足略外撇；Ⅱ型胎质泛黄细腻，釉色乳白均匀，敞口，尖唇，浅腹斜弧，矮圈足，底部压印鱼水纹。青釉瓷盘，胎质细白，通体施青灰釉，釉色光洁晶莹，宽沿平折，浅腹斜直，大平底略内凹，底沿的金属包边已脱落，口沿面有弦纹。3号墓出土的盛食器分瓷器和釉陶器，有碗、罐。葵口影青瓷碗，釉色白中泛青，晶莹光洁，沿面有细密的开片，敞口，窄沿外翻，尖唇，斜弧腹，圈足，器内有六条棱瓣。白瓷小罐，粗厚白胎，器内外施白釉，釉色灰白，直口，圆唇，矮领，鼓腹，矮圈足。青灰釉陶罐，器表施青灰色釉，敞口，圆唇，斜肩鼓突，腹部微弧斜内收，假圈足，下腹饰凹弦纹。4号墓出土的盛食器主要为白釉瓷器，有盘、罐。如白瓷盘，釉色白中泛青，细腻晶莹，敞口，沿外翻，尖唇，弧腹，平底，矮圈足。白瓷盖罐，釉色白净光洁，敞口，圆唇，广肩，斜弧腹，平底；盖作覆盘状，子母口，漏斗形钮；肩部饰草叶纹，腹部饰仰莲瓣纹。

辽代的三彩器是在继承唐三彩的基础上所创烧，有黄、绿、白三色，缺乏唐三彩中的靛蓝，以辽代中晚期出现的居多。常见的盛食器有长盘、圆盘（图36）、海棠式盘、方碟、果盒、执壶等，还有仿生造型，如鸳鸯壶、摩羯壶、龟形壶等。这也是辽代盛食器的一个主要类型。

图36 三彩圆盘（辽代，内蒙古敖汉旗乌兰召出土，内蒙古敖汉旗史前文化博物馆藏）

[①] 内蒙古文物考古研究所等：《宁城县埋王沟辽代墓地发掘简报》，《内蒙古文物考古文集》第2辑，北京：中国大百科全书出版社，1997年，第609—630页。

（三）进食器

契丹立国前的进食器继承了前代民族传统，仍然使用刀、匕。如巴林右旗塔布敖包墓葬出土的铁刀，呈平背或弧背，弧刃或复刃，细柄，配鞘，主要是用来切割肉食，并以刀插肉进食。在建立国家后，进食器类型发生了很大的变化，除传统的刀、匙外，普遍出现了箸，这在实物和墓葬壁画中都能反映出来。

箸分银箸、铜箸、骨箸、竹箸、漆木箸等，形状有锥形、柱形、扁方形，有的上端作竹节状或凸棱，已经接近现代的筷子，打破了北方游牧民族进食器的刀、匙传统。如内蒙古赤峰市大营子辽驸马墓出土的银箸等（图37）、科左后旗吐尔基山辽墓[1]出土的银箸、翁牛特旗解放营子辽墓[2]出土的铜箸、林西县小哈达辽墓[3]出土的铜箸、多伦县小王力沟2号墓[4]出土的银箸、巴林右旗巴彦尔登苏木辽墓出土的骨箸、巴林右旗友爱辽墓[5]出土的红漆竹箸、敖汉旗沙子沟和大横沟辽墓[6]出土的骨箸、辽宁省朝阳市沟门子辽墓[7]出土的竹箸、建平县西窑村辽墓[8]出土的木箸、建平县张家营辽墓[9]出土的竹节状银箸、河北省涿鹿县辽墓[10]出土的铜箸等。在辽墓壁画中也出现有箸，如河北省宣化下八里6号辽墓[11]前室东壁的茶道图，桌上有提梁壶、箸、夹子、刷子、勺等器物。内蒙古敖汉旗羊山1号辽墓天井西壁的烹饪宴饮图，墓主人坐在凳子上，右手执箸，左手端碗，正在进食。

在使用箸的同时，刀、勺、匙、匕仍在使用，用以切割肉食、喝汤及进食。如内蒙古阿鲁科尔沁旗辽耶律羽之墓出土的银勺，勺头呈椭圆形，细长柄。奈曼旗陈国公主墓出土的银匙，匙头呈扁平椭圆形，后有弯曲的细长

① 内蒙古文物考古研究所：《内蒙古通辽市吐尔基山辽代墓葬》，《考古》2004年第7期，第50—53页。
② 翁牛特旗文化馆等：《内蒙古解放营子辽墓发掘简报》，《考古》1979年第4期，第330—334页。
③ 王刚：《内蒙古林西县小哈达辽墓》，《考古》2005年第7期，第92—96页。
④ 内蒙古文物考古研究所等：《内蒙古多伦县小王力沟辽代墓葬》，《考古》2016年第10期，第55—80页。
⑤ 巴林右旗博物馆：《内蒙古巴林右旗友爱辽墓》，《文物》1996年第11期，第29—34页。
⑥ 敖汉旗文物管理所：《内蒙古敖汉旗沙子沟、大横沟辽墓》，《考古》1987年第10期，第889—904页。
⑦ 李大钧：《朝阳沟门子辽墓清理简报》，《辽海文物学刊》1997年第1期，第30—36页。
⑧ 李庆发：《建平西窑村辽墓》，《辽海文物学刊》1991年第9期，第120—123页。
⑨ 冯永谦：《辽宁省建平、新民的三座辽墓》，《考古》1960年第2期，第15—24页。
⑩ 张家口地区博物馆：《河北涿鹿县辽代壁画墓发掘简报》，《考古》1987年第3期，第242—245页。
⑪ 张家口市宣化区文物保管所：《河北宣化辽代壁画墓》，《文物》1995年第2期，第4—28页。

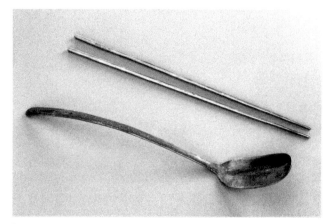

图 37　银箸、匙（辽代，内蒙古赤峰市大营子辽驸马墓出土，内蒙古博物院藏）

柄。巴林右旗床金沟 4 号辽墓[1]出土的鎏金铜匙，匙头为扁平椭圆形，长条形曲柄。林西县小哈达辽墓出土的铜匙，匙头呈扁平长方形，头部略弧，弯曲的细长柄，端部作鸭蹼状。巴林右旗友爱辽墓出土的红漆木匙，匙头呈扁平椭圆形，细长柄。辽宁省锦州市张扛村辽墓[2]出土的铁勺，勺头呈圆形扁平状，长条形柄。内蒙古奈曼旗陈国公主墓出土的银刀，刀身细长，厚脊单面刃，圆柱状玉柄，平头，银鞘鎏金。察右前旗豪欠营 6 号墓[3]出土的玉柄铜刀，呈柳叶形，直背，斜刃，圆柱状玉柄，木制刀鞘。赤峰地区出土的摩羯纹包金银柄铁刀，直背，凹刃，配银鞘（图38）。阿鲁科尔沁旗温多尔敖瑞山辽墓[4]出土的骨柄铁刀，直背，斜刃，圆柱状骨柄，端首圆弧。吉林省双辽县高力戈辽墓[5]出土的铁刀，分凹背弧刃和直背弧刃两种，都有木柄。内蒙古扎鲁特旗浩特花辽墓[6]出土的骨匕，后部残，扁体，弧刃。这些考古资料中出现的勺、匙，其实就是喝汤的用具，只不过没有统一名称而已，用匙相对准确，真正的勺应为分食之用。

① 内蒙古文物考古研究所等：《内蒙古巴林右旗床金沟 4 号辽墓发掘简报》，《文物》2017年第 9 期，第 15—32 页。

② 刘谦：《辽宁锦州市张扛村辽墓发掘报告》，《考古》1984 年第 11 期，第 990—1002 页。

③ 乌兰察布盟文物工作站：《察右前旗豪欠营第六号辽墓清理简报》，《文物》1983 年第 9 期，第 1—8 页。

④ 赤峰市博物馆考古队等：《赤峰市阿鲁科尔沁旗温多尔敖瑞山辽墓清理简报》，《文物》1993 年第 3 期，第 57—67 页。

⑤ 吉林省文物考古研究所：《吉林双辽县高力戈辽墓群》，《考古》1986 年第 2 期，第 138—146 页。

⑥ 中国社会科学院考古研究所内蒙古工作队等：《内蒙古扎鲁特旗浩特花辽代壁画墓》，《考古》2003 年第 1 期，第 3—14 页。

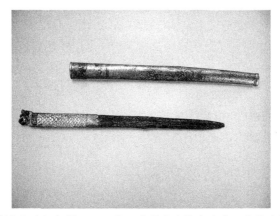

图38　摩羯纹包金银柄铁刀（辽代，内蒙古赤峰市出土，内蒙古博物院藏）

（四）饮用器

辽代契丹人的盛酒器和饮酒器种类很多，文献中出现浑脱、鹿瓢、爵、瓠、琥珀杯等，考古发现的有金银器、陶瓷器、玻璃器、皮木器。《辽史》卷7《穆宗纪下》记载：应历十八年（公元968年）三月"乙酉，获驾鹅，祭天地。造大酒器，刻为鹿文，名曰'鹿瓢'，贮酒以祭天"[1]。在内蒙古巴林右旗辽怀州城内西南隅窖藏[2]出土有大型陶器，器形多为瓮、罐，其中一件长颈灰陶罐，器身刻双鹿，可能与"鹿瓢"酒器有关。宋人魏泰的《东轩笔录》记载："北蕃每宴使人，劝酒器不一，其间最大者，剖大瓠之半，范以金，受三升，前后使人无能饮者，惟方偕一举而尽，戎主大喜，至今目其器为方家瓠，每宴南使，即出之。"[3]这种大瓠为经加工过的扁球状瓢形器，成为宴请宋使的必备酒器。

内蒙古阿鲁科尔沁旗辽耶律羽之墓出土的饮用器有杯、壶、瓶。如五瓣花形金杯，花式口，曲腹，圈足，外腹饰卷草芦雁纹，内底模压双鱼纹（图39）。鎏金錾花银把杯，敞口呈七边形，平沿，腹作七面，圈足，腹部錾刻形态各异的人物像，似《高士图》。瓜棱腹陶壶，灰陶，施黑色陶衣，圆唇，喇叭形口，颈外张，鼓腹斜收，凹底，上腹竖饰七条等分线，形如瓜棱，下腹饰细密的篦点纹。白瓷皮囊式鸡冠壶，直流，半圆形提梁，扁圆腹，平底，流底部饰一周圆凸棱线。浅酱釉瓷壶，喇叭口，沿略卷，颈外

---

① ［元］脱脱等：《辽史》卷7《穆宗本纪下》，北京：中华书局，1974年，第85页。
② 韩仁信、青格勒：《辽怀州城址出土窖藏陶器》，《内蒙古文物考古》1984年第3期，第72—74页。
③ ［宋］魏泰撰，李裕民点校：《东轩笔录》卷15，北京：中华书局，1983年，第171页。

张，鼓腹斜收，圈足外撇，口、颈各饰一周弦纹。白瓷盘口瓶，盘口，细长颈，圆腹弧收，圈足略外撇，两侧肩部和下腹附对称的桥形带穿，肩部饰三周凹弦纹。绿釉瓷瓶，器形与白瓷盘口瓶相同，肩部饰多层次放射状叶纹和联珠纹、弦纹，腹部垂饰联珠灯笼纹，下腹饰振翅昆虫，通体施绿釉，在圈足绿釉间施一圈黄釉三角纹。铁执壶，直口，高领，折肩，斜腹内收，矮圈足，肩部有流，另一侧肩腹部附执柄。瓜棱腹陶壶，灰陶，施黑色陶衣，圆唇，喇叭形口，颈外张，鼓腹斜收，凹底，上腹竖饰七条等分线，形如瓜棱。

图 39　五瓣花形金杯（辽代，内蒙古阿鲁科尔沁旗辽耶律羽之墓出土，
内蒙古文物考古研究所藏）

内蒙古奈曼旗陈国公主墓出土的饮用器有盏托、杯、执壶、壶、瓶等。银盏托，由托、托盘组成，托为直口，平底；托盘为敞口，弧腹，高圈足（图40）。玻璃杯，口微敛，鼓腹，假圈足口腹部附环形把，上端有扁圆状突起。银执壶，直口，广肩，鼓腹，矮圈足，肩一侧焊接管状直流，另一侧为宽扁的把，把上部焊小环形钮，有银链与壶盖相连。木鸡冠壶，方形直口，器身扁宽，平底。器物用途如同耶律羽之墓出土的饮用器，只是在器形、质地上发生了变化。木鸡冠壶属于首次发现，为契丹人传统的器物，马上携带用于盛酒或盛水。绿釉长颈盖壶，胎质粗糙，呈黄白色，外壁施绿釉，侈口，圆唇，长颈，溜肩，斜腹，平底微内凹；盖面隆起呈斗笠状，中间有蘑菇形钮；颈部饰二周凸弦纹。茶绿釉鸡腿瓶，缸胎，呈黄褐色，内外壁施茶绿色釉，小口，短颈，溜肩，筒腹，平底。

图 40　银盏托（辽代，内蒙古奈曼旗陈国公主墓出土，内蒙古文物考古研究所藏）

　　内蒙古宁城县埋王沟 1 号辽墓出土的白瓷杯，胎质细白，釉色白中泛青，直口，尖唇外叠，深弧腹，矮圈足。2 号墓仅见饮用器中的酱釉陶瓶，灰褐缸胎，施酱釉，小口，双叠唇，溜肩，直腹微曲，亚腰，小平底。3 号墓饮用器有盏托、杯，如影青瓷盏托，胎质细腻，釉色白里透青，顶上作敛口鼓腹小杯，下托呈高圈足盘状。杯为敛口，圆唇，腹稍鼓。影青瓷盏，胎质薄而细腻，釉色白里泛青，沿面有细密的开片，盘状，侈口，翻沿，浅弧腹，平底，圈足。影青瓷杯，胎质细白，釉色白里透青，直口，尖圆唇，厚缘，深弧腹，小平底。4 号墓饮用器有托、壶。如白瓷托，釉色细腻光滑，盘状，敞口，卷沿，圆唇，斜腹，平底圈足外撇。黄釉鸡冠壶，胎质呈白褐色，施橘黄釉，整体椭圆，腹部瘦长，管状直口，扁环状提梁，矮圈足，口与腹部交接处饰一周凸系带纹。

　　在辽代契丹人的饮用器中，最典型的是仿皮囊式制作的鸡冠壶，用以盛酒或装水，质地有金、银、陶、瓷、木等，根据器形变化可以分为三期。辽代早期的鸡冠壶分两种，一类见于契丹立国之初，环状提梁，直流，口部有仿皮钉装饰，扁圆腹，腹上有凸棱似如皮囊缝合，平底（图41）；另一类为直流，单孔錾耳，似鸡冠状，腹扁圆，器身矮，平底或内凹，个别的带矮圈足。辽代中期的鸡冠壶，直口，单孔或双孔耳，耳呈长方形或鸡冠状，有的在耳上堆塑猴、蜥蜴等动物，器身扁且增高，平底或圈足，也有仿皮囊缝合装饰（图42）。辽代晚期的鸡冠壶，直口，高提梁，瘦长腹，有的也有仿皮囊缝合，圈足，出现剔花工艺，原来的鸡冠耳已变为扭索式或环形提梁，器体变高（图43）。这种鸡冠壶的原型是皮囊壶，为契丹人传统的饮用器。

图 41　环状提梁皮囊式鸡冠壶（辽代，内蒙古阿鲁科尔沁旗辽耶律羽之墓出土，
内蒙古文物考古研究所藏）

图 42　绿釉双猴纹刻花鸡冠壶（辽代，内蒙古　　图 43　黄釉鸡冠壶（辽代，内蒙古
翁牛特旗广德公辽墓出土，内蒙古博物院藏）　　赤峰市出土，内蒙古赤峰市博物馆藏）

（五）茶器

根据考古学资料表明，辽代茶具发现的数量很多，有金、银、铜、铁、瓷、陶等，分为煮茶器、点茶器、贮茶器、碾茶器、饮茶器。现举例说明。

1. 煮茶器

铁炉，分三式。Ⅰ式，内蒙古科右中旗代钦塔拉辽墓出土。炉身为长方形，斜直腹，一侧有柱形长柄，四足。高21厘米、底长24厘米、宽13厘米。Ⅱ式，赤峰市大营子辽驸马墓出土。炉身为长方形，口外侧接平沿，炉身下附六个马蹄形足。高23厘米、长103厘米。Ⅲ式，内蒙古科右中旗代钦塔拉辽墓出土。炉盖呈长方形，分两扇，每扇有一钮。炉身也为长方形，两侧有链状提梁，下附八足。高15.7厘米、炉身宽21.8厘米。

铁鍑，分二式。Ⅰ式，内蒙古宁城县埋王沟辽墓出土。口微敛，圆唇，圆弧腹，圆底，腹中部饰一周凸弦纹。高19.6厘米、口径12厘米、腹径16.8厘米。Ⅱ式，赤峰市大营子辽驸马墓出土。敞口，圆唇，筒形腹，圆底，两侧附双耳，有提梁。高37.3厘米、口径25厘米。

铁火盆，分二式。Ⅰ式，内蒙古宁城县埋王沟辽墓出土。口微敛，卷沿，圆唇，腹微弧，圆底。口径20.7厘米。Ⅱ式，宁城县埋王沟辽墓出土。呈方形，宽平沿，平底，下附四个三角形足，两侧附扁方形双耳，宽平沿和外表边角饰铆钉。高13.2厘米、直径38.5厘米。

2. 点茶器

铜执壶，内蒙古宁城县埋王沟辽墓出土。敞口，直颈，溜肩，斜直腹，平底，一侧肩部有斜直流，另一侧腹部与肩部有环形柄。高28.3厘米、口径7.8厘米、腹径15厘米。

铁执壶，内蒙古阿鲁科尔沁旗辽耶律羽之墓出土。直口，高领略外敞，折肩，斜腹内收，矮圈足，肩部有流，领、腹部有环形执柄。高20厘米、口径8厘米、底径8.5厘米（图44）。

绿釉注壶，内蒙古科右中旗代钦塔拉辽墓出土。敞口，圆唇，直颈，溜肩，鼓腹，圈足，口上有塔状子母口盖，斜直长流，环形把，肩部饰两周弦纹。高19.8厘米、口径4厘米、腹径13.5厘米。

铁勺，内蒙古科右中旗代钦塔拉辽墓出土。勺头为圆形，一侧有流，四棱形长柄，勺头与柄间由铆钉连接。长31.8厘米。

3. 贮茶器

贮茶器为盒，在辽墓壁画的茶道图中见之，呈长方体，盝式顶。如河北省宣化下八里6号辽墓壁画备茶图中的茶盒。

4. 碾茶器

铁茶碾，内蒙古宁城县埋王沟辽墓出土。由底座、碾槽、碾盘、轴柄组成。底座平面呈椭圆形，中空。碾盘呈铁饼状，竖置，中间穿一孔，内置轴

图 44　铁执壶（辽代，内蒙古阿鲁科尔沁旗辽耶律羽之墓出土，内蒙古文物考古研究所藏）

柄杆；碾槽为船形，内有凹槽，两端上翘；轴柄为长棒形，横穿碾盘孔内。高 22.5 厘米、底座长 24 厘米、宽 9.6 厘米。

铁茶碾，山西省大同市许从赟墓葬出土。由长方形镂空底座船形碾槽组成，船形碾槽两端尖而浅，中间宽而深，口部较宽，底部渐收成尖底。高 8.6 厘米、座长 19 厘米、宽 12 厘米、碾槽长 24 厘米、最宽 5.6 厘米。

5. 饮茶器

五瓣花形芦雁纹金杯，内蒙古阿鲁科尔沁旗辽耶律羽之墓出土。锤鍱而成，器形呈五瓣花形，花式敞口，弧腹较深，圈足，内沿錾刻卷枝纹，内底模压双鱼纹，辅以平行短线纹、五角纹、环纹，腹上部有一周宝相莲瓣纹，中部开光，内饰卷草芦雁纹，腹底为仰莲纹，圈足錾水波纹。高 4.9 厘米、口径 7.3 厘米。

盘带纹银盏托，内蒙古赤峰市大营子辽驸马墓出土。锤鍱而成，由托碗、托盘和圈足组成。碗为侈口，束腹；托盘为敞口，浅弧腹，高圈足；碗、盘及足沿錾刻羽状纹，碗、盘的腹部錾刻盘带花纹。高 8.3 厘米、口径 8.7 厘米（图 45）。

影青釉瓷盏托，内蒙古宁城县埋王沟辽墓出土。由托碗、托盘和圈足组成。碗为敛口，圆唇，微鼓腹；盘作荷叶形，分六瓣；高圈足。碗高 5.3 厘米、口径 5.8 厘米、盘径 13 厘米。

图45　盘带纹银盏托（辽代，内蒙古赤峰市大营子辽驸马墓出土，内蒙古博物院藏）

此外，内蒙古巴林左旗盘羊沟辽墓①出土成套的茶器，如煮茶器错银铁镀，贮茶器龙纹银盒（图46），点茶器银执壶，舀茶器银匙，饮茶器花口银盏托、鎏金银盏托、银钵、花口银尊、青瓷碗等，从实物反映了辽代的制茶、饮茶用具。

图46　龙纹银盒（辽代，内蒙古巴林左旗盘羊沟辽墓出土，内蒙古赤峰市博物馆藏）

（六）贮藏器

契丹立国前，以陶罐作为贮藏器。如内蒙古巴林右旗塔布敖包墓葬出土的敞口罐，大敞口，颈微束，圆腹，小平底略内凹。立国后，在辽代的遗址

---

① 赤峰市博物馆等：《内蒙古巴林左旗盘羊沟辽代墓葬》，《考古》2016年第3期，第30—44页。

与窖藏中常见陶瓷制作的大型瓮、罐、缸。如内蒙古巴林左旗辽祖陵祭祀殿遗址内发现的7个大型陶瓷罐、瓮，把器身直接放在地面以下，只露器口，应该为储放粮食、肉食、蔬菜等类的器物（图47）。这种陶瓷缸、瓮在以后的金元时期仍在使用，一直延续到近现代。

图47　内蒙古巴林左旗辽祖陵祭祀大殿遗址贮藏器出土情况（实地拍摄）

（七）盥洗器

北方游牧民族以肉乳为主要饮食，在居无定所的游牧生活中，随时可以切割肉食，饮用生奶。在当时缺乏卫生消毒的条件下，必然会导致各种疾病，缩短人的寿命，而游牧民族全无这种饮食卫生的观念。随着中原农业文化的影响，一些饮食礼俗和器皿传入，逐渐改变了对饮食卫生的无视观念，在中、上层阶层中尤为明显。

内蒙古阿鲁科尔沁旗辽耶律羽之墓出土的银匜，椭圆形，口立折，内斜沿，圜底，一侧有流，无把。银盆为敞口，五瓣花形，斜沿，弧腹，圈足，底部刻"左相公"三字。这两件器物为配套使用，匜作为舀水用具，盆可以接水，以便洗手进食。内蒙古赤峰市大营子辽驸马墓出土的银匜，呈椭圆形，圜底，器口一侧有流，另一侧附扁长的空心把手。内蒙古巴林左旗盘羊沟辽墓出土的鎏金银匜、鎏金摩羯团花纹银洗，鎏金银匜的口微敞，宽沿，卵形腹较浅，圜底，口部侧面有折棱箕形短流，方形銎状柄（图48）；鎏金摩羯团花纹银洗，敞口，斜腹，平底，口内沿錾一周莲瓣纹，内壁分五瓣，每瓣内錾折枝牡丹团花纹，内底以一周缠枝蔓草纹组成圆形规范，中间錾三条摩羯环绕火焰宝珠纹，也是配套使用（图49）。河北窖藏[①]出土的鎏金鸿雁

图48　鎏金银匜（辽代，内蒙古巴林左旗盘羊沟辽墓出土，内蒙古赤峰市博物馆藏）

图49　鎏金摩羯团花纹银洗（辽代，内蒙古巴林左旗盘羊沟辽墓出土，
内蒙古赤峰市博物馆藏）

---

① 韩伟：《辽代太平年间金银器錾文考释》，《故宫文物月刊》（台北）1994年第9期，第4—22页。

纹银匜，敞口，弧腹，口一侧有流；内底錾刻展翅鸿雁，周围饰折枝，外围饰双波纹；口沿饰联珠纹，流内刻金钱龟纹；花纹鎏金；底部有"太平乙丑年供奉文忠王府第四"的錾文（这批器物后来流转到英国伦敦文物市场）。内蒙古敖汉旗七家 2 号辽墓[①]壁画的手捧黄色盆侍奉主人宴饮的男侍图，说明辽代贵族在日常生活中有洗手的习惯，以免饮食时将病菌带入体内。

（八）其他器具

包括了制食、分食、温饮、汲水、取火、食渣等器物。

制食器作为一种辅助性的饮食器具，如切割家畜和野生动物肉的刀具、加工粮食的工具、制作食物的工具等。辽代的石磨盘就是用两扇圆形石盘组成，借助中间的铁轴细磨谷、麦成面（图 50）。辽宁省朝阳市杜杖子辽墓出土有石臼、石杵，配套使用，石臼略呈梯形，中间内凹；石杵为椭圆长形，两端圆弧。山西省大同市西南郊 15 号辽墓[②]出土的石臼、石杵，石臼用白石凿成，盆状；石杵为青石制成，呈半圆形，有安装木柄的小孔。

图 50　石磨（辽代，内蒙古巴林左旗辽上京南城遗址出土，
内蒙古巴林左旗辽上京博物馆藏）

---

① 邵国田：《敖汉旗七家辽墓》，《内蒙古文物考古》1999 年第 1 期，第 46—66 页。
② 山西云岗古物保养所清理组：《山西大同市西南郊唐、辽、金墓清理简报》，《考古》1958 年第 6 期，第 28—36 页。

分食器是用来舀水、酒、汤的器物，常见带长柄的勺。内蒙古多伦县小王力沟2号墓出土的银勺，勺头略呈圆形，浅弧腹，一侧有流口，弯曲的细长柄。辽宁省朝阳市南大街辽代窖藏出土的铜勺，勺面作莲花式，曲口，花式长柄。敖汉旗七家1号辽墓壁画烹饪图中，一人双手握一弯柄状器正在搅动锅内肉汤，可能用的就是长柄勺。

温饮器是用来温烫茶或酒的器物，如辽代墓葬和窖藏中常见的鐎斗，用铜、铁、陶等制作。辽宁省朝阳市南大街窖藏出土的铜鐎斗，直口，斜沿，腹壁内斜，平底略下凹，口沿上有流，与直柄呈直角。河北省宣化辽姜承义墓①出土的陶鐎斗，直口，折腹，平底，下附三个扁足，口沿一侧有流，长柄。辽宁省朝阳市姑营子辽代耿氏家族3号墓②出土的小铁锅，直口，弧腹，圜底，下附三足，口侧沿有小流口，銎状柄，应为温酒之用。到辽代中晚期，出现执壶和温碗配套使用的现象，质地有银、铜、瓷，此时主要流行点茶，不用这种套器，应为温酒之用。如内蒙古巴林右旗白音汉窖藏③出土的银执壶、银温碗，壶通体呈八棱形，子母口，长颈，鼓腹，圈足；肩部一侧有竹节状长流，另一侧腹部与颈部上端铆接竹节状弯柄；盖作八角形塔状，錾刻四叶筋脉，叶间錾刻三瓣花朵附叶一株；盖上的图案分为两层，每层均錾刻牡丹花及叶纹，荷花蓓蕾坛顶；壶身錾刻八组相同的缠枝牡丹花纹，肩部錾刻石榴花纹，每棱四周边缘錾刻羽状纹。碗也呈八棱形，器身錾刻牡丹纹（图51）。

取火用具用来保存火种、控制火苗和炊煮食物。在辽代遗址和墓葬中，发现有铁钳、铁夹、铁火棍、铁火筷等。如内蒙古科右中旗代钦塔拉辽墓出土的铁火钳，钳头呈椭圆形，钳口为鹤嘴形，钳柄前部呈长方形，两侧有对称的凹纹，后部呈圆柱形，柄尾端为四棱锥状，饰螺旋纹；两柄中部各有一穿孔，用一铁链连接。辽宁省法库县叶茂台辽肖义墓④壁画的备食图中，桌下一人蹲在火盆旁，手拿火筷，在拨弄炭火。

① 张家口市文管所等：《河北宣化辽姜承义墓》，《北方文物》1991年第4期，第67—71页。
② 朝阳博物馆等：《辽宁朝阳市姑营子辽代耿氏家族3、4号墓发掘简报》，《考古》2011年第8期，第31—45页。
③ 巴右文、成顺：《内蒙古昭乌达盟巴林右旗发现辽代银器窖藏》，《文物》1980年第5期，第45—51页。
④ 温丽和：《辽宁法库县叶茂台辽肖义墓》，《考古》1989第4期，324—330页。

（a）   （b）

图51　银执壶、银温碗（辽代，内蒙古巴林右旗白音汉窖藏出土，内蒙古博物院藏）

　　食渣器是盛放食后剩余的饭或残骨的用具，也与平底钵配套作为存放茶渣或茶盏预茶后留下的残热水之用。从北方草原地区出土的饮食器看，盛放食渣的器物只有在辽、金、元时期比较明显，而且限于上层社会，说明宴用比较讲究。如内蒙古阿鲁科尔沁旗辽耶律羽之墓出土的鎏金对雁团花纹银渣斗，盘口，直领，鼓腹，圈足，腹部錾四组对雁团花纹（图52）。多伦县小王力沟1号辽墓出土的鎏金铜渣斗，盘口，束颈，鼓腹，凹底，颈部鎏金。科右中旗代钦塔拉辽墓出土的绿釉渣斗，粗胎，外表施较厚的绿釉，稍有开片，有流釉现象，盘口，束颈，鼓腹，圈足，腹上部饰凹弦纹。辽宁省喀左县北岭辽墓[①]出土有铜渣斗。类似的金属、陶瓷制作的渣斗在辽代贵族墓中

图52　鎏金对雁团花纹银渣斗（辽代，内蒙古阿鲁科尔沁旗辽耶律羽之墓出土，
内蒙古文物考古研究所藏）

---

① 辽宁省文物考古研究所：《辽宁喀左北岭辽墓》，《辽海文物学刊》1986年第1期，第38—42页。

常见，同时壁画中也有表现。如内蒙古敖汉旗羊山1号辽墓壁画的墓主人宴
饮图，墓主人身后立一双手捧渣斗的契丹人，正在服侍主人宴饮。这种以渣
斗装放残食、残渣的现象一直延续到后代。

二、饮食器的造型

饮食器的造型包括形制形状、装饰纹样、制作工艺等，人类在制作各种
器物形象的过程中，领会到自然界固有的美，由此产生审美观念。辽代饮食
器同中国历代或其他地区的饮食器一样，也经历了从实用到讲究美观的过
程，由于契丹属于北方游牧民族，在吸收中原唐宋文化、西方文化的基础
上，承继了前代诸如鲜卑等民族的特点，又融入纯朴的自然思想，并赋予深
刻的文化含义，形成了多样性的造型风格。

（一）金属饮食器的造型

辽代金属饮食器的质地有金、银、铜、铁等，但铜器早已衰落，铁器虽
为大众使用之器，出土的多数已锈蚀，只有金银器保存完好，而且处于一个
高度发展的阶段。随着草原丝绸之路的全面兴盛，中亚、西亚和中国的中原
地区、南方地区的金银器随之大量传入辽代境内，出现了波斯萨珊、粟特、
罗马、唐宋等风格的金银饮食器。在多种文化的渗透下，还形成具有契丹民
族特色的金银饮食器。类型常见碗、杯、盘、壶等，纹饰以缠枝花、团花、
摩羯、鹿、狮、鱼等为主。构图严整，讲求对称，分区装饰，是唐代金银器
纹饰布局的主要特点。各种工艺应用娴熟，直接影响了辽代早中期金银饮食
器的造型。在辽代中期以后，宋代金银器小巧玲珑的形体、多瓣式形制、纹
饰与造型的和谐统一等，直接影响了辽代金银饮食器的造型和发展。

辽代的疆域最阔时占据今黑龙江、吉林、辽宁、内蒙古、河北、山西、
北京等地，内蒙古东部的赤峰地区是辽代的政治、经济、文化中心，留下大
量的遗迹、遗物。从已发表过的资料分析，根据辽代金银饮食器的器形、纹
饰演变及工艺，可以分为三期。第一期的器形和纹饰演变比较复杂，又分为
第一、第二两段。[①]辽代金银饮食器第一期第一阶段的种类多，数量大，纹

---

① 张景明：《中国北方草原古代金银器》，北京：文物出版社，2005年，第191页。

饰布局严谨，工艺精湛。金银饮食器的器口形式以花瓣形为主，其次为圆口，再次为七角形、五角形、曲角形、椭圆形、盘状等。花瓣口器为杯、碗、盘、盆，大部分为五瓣形，盒为四瓣和曲角形。圆口见于杯、壶，有的杯口呈圆形，腹部为五瓣形。椭圆形口用于匜，盘状口为渣斗专用。杯、碗、盘、渣斗腹部比较单薄，弧度小。高足杯的足矮小。圈足发达，平底器较少，这是时代对器物造型赋予的一种时尚。纹饰采用环带夹单点式装饰、散点式装饰和满地装饰，环带夹单点装饰和散点式装饰用于碗、盘、杯、渣斗等器物。如内蒙古丰镇市永善庄辽墓[①]出土的鎏金鸳鸯团花纹银碗，内沿錾梯形图案，内饰花卉纹，曲壁内各錾刻团窠花卉一组，内底錾刻鸳鸯一对于花叶丛中，雌前雄后，彼此神情呼应，流连顾盼，周围以曲带纹和连续羽状花瓣纹圈衬（图53）。在杯、碗、盘、渣斗、盏托的器口内沿上都錾刻花纹，是这个阶段的主要特征之一，如内蒙古阿鲁科尔沁旗辽耶律羽之墓出土的五瓣花形金杯、圆口花瓣腹金杯、鎏金对雁团花纹银渣斗、金花银碗、鎏金錾花银盘，内沿分别錾刻卷枝纹、宝相莲瓣纹、三叶花纹、莲瓣纹、牡丹纹，在纹饰布局上起着点饰的作用。杯、碗的口沿、底部、腹部饰联珠纹，饱满圆润，多为铸造而成。纹饰种类分为动物、植物、人物故事。动物有龙、凤、摩羯、狮、鹿、羊、鸳鸯、鸿雁、鸟、昆虫、鱼。植物有牡丹、莲花、莲瓣、卷草、宝相花、折枝花、盘带花。人物故事有孝子图、高士图、对弈图。动物纹以龙、凤、摩羯、鸳鸯最为常见，龙体形纤细，胸脯小。凤的形体瘦长，头无顶帽，尾巴较短。植物纹以莲瓣、牡丹、卷草居多，常以

图53　鎏金鸳鸯团花纹银碗（辽代，内蒙古丰镇市永善庄辽墓出土，内蒙古博物院藏）

---

①　王新明、崔利明：《丰镇县出土辽代金银器》，《乌兰察布文物》1989年第3期，第120—121页。

缠枝的形式出现，团花装饰是这一阶段的主要特征。

　　辽代金银饮食器第一期第二阶段继承了第一阶段的风格，又有创新。器口形式以圆口为主，其次为花瓣口、方口，再次为椭圆口、盘口，曲角口器不见。圆口器多为碗、杯、罐、钵、盏托。花瓣口见于碗、杯，以六瓣和八瓣居多，不见五瓣形。方口器大量增多，以盘为主。椭圆口器为匜，盘口器为渣斗。杯、碗、渣斗的腹部比早一阶段的丰满，弧度大。高足杯的足变得较高。纹饰采用环带夹单点式装饰和散点式装饰。环带夹单点式装饰和散点式装饰用于碗、杯，如河北省窖藏出土的双鸳朵带纹金碗，内底錾一对比翼双飞的鸳鸯，口衔忍冬朵带，周錾鱼子纹，形成圆形规范；每瓣口沿内有折枝阔叶扁团花一株；碗外有錾文，曰"太平丙寅又进文忠王府大殿供奉祈百福皿九拾柒"（图54）。杯、碗纹饰布局比第一阶段简单，只在内沿、底心或内壁、底心錾纹饰。碗、杯、盒的口沿、底沿上饰联珠纹，腹部不见联珠纹，而且显得更加饱满。纹饰种类分为动物纹、植物纹和佛教造像四种。动物纹有龙、凤、鸳鸯、狮、兔、鹤，以龙凤为主，龙比第一阶段体形粗大，胸脯高挺。凤多为飞凤造型，勾喙，带帽，尾巴长曳，显得形象生动。植物纹以缠枝忍冬纹为主，还有牡丹纹、莲纹、海棠纹。佛教造像图案开始出现，与佛教用具的出现同属一期。鱼子纹作为器物的地纹特别流行，少见羽状纹。在器物上錾刻年号、被供奉者名字、贡臣结衔署名等，也是最明显的特征之一。

图54　双鸳朵带纹金碗（辽代，河北省窖藏出土，刘洪帅绘）

辽代金银饮食器第二期的器种比第一期减少，装饰风格继承了第一期，仍受唐文化和西方文化的影响。器口形式有花瓣形、圆形、海棠形。花瓣形口器有碟、杯，圆口器有瓶、罐、壶，海棠形口器有盘。以花瓣口为主，分五瓣、六瓣、十瓣、十三瓣不等，融有第一期的特征。方口、曲口器不见，新增海棠口器，圈足器减少，平底器占主要地位。碟、碗的腹部变为斜直。纹饰中单点装饰的布局仍然使用，素面器大量增加。由于佛教用具较多，与佛教有关的纹饰题材也相应而生。单点装饰的器物局限于碟，简单而明了。如辽宁省朝阳市北塔天宫地宫①出土的龙纹花式口银碟，在内底錾刻一团龙纹，其他部位无纹饰（图55）。满地装饰适用于盒，没有第一期纹饰的繁缛。

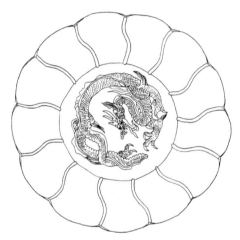

图55　龙纹花式口银碟（辽代，辽宁省朝阳市北塔天宫地宫出土，刘洪帅绘）

辽代金银饮食器第三期器种较少，以生活器皿为主，银器大量增多，金器少见，这与辽代中期后几次下令禁止随葬金银器有关。装饰手法完全与第一、第二期不同，受宋文化影响或完全为宋地产品。器口形式有花瓣形、圆形、曲角形、海棠形。花瓣口器有杯，圆口器有杯、筒，曲角口器有壶、碗，海棠形口器有盘。以花瓣口为主，分五瓣、二十二瓣、二十五瓣，五瓣有复瓣式。方口、椭圆口器不见，海棠口器比较流行。器物腹部变深，圈足与平底器各占二分之一。纹饰和造型受宋文化影响或直接从宋地输入，完全是宋的风格，唐文化和西方文化的影响微乎其微。纹饰布局上以写实为基调的花叶形为主，打破前两期的团花格局，显得生动、活泼、优美。多式的曲

---

① 　朝阳北塔考古勘察队：《辽宁朝阳北塔天宫地宫清理简报》，《文物》1992年第7期，第1—33页。

瓣花形,取得器物造型与纹饰的和谐统一。如内蒙古巴林右旗白音汉窖藏出土的二十五瓣莲花口银杯,外表通体錾五叶芙蓉花十朵,下托莲瓣,叶间錾出筋脉,叶花重叠,布满杯壁,俯仰有致。纹饰有莲花纹、牡丹纹、石榴纹、鸟羽状纹、双鱼纹等,莲花纹为主要纹饰,多见复瓣莲花(图56)。龙、凤、狮、摩羯等象征着吉祥如意的图案很少出现。素面器的数量较多。

图56　复瓣仰莲纹银杯(辽代,内蒙古巴林右旗白音汉窖藏出土,内蒙古博物院藏)

辽代金银饮食器制作精湛,第一期的纹饰工艺采用线雕、镂雕、立雕、錾刻技法,浮雕只限于局部花纹;制作采用铸、铆、焊、切、锤鍱、抛光、模冲、鎏金等工艺。第二期继承了第一期的工艺,比较简练。第三期的制作加工技术日臻成熟,切削、抛光、焊接、模冲、压印、锤鍱、錾刻等工艺应用更加自如,不见鎏金工艺,浮雕凸花技术得到新发展,出现立体装饰技法。

辽代还有黄铜制作的饮食器,分圆口、花瓣口等,素面居多,锤鍱而成。如内蒙古奈曼旗辽陈国公主墓[①]出土的铜盘,花口,浅腹,平底,内底錾刻卷云纹,外缘錾联珠纹。辽宁省朝阳市南大街辽代窖藏出土的铜釜,敛口,斜方唇,弧腹,圆底,下附三足,盖为覆钵式。辽宁省建昌龟山1号辽墓出[②]土的铜钵,圆唇,弧腹,平底,腹部较深;铜执壶,上部残缺,球腹,矮圈足,流口锈蚀残缺,曲状环形柄。内蒙古宁城县埋王沟辽墓出土的

① 内蒙古自治区文物考古研究所等:《辽陈国公主墓》,北京:文物出版社,1993年,第48—49页。
② 靳枫毅、徐基:《辽宁建昌龟山一号辽墓》,《文物》1985年第3期,第48—55页。

铜执壶，敞口，直颈，溜肩，斜直腹，平底，一侧肩部有斜直流，另一侧腹部与肩部有环形柄。辽宁省康平县后刘东屯辽墓①出土的铜碗、铜盏托，铜碗呈四瓣状，铜盏托圆形直口。在许多墓葬中随葬有铁质饮食器，有壶、碗等。如内蒙古敖汉旗沙子沟、大横沟辽墓出土的铁盘，呈七瓣形，折沿，弧腹，平弧底。辽宁省朝阳市前窗户村辽墓②出土的铁执壶，圆口，鼓腹，凹底，一侧为短流，另一侧有曲状执柄。

（二）陶瓷饮食器的造型

从辽代陶瓷业发展状况看，达到了中国北方草原地区的兴盛时期，也成为当时一个重要的手工业部门。契丹族在立国前就烧制陶器，器形有壶、罐、碗等，在器表装饰有简单的弦纹、曲折纹、网格纹。在辽太宗时期，开始建窑烧造瓷器。从目前考古学资料看，具有代表性的辽代瓷窑发现有7处。内蒙古赤峰市缸瓦窑，是目前所发现的辽代规模最大和品种最齐全的一处瓷窑，以烧制粗白瓷为主，细白瓷较少。釉陶器较多，为黄红或灰绿色胎，在施釉前挂白衣，釉色有茶、绿、黄、黑褐和三彩多种。瓷器种类多为饮食器，器形有碗、杯、盘、碟、壶、瓶等，还发现有带"官"字款的烧瓷匣钵，被考古学界誉为"草原瓷都"的美称。内蒙古巴林左旗林东镇上京窑，主要烧制白釉、黑釉瓷器，胎质细白，釉薄而温润。还有林东南山窑和白音高洛窑，其中南山窑以烧制三彩器和白釉、黄釉陶瓷器为特色。辽宁辽阳市的江官屯窑，以烧制白釉粗瓷为主，胎质灰白粗糙，釉色白中泛黄，应为民窑。北京西郊龙泉务窑，主要烧制白釉瓷器，还有褐釉、黑釉、豆青釉瓷器，瓷化的程度较高。大同市西郊青瓷窑村的窑址，所烧器物为黑釉鸡腿坛等。③

辽代的陶瓷饮食器的造型，可以分为两类，即契丹民族式和中原地区式。契丹民族式的陶瓷饮食器形有鸡冠壶、牛腿瓶、鸡腿瓶、凤首瓶、长颈瓶、三彩器等；中原地区式的陶瓷饮食器形有碗、盘、钵、杯、盏托、壶、

① 康平县文化馆文物组：《辽宁康平县后刘东屯辽墓》，《考古》1986年第10期，第922—925页。
② 靳枫毅：《辽宁朝阳前窗户村辽墓》，《文物》1980年第12期，第17—29页。
③ 洲杰：《赤峰缸瓦窑村辽代瓷窑调查记》，《考古》1973年第4期，第241—243页；李文信：《林东辽上京临潢府故城内瓷窑址》，《考古学报》1958年第2期，第97—107页；彭善国：《内蒙古巴林左旗白音高洛南山窑址的调查》，《草原文物》2011年第2期，第15—19页；鲁琪：《北京门头沟区龙泉务发现辽代瓷窑》，《文物》1978年第5期，第26—32页。

瓶、瓮等。在器物装饰方面，有的在器口描金或底部刻铭款。如内蒙古赤峰市大营子辽驸马墓出土的"官"字款描金白瓷盘（图57），奈曼旗辽陈国公主墓出土的"官"字款缠枝菊花纹花口青瓷盘、莲花纹白瓷盖罐、"盈"字款白瓷碗。瓷质饮食器的装饰技法有印模、刻花、划花、剔花、印花、贴塑、描金、堆釉、剔花加彩、剔粉雕花等。纹样内容丰富多彩，有动物、植物、人物故事，前两种题材的纹样较多。动物纹有游鱼、大雁、野鸭、兔、犬、奔马、虎、龙凤、蝴蝶、蜜蜂、昆虫等，植物纹有牡丹、莲花、芍药、荷花、菊花、梅花、葡萄、萱草、草叶等，人物故事多受中原地区题材的影响，另外还有云纹、钱纹、水波纹、火珠纹、联珠纹、弦纹等。其中卷草纹、卷云纹等多用于鸡冠壶等器物的边饰，虽是寥寥几笔，却显得简洁而洒脱；水波、流云、草花、圆钱纹一般作为辅助性装饰。在器物外表、内底、内腹装饰纹样，纹饰布局多见单点式装饰，也有随意性画花，简繁有序，层次分明。

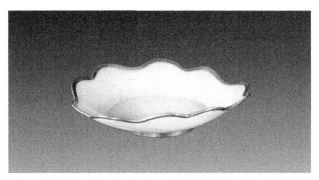

图57　"官"字款描金白瓷盘（辽代，内蒙古赤峰市大营子辽驸马墓出土，内蒙古博物院藏）

　　辽代陶瓷饮食器的造型体现了契丹本民族的特色，反映了烧瓷的高超技艺。在烧制陶瓷的过程中，在本民族传统工艺的基础上，不断吸收外来文化的因素，特别是中原地区的风格，来丰富和塑造自己的陶瓷特点，构成粗犷、雄浑的造型形式和或简或繁的纹样装饰，与中原地区的陶瓷造型形成明显的对比。辽瓷继承了唐宋瓷画所表现的现实生活的传统，无论是描绘自然界中动植物图案，还是反映契丹族生活习俗纹样，多采用写实的技法，达到器形与纹饰的和谐统一。如牡丹是辽瓷中常见的装饰题材，文献中也曾记载辽代种植过牡丹的历史事实，且为"时人所尚"，当时的匠人将牡丹花朵与枝叶加以变化，抓住了牡丹花的形象特征，从艺术形式上将花朵进行写实化处理，使图案变为一组组有条理、有节奏、有韵律的装饰纹样。辽代烧瓷匠人在审美观念中，并没有停留在造型、纹饰的感觉上，还追求釉色之美。契丹人过着"逐水草而居"的游牧生活，冬季白雪皑皑，夏季草原碧绿，这是契丹人视野中的主要景色，反映在瓷器釉色上，则是白釉瓷器、绿釉瓷器的发展成就，体现了他们对明朗纯净色彩的追求心理（图58）。

图 58　绿釉刻花凤首瓶（辽代，内蒙古通辽出土，内蒙古博物院藏）

辽代的三彩器是在继承唐三彩的基础上所独创的低温釉陶器，有黄、绿、白三色，还有黄、绿单彩，缺乏唐三彩中的靛蓝、黑彩，以辽代中晚期出现的居多。烧制方法先在胎体上施一层白色化妆土，然后再施三彩釉或单色釉，色彩鲜艳而不易脱落，达到一种非常美观的装饰效果。[①]在器物种类方面，辽三彩有罐、瓶、壶、碗、杯、盘、碟等，其中的鸡冠壶等具有草原民族的特色，海棠形盘又是仿金银器同类造型的结果。出现了仿生造型，如凤首瓶、三彩摩羯壶、三彩鸳鸯壶、三彩龟形壶、三彩猫形壶（图59），用表示吉祥、祛邪的动物形象为造型，生动活泼，既为实用器，又是制作精美

---

①　孙新民：《略论辽三彩与唐、宋三彩的异同》，《内蒙古文物考古》2006年第2期，第75—77页。

的工艺品。三彩器常见装饰有印或刻划枝叶花朵、牡丹、芍药、菊花、莲花、飞蝶、水波、流云等，也有龙、凤等图案，纹饰精巧，具有很高的艺术价值（图60）。

图59　三彩猫形壶（辽代，内蒙古宁城县出土，内蒙古宁城县辽中京博物馆藏）

图60　三彩龙纹执壶（辽代，内蒙古赤峰市出土，内蒙古赤峰市博物馆藏）

（三）玉石与玻璃饮食器的造型

从北方草原地区的玉器发展历史看，以玉制作的饮食器较少，多数为佩带的装饰品。辽代上层社会中有使用玉质饮食器的现象,器类有碗、杯等。在辽上京城西,发现有辽代制玉的作坊遗址,地表散落有大量的钻孔玛瑙念珠和碎片,多为深黄、橙黄、乳白、黑色,质地坚硬,其中有经过人工锤击过的圆柱状和片叶状毛坯。玉石多为白玉、青玉、浅绿玉、碧玉等,表面多有砣具加工的痕迹,被锯过的玉片切割面规整平滑,切割线路明晰可辨。加工磨具多为闪亮的白色、红色、青色金刚砂,有粗坯磨和细研磨两种,磨痕明显,还有擦磨内孔的工具,足见之制作水平的高超。在主作坊的周围,还有许多小作坊,形成制玉的生产规模。辽代玉器均经打磨抛光,以圆雕居多,片雕、镂雕相对较少,浅浮雕及俏色则更为少见。但玉质饮食器多来自中原地区和西方国家,如圈足玉碗、圈足玉杯、四曲海棠花式杯、玛瑙花式碗、四曲水晶杯等。内蒙古奈曼旗辽陈国公主墓①出土有玛瑙碗、水晶杯。玛瑙碗,红色半透明,敞口,圆唇,弧腹,圈足,腹壁有自然纹理,表面抛光。水晶耳杯,无色透明,四曲椭圆形花口,斜弧腹,圈足;器表光亮透明,外壁刻有四组云纹。辽宁省北镇市辽韩德让墓②出土玉碗,呈圆形,腹部较浅。

玻璃器分为两个体系,即国产和外国传入,后者主要产于地中海沿岸和伊朗高原的罗马、波斯萨珊等国家,在西汉时期开始传入我国。③ 西晋诗人潘尼的《琉璃碗赋》曰:"举兹碗以酬宾,荣密坐之曲宴,流景炯晃以内澈,清醴瑶琰而外见。"④"曲宴"上盛放美酒的琉璃碗"清醴""外见",显然透明度极好,说明西晋时期就以玻璃碗作酒具。我国古代称玻璃为"琉琳""流离""琉璃",从南北朝开始,还有"颇黎"之称。《北史》卷97《西域传》记载:太武时(公元424—452年),"其国(大月氏)人商贩京师,自云能铸石为五色琉璃。于是采矿山中,于京师铸之,既成,光泽乃美于西方来者。乃诏为行殿,容百余人,光色映彻,观者见之,莫不惊骇,以为神明所作。自此国中琉璃遂贱,人不复珍之"⑤。北魏已掌握了由大月氏人带来的玻璃器制作配方,并学会吹制技术,琉璃由此变得不为珍品。辽宁省北

---

① 内蒙古自治区文物考古研究所等:《辽陈国公主墓》,北京:文物出版社,1993年,第59—60页。
② 辽宁省文物考古研究院等:《辽宁北镇市辽代韩德让墓的发掘》,《考古》2020年第4期,第58—76页。
③ 安家瑶:《中国的早期玻璃器皿》,《考古学报》1984年第4期,第413—448页。
④ [晋]潘尼:《琉璃碗赋》,[清]严可均校辑:《全上古三代秦汉三国六朝文》卷94,北京:中华书局,1958年。
⑤ [唐]李延寿:《北史》卷97《西域传》,北京:中华书局,1974年,第3226—3227页。

票市北燕冯素弗墓①出土有鸭形玻璃器、玻璃碗、玻璃钵、玻璃杯、玻璃残
器座等，为罗马传入的制品。这是北方草原地区目前发现的最早的玻璃
器，也证实了在魏晋十六国时期北方民族的上层贵族已经开始使用玻璃饮
食器皿。

　　辽代发现的玻璃器数量较多，都从西方国家传入，这是中西方文化交流
的见证。高昌、于阗等国，在辽朝与中亚波斯、大食等国的交往中起到了桥
梁作用，这里不排除波斯、大食等国与辽朝的直接贸易和文化交流，这在考
古学资料中可以得到证实。辽宁省朝阳市姑营子辽耿氏墓②出土的玻璃带把
杯，深绿色透明，有气泡，呈圆筒状，腹部急收成假圈足，口、腹部附一把
手，把上端一角翘立（图 61）；玻璃盘，黄色，叠沿外卷，腹壁陡直。这两
件玻璃器具有典型的伊斯兰特征，与伊朗高原喀尔干出土的玻璃把杯、盘有
着相同的造型。内蒙古科左后旗吐尔基山辽墓出土的玻璃高足杯，蓝色，大
敞口，弧深腹，圆底，细柄高圈足，素面（图 62）。多伦县小王力沟 2 号辽
墓出土的玻璃杯、玻璃瓶，杯为深绿色，半透明，含气泡，直口，筒形腹至
近底处内收，腹部一侧有扁圆形环状把，上有蘑菇状突起，腹下部饰浮雕式
三重仰莲纹。瓶有两类，质地透明，有气泡，一类瓶为深褐色，侈口，方
唇，漏斗形细长颈，平肩，扁鼓腹下部外侈，底内凹，口、腹间有扁圆形把
手，其上有蘑菇状突起；二类瓶为浅蓝色，圆唇，口部近似椭圆状，一侧有
尖状流，束颈，深斜腹外侈呈倒漏斗形，底内凹，口部下有凸棱并饰凸弦
纹。奈曼旗辽陈国公主墓③出土 7 件玻璃器，有瓶、盘、杯。玻璃瓶，双
唇，侈口，漏斗形细高颈，宽扁把，球形腹，喇叭形高圈足；用玻璃条堆成
花式镂空状把柄，口沿涂一周淡蓝色颜料，腹壁饰乳钉纹。刻花高颈玻璃
瓶，方唇，宽折沿，喇叭形细高颈，折肩，筒形腹，平底微内凹，器表有磨
花和刻花装饰，颈部饰几何形磨花，肩部饰三周凹弦纹，折肩处饰一周椭圆
形磨花，腹壁有旋涡纹和菱形纹，下腹底边饰一周圆形磨花（图 63）。高颈
玻璃瓶，圆唇，侈口，细高颈，鼓腹，平底内凹，口沿压印五个椭圆形装
饰，颈部有二道凸弦纹。带把玻璃杯，口微敛，颈呈圆筒状，鼓腹，假圈
足，扁圆柱形把手连接于口和肩部，把手上端有扁圆状突起。乳钉纹玻璃

　　① 黎瑶渤：《辽宁北票县西官营子北燕冯素弗墓》，《文物》1973 年第 3 期，第 2—19 页。
　　② 朝阳地区博物馆：《辽宁朝阳姑营子辽耿氏墓发掘报告》，《考古学集刊》第 3 集，北京：中国社会
科学出版社，1983 年，第 168—195 页。
　　③ 内蒙古自治区文物考古研究所等：《辽陈国公主墓》，北京：文物出版社，1993 年，第 55—59 页。

盘，圆唇，敞口，弧腹，圈足，腹壁饰一周棱锥形乳钉纹。巴林左旗辽祖陵1号陪葬墓[①]出土的玻璃碗，蓝黑色，半透明，胎内有气泡，敞口，圆唇，斜腹，器底较厚，外底中部有一坑。辽宁省北镇市辽韩德让墓出土的玻璃壶、罐、盆，壶为茶色，口沿布局呈蓝色，侈口，圆唇，高领，斜肩，弧腹，内底上凸；罐为无色透明，口残，束颈，圆肩，斜腹，平底，肩部饰两周凹弦纹；盆为浅绿色，敞口，圆唇，斜壁，底部向上凸起，口沿外壁有数周凸棱。这些玻璃器皿，多属于伊斯兰的风格，通过草原丝绸之路传入辽朝境内。

图 61　玻璃带把杯（辽代，辽宁省朝阳市姑营子辽耿氏墓出土，辽宁省博物馆藏）

图 62　玻璃高足杯（辽代，
内蒙古科左后旗吐尔基山辽墓出土，
内蒙古文物考古研究所藏）

图 63　刻花高颈玻璃瓶（辽代，
内蒙古奈曼旗辽陈国公主墓出土，
内蒙古文物考古研究所藏）

① 中国社会科学院考古研究所内蒙古第二工作队等：《内蒙古巴林左旗辽祖陵一号陪葬墓》，《考古》2016年第10期，第3—23页。

（四）皮木饮食器的造型

辽代契丹族的木质饮食器，在宋使陆振的《乘轺录》有记录。在参加辽驸马都尉兰陵郡王萧宁侑的宴会上，"文木器盛虏食，先荐骆麋，用勺而啖焉"。李焘的《续资治通鉴长编》卷59记载，宋真宗景德二年（公元1005年），宋使孙仅为了贺契丹国母生辰入辽，"其刺史皆迎谒，又命幕职、县令、父老捧卮献酒于马前，民以斗焚香相迎，门置水浆盂勺于路侧，接伴者察使人中途所须，即供应之。具蕃汉食味，汉食贮以金器，蕃食贮以木器"①。内蒙古奈曼旗辽陈国公主墓②出土的木鸡冠壶，用两块木料各将其一面修平，另一面挖空，然后接在一起成型；壶体宽扁，平沿，方形直口，平底；外壁涂深赭色颜料和清油（图64）。科左后旗吐尔基山辽墓出土的漆盒、漆盘，皆为木胎，漆盒还采用贴金银花、贴银花、包银的工艺。翁牛特旗解放营子辽墓出土的木碗，用雕刀旋制，敞口，折唇，平底。北京市辽韩佚墓③出土的漆盘，木胎，外髹红漆；漆盒，木胎，方形。内蒙古察右前旗豪欠营6号墓出土的漆盘，木胎已朽，剩下漆皮内膜，内壁髹朱红色漆，口沿为黑色。商都县前海子村辽墓④出土的木盆、钵，盆为敞口，弧腹，圈足，腹中部有一周凸棱；钵为敞口，弧腹，圈足。河北省怀安县张家屯辽墓⑤出土的漆盘，木胎，内髹红漆，外表髹黑漆。黑龙江黑河卡伦山辽墓⑥出土的漆盘，木胎，敞口，浅腹，平底，内髹红漆，外表髹黑褐漆。辽宁省法库县叶茂台7号辽墓⑦出土的漆碗，直口，弧腹，圈足，外表髹红漆（图65）。皮质器也是契丹族传统的饮食器，用以装酒或盛水，由于都已腐朽，没有发现完整的器物。

总之，辽代饮食器为迄今北方草原地区发现数量最多的一朝，以其精湛的制作工艺和丰富的种类，在中国饮食器发展史上占有重要的地位。从质地上看，包括玉石、皮木、陶瓷、铜铁、金银、玻璃等，从用途上分为炊煮

---

① [宋]李焘：《续资治通鉴长编》卷59，真宗景德二年条，北京：中华书局，1995年，第1319页。
② 内蒙古自治区文物考古研究所等：《辽陈国公主墓》，北京：文物出版社，1993年，第62页。
③ 北京市文物工作队：《辽韩佚墓发掘报告》，《考古学报》1984年第3期，第361—381页。
④ 富占军：《内蒙古商都县前海子村辽墓》，《北方文物》1990年第2期，第49—51页。
⑤ 张家口地区文管所等：《河北怀安县张家屯辽墓》，《考古》1991年第1期，第38—42页。
⑥ 郝思德：《黑河卡伦山辽代墓葬出土的漆器及其制作工艺》，《北方文物》1996年第4期，第43—44页。
⑦ 辽宁省博物馆、辽宁铁岭地区文物组发掘小组：《法库叶茂台辽墓记略》，《文物》1975年第12期，第26—33页。

图 64　木鸡冠壶（辽代，内蒙古奈曼旗辽陈国公主墓出土，内蒙古文物考古研究所藏）

图 65　漆碗（辽代，辽宁省法库县叶茂台 7 号辽墓出土，辽宁省博物馆藏）

器、盛食器、进食器、饮用器、茶器、贮藏器、盥洗器及其他器具，可谓种类齐全、质地丰富。其中，金银饮食器外表美观，耐损实用，代表了一个特殊的饮食阶层用具，在造型上受到唐宋和西方风格的影响，并形成自身的特点。陶瓷饮食器所占的比例最多，适宜于各个阶层使用，虽有来自中原地区唐宋瓷窑的产品，但更多的是辽代瓷窑所烧制，造型风格更显示出契丹民族的特征。铜铁器多为炊煮器。玉石、玻璃器为奢侈的饮食器，为上层社会所独用。皮木器虽为游牧民族独特的饮食器，但由于不易保存，留下来的较少，代表了契丹民族的传统风格。

制度文化与辽代饮食阶层性

制度文化是指人类在物质生产过程中所结成的各种社会关系的总和，包括法律制度、政治制度、经济制度以及人与人之间的各种关系准则等。在北方草原地区，从新石器时代晚期开始就出现了一些原始的礼仪制度，并且在财产和劳动成果的分配上产生了不均衡的现象，进而有了等级的划分，反映在饮食文化方面便是饮食阶层的形成。辽代为了保护饮食来源的充足和上层社会的利益，制定了相关的牧业、狩猎、农业、手工业方面的政策和法律，在一定程度上表现出饮食的制度文化内涵。

一、文化人类学关于制度文化的表述

在人类学中的文化结构中，文化人类学的研究并不是必然要研究法律，但研究中必然要触及这个社会或文化中的制度。早在18世纪中叶，法国思想家孟德斯鸠（Charles Montesquieu）在其代表作《法的精神》中论述影响人类、人类道德、人类管理机构、习俗和法律的物质因素和精神因素，认为人类受气候、宗教、法律、政府、先行者、道德、习俗的影响，因而形成共同的民族精神。[①] 按照顺序将多样政体归纳为共和政体、君主政体和专制政体三种类型，涉及制度文化的因素。瑞士法学家巴霍芬（Johann Jakob Bachofen）对原始人类的法律和宗教特别感兴趣，根据罗马法和希腊古代文献，研究原始社会家庭史的问题，同样提出了人类婚姻家庭的制度。

---

① 转引自 Marvin Harris，*The Rise of Anthropological Theory: A History of Theories of Culture*，Thomas Y. Crowell Company，Inc，1986，p.20.

英国人类学家泰勒研究大量的民族志资料，将各民族大量的文化现象作比较研究，发现不同地区、不同民族出现相似的文化，某些制度、仪式、习俗、神话有惊人的相似点。他认为文化发展是按阶段进化的，"人类社会的制度一如其所居的地球，也是层系分明的。它们先后衔接，次第演化，序列一致，全球如此；即使有种族和语言的表面差异，却由于相似的人类特性而成型，且经由连续变化的情况而影响着蒙昧、野蛮和文明时代的人类生活"[①]。1989年泰勒发表了论文《关于制度的发展的调查方法：应用于婚姻和继嗣原则》，探讨了母权制和父权制中的回避之俗、亲子连名制、产翁俗、妻兄弟婚、抢婚与外婚制等文化现象。美国人类学家摩尔根在《易洛魁联盟》中，着重叙述了联盟的组织结构，第一次将印第安人单纯的氏族制度公之于世，讨论了亲属制度与家庭之间存在的矛盾。摩尔根在《人类家族的血亲和姻亲制度》中，系统地提出家庭进化的理论，推断出人类从杂交状态经过群婚的各个阶段和不同形式，又通过对偶婚阶段才达到文明时代的一夫一妻制。在《古代社会》中，认为在人类社会生活的最重要的四个方面，即发明和发现、政治制度、婚姻家庭制度和财产制度中，生存技术的发展起决定的作用。英国人类学家弗雷泽运用比较法研究宗教信仰仪式和社会风俗制度。

法国社会学派代表人杜尔干从生物学借来功能观念，提出功能研究法，认为社会现象或制度的功能在于使制度与社会这个整体的某种需求取得一致，比如分工的功能就是研究这种分工符合于什么样的需求。在《乱伦禁忌及其起源》中，提出外婚制是对乱伦进行压制的最原始形式。在《宗教生活的基本形式》中，从图腾制出发讨论宗教生活构成的基本原理，提出宗教起源理论，并在此基础上构建出普遍的宗教理论。同样也谈到制度文化的内容。

英国人类学家马林诺夫斯基创造了人类学的功能学派，他的学说在非洲、大洋洲的应用就是保存土著民族的社会制度，包括氏族部落组织、思想意识、风俗习惯、原始宗教、公社土地所有制，以及树立部落首领的威信和地位，等等。在《西太平洋的航海者》中，他运用功能主义思想描述土著民

---

① E. B. Tylor, *On a Method of Inuestigating the Deuelopment of Institutions*; F. W. Moore, *Applied to Laws of Marriage and Descent.Readings in Cross Cultural Methodology*, HRAF Press, New Haven, 1970, p.22.

的社会和文化，涉及了社会机制、巫术力量、神话传说，从而展示了特罗布里恩群岛土著人生活的全景。在《文化论》中，他将文化分为物质设备、精神文化、语言和社会组织四个方面，认为文化的真正要素是社会制度。在他的四类生理需要中，第二类社会控制（指从各方面规划和指导下的人类行为）和第四类政治组织（各个社会中的权威中心）都具有制度文化的性质。其在《科学的文化理论》中说："我提议这样的人类组织单位称为制度"，而"功能和制度这两类分析法，将使我们能更加具体、精确和彻底地界定文化"。① 英国人类学家拉德克利夫－布朗提出的结构－功能论，更侧重于社会结构与文化结构的研究，认为社会人类学"把任何文化都看成是一个整合的系统，并且研究作为这个系统各部分的所有制度、习俗和信仰的功能"②。社会结构包括许多关系，建立各种制度，即社会公认的规范体系或关于社会生活某些方面的行为模式，这些规则或行为模式是每个人应该遵守的。人类学家通过对行为、制度的研究就能描述社会结构。对此，他提出"社会结构应被定义为：在由制度即社会上已确立的行为规范或模式所规定或支配的关系中，人的不断配置组合"③。英国人类学家埃文斯-普里查德（Edward Evans-Pritchard）在《努尔人》一书中，以非洲努尔人的政治制度为主题，描述了牛在努尔人经济、社会、文化中的重要作用，进而探讨努尔人的社会结构、政治制度、宗族制度、年龄组制度等。

美国人类学家克罗伯，师承著名的历史学派代表人博厄斯，认为文化包括语言、社会组织、宗教信仰、婚姻制度、风俗习惯、生产上的种种物质成就以及文艺、知识等方面的精神成就。其中的社会组织、婚姻制度就是制度文化的内涵。美国人类学家以赫斯科维茨（Melville J. Herskovits）为代表的文化相对论认为，某一种文化特征，尽管在各民族中所表现的形式不同，但其本质是一致的，价值是相同的，都是为自己的群体服务。比如各种不同类型的社会组织和团体，秘密结社、各种仪式集团、男人集会所、军事组织、手工业行会等，它们都起到对内团结本群体、对外表现为一个整体的作用。

---

① ［英］马林诺夫斯基：《科学的文化理论》，黄建波等译，北京：中央民族大学出版社，1999年，第55—56页。

② ［英］拉德克利夫-布朗：《社会人类学方法》，夏建中译，济南：山东人民出版社，1988年，第53页。

③ ［英］拉德克利夫-布朗：《社会人类学方法》，夏建中译，济南：山东人民出版社，1988年，第148页。

法国人类学家列维-斯特劳斯的结构主义认为，人类学研究的不是社会现实的整体结构，而是将整体分成为各个部分的结构，如亲属关系的结构、神话的结构、思维的结构以至食物制作的结构。着重研究现象之间的关系而不是现象本身的性质，以图腾制度为例，涉及人与自然、自然与文化、人与文化、人与社会、人与动植物物种、动植物命名系统与人类社会组织、动物生活世界与人类社会、图腾与婚姻法则、婚姻法则与亲属之间的关系。这里的社会组织、婚姻法则、亲属制度等都是制度文化的具体表现，意图是找出人类社会文化的深层次结构。

美国人类学家怀特（Leslie A. White）是新进化论学派的主要代表人物，创造了文化学，认为文化是一个动态系统，需要提供能量，使之运动和进化。他将文化分成三个亚系统，即技术系统、社会系统和思想意识系统。这个社会系统就是介于物质文化与精神文化之间的制度文化。美国人类学家哈里斯创建了文化唯物主义学派，将社会文化系统划分为四个组成部分：其一，客位行为的基础结构，包括生计技能、技术与环境的关系、生态系统、工作模式等；其二，客位行为的结构，分家庭经济和政治经济。家庭经济包括家庭结构，家庭分工，家庭的社会化、濡化、教育，年龄角色和性角色，家庭的纪律、等级制度、制裁。政治经济包括政治组织、宗派、会社、联盟社团，分工、征税、进贡，政治的社会化、濡化、教育，阶级、等级、城乡的等级制度，纪律、警察和军队的控制、战争等；其三，客位行为的上层建筑，包括艺术、音乐、舞蹈、文学、广告、仪式、游戏、科学等；其四，思想的和主位的上层建筑，指从参与者得到的或由观察者推断出来的关于行为的有意识和无意识的认识的目标、范畴、规则、计划、价值观、人生观和信仰。这里客位的行为结构就是指制度文化。

制度文化的内涵包括各种成文的和习惯的行为模式与行为规范，凝聚了社会主体的政治智慧，并通过社会实践的延续而世代相传，从而成为人类群体的政治成就。契丹最初是由"青牛"和"白马"两个氏族组成，后来人口繁衍，部众逐渐兴盛，发展为八个氏族，再后又发展为八个部落，号称古八部。早期契丹被慕容皝击破后，"窜于松漠之间"，仅仅活动于今内蒙古赤峰市及翁牛特旗一带。公元388年被北魏击破后，居于西拉木伦河以南、老哈河以东的地区。公元479年，因惧高句丽与蠕蠕侵袭，离开奇首可汗故壤，南迁到白狼水（今大凌河）以东地区。公元553年被北齐击破后，一部分被掠居营州（治所在今辽宁省朝阳市）、平州（治所在今河北省卢龙县北），余部北通投奔突厥，后为突厥所逼，其中又有"万家"寄住高丽。在公元6世纪末，这几部分契丹人皆臣附于隋朝，并返回故地依托臣水（今老哈河）而居。古八部时期，契丹人从事游牧射猎，过着以肉为食、以皮为衣的生活。在隋唐之际，契丹形成大贺氏部落联盟，仍分八部。此外，在幽州、营州界内还散居一些契丹人，如乙室革部等。契丹在这一时期的地域，东与高丽相邻，西与奚国相连，南达营州，北到室韦，与古八部时期的活动区域大体相同。在这个区域内，契丹人"逐猎往来，居无常处"，仍然过着游牧、狩猎生活。其社会组织比古八部时期前进了一步，即在八部之上有部落联盟，主要任务是组织各部对外的军事活动，平时的生产和生活，还是由各部和氏族独自处理。由于契丹内部的权力斗争，公元730年大贺氏部落联盟时期告终，遥辇氏代之而兴。此时契丹社会内部仍分为八部，几经改组，前后名称几乎全异。在活动地域上比以前有所扩大，社会组织已经处于原始制瓦解的阶段，文明的曙光正在升起。在经济上表现出畜牧业生产有很大的发展，狩猎业仍是社会生产的一个部门。自公元9世纪中叶起，耶律阿保机祖父匀德实"相地利以教民耕"，开始发展农业。耶律阿保机父撒拉时开始置铁冶，"教民鼓铸"，发展手工业生产。其叔父述澜接替撒拉的执政权后，开始教民种桑麻，习纺织，"兴板筑，置城邑"。使契丹社会经济迅速发展起来。契丹经过部落间的分离合并后，势力逐渐强盛，于公元10世纪初建立了政权，社会组织也从原始部落制转变为奴隶制，进而向封建制迈进。契丹建辽后，为了巩固自己的政权，在政治上实行了一系列有利于畜牧业、渔猎业、农业、手工业和商业发展的政策和措施，保证了辽代饮食来源的殷实，逐渐形成饮食阶层，体现出饮食文化的制度性。

二、辽代保护经济发展的政策

辽代的牧业、狩猎、农业、手工业等是经济发展的主要内容，只有经济达到一个兴盛的阶段，才能保证有充足的饮食来源，进而供给众多人口的生活资料。建立辽朝以后，统治阶层先后实行了相关的政策，由部落联盟时期的习惯法转变为固有的条文，这是契丹社会政治层面进步的体现，必然成为限制人们不规范活动的因素，在社会的凝聚力方面起着不可或缺的显著作用，深刻地影响着人们的物质生活和精神生活。

在牧业方面设置专职官吏进行专门管理。《辽史》卷46《百官志二》，列有"北面坊、场、局、冶、牧、厩等官"，其中有关牧业的机构和官吏有群牧官、诸厩官。群牧官机构，有某路群牧使司（官员有某群太保、某群侍中、某群敞使等）、总典群牧使司（官员有总典群牧部籍使、群牧都牙林等）、某群牧司（官员有群牧使、群牧副使）。某群牧司是标明放牧地点、牲畜种类的机构，例如西路群牧使司、浑河北马群使司、漠南马群司、漠北滑水马群司、牛群司等。辽代为了畜牧业的顺利发展，并在军事、农耕和食物上提供充足的马、牛牲畜，诏令禁止因丧葬祭奠而宰杀牲畜，以及禁止马匹和其他牲畜出境。辽统和十年（公元992年）正月，"禁丧葬礼杀马"。统和十五年（公元997年）七月，"禁吐谷浑别部鬻马于宋"[①]。重熙八年（公元1039年）正月，"禁朔州鬻羊于宋"[②]。重熙十一年（公元1042年）十二月，"禁丧葬杀牛马及藏珍宝"。重熙十二年（公元1043年）六月，"诏世选宰相、节度使族属及身为节度使之家，许葬用银器，仍禁杀牲以祭"[③]。通过禁杀、禁卖牲畜，使辽代中期的马、牛、羊减少的趋势有所回升，促进了牧业的发展。为了保护国有牲畜，辽代规定官马要烙印标识，以别于私家牲畜。还规定用私马偷换好的官马，处以死刑。重熙十一年（公元1042年）七月，"诏盗易官马者减死论"[④]。虽免死罪但不免除惩罚。这些措施在一定程度上保证了牧业的发展。

四时捺钵虽然是辽代皇帝的游猎活动，但与政治活动有密切的关系，并成为定制。《辽史》卷32《营卫志中》记载："皇帝四时巡守，契丹大小内外臣僚并应役次人，及汉人宣徽院所管百司皆从。汉人枢密院、中书省唯摘宰相一员，枢密院都承旨二员，令史十人，中书令史一人，御史台、大理寺选摘一人扈从。每岁正月上旬，车驾启行。宰相以下，还于中京居守，行遣汉人一切公事。除拜官僚，止行堂帖权差，俟会议行在所，取旨、出给告敕。文官县令、录事以下更不奏闻，听中书诠选；武官须奏闻。五月，纳凉行在所，南、北臣僚会议。十月，坐冬行在所，亦如之。"[⑤]皇帝处理国家政治大

① ［元］脱脱等：《辽史》卷13《圣宗本纪四》，北京：中华书局，1974年，第142、150页。
② ［元］脱脱等：《辽史》卷18《兴宗本纪一》，北京：中华书局，1974年，第221页。
③ ［元］脱脱等：《辽史》卷19《兴宗本纪二》，北京：中华书局，1974年，第228、229页。
④ ［元］脱脱等：《辽史》卷19《兴宗本纪二》，北京：中华书局，1974年，第227页。
⑤ ［元］脱脱等：《辽史》卷32《营卫志中》，北京：中华书局，1974年，第375—376页。

事多在捺钵，而不在五京。另外，辽代皇帝捺钵的行在所成为政治中心，为此必然形成交换市场，称为行宫市场。《辽史》卷60《食货志下》记载："又令有司谕诸行宫，布帛短狭不中尺度者，不鬻于市。"①这是与四时捺钵密切相关的"行宫市场"在经济上的反映。

辽历代皇帝都重视农业生产，颁布了相关的法令，制定有关政策，采取一系列的措施，确保农业的丰收。天赞元年（公元922年）十月，太祖"诏分北大浓兀为二部，立两节度使以统之"②。把人口过多、辖地过广的北大浓兀部分成南北二部，以适应农业生产的需要。会同八年（公元945年），太宗耶律德光"诏征诸道兵，仍戒敢有伤禾稼者以军法论"③。注意保护农业生产。辽穆宗时期，契丹贵族耶律挞烈，"应历初，升南院大王，均赋役，劝耕稼，部人化之，户口丰殖"④。辽圣宗、兴宗时，契丹国家更加重视农业，多次派官员巡视农业生产情况，采取必要的措施，发布有关诏书，督促、奖励、扶助农业生产，减免租赋，禁止妨碍农事，调查田亩、户口。统和四年（公元986年）十月，"以南院大王留宁言，复南院部民今年租赋"⑤。统和七年（公元989年）三月，"禁刍牧伤禾稼"，并"诏免云州逋赋"。六月"诏燕乐、密云二县荒地许民耕种，免赋役十年"⑥。统和十二年（公元994年）正月，"诏复行在五十里内租"，又"蠲宜州赋调"，二月"免南京被水户租赋"。⑦开泰三年（公元1014年）三月，"诏南京管内毋淹刑狱，以妨农务"。⑧重熙二年（公元1033年）八月，"遣使阅诸路禾稼"⑨。重熙十七年（公元1048年）八月，"复南京贫户租税"⑩。辽道宗清宁二年（公元1056年）六月，"遣使分道平赋税，缮戎器，劝农桑，禁盗贼"⑪。以后的几十年中，继续平赋税，劝农桑，直到辽末农业仍很兴旺，契丹人丰衣足食。《辽史》卷60《食货志下》记载："夫冀北宜马，海滨宜盐，无以议

① ［元］脱脱等：《辽史》卷60《食货志下》，北京：中华书局，1974年，第929页。
② ［元］脱脱等：《辽史》卷2《太祖本纪下》，北京：中华书局，1974年，第18页。
③ ［元］脱脱等：《辽史》卷59《食货志上》，北京：中华书局，1974年，924页。
④ ［元］脱脱等：《辽史》卷77《耶律挞烈传》，北京：中华书局，1974年，第1262页。
⑤ ［元］脱脱等：《辽史》卷11《圣宗本纪二》，北京：中华书局，1974年，第125页。
⑥ ［元］脱脱等：《辽史》卷12《圣宗本纪三》，北京：中华书局，1974年，134、135页。
⑦ ［元］脱脱等：《辽史》卷13《圣宗本纪四》，北京：中华书局，1974年，第144页。
⑧ ［元］脱脱等：《辽史》卷15《圣宗本纪六》，北京：中华书局，1974年，第175页。
⑨ ［元］脱脱等：《辽史》卷18《兴宗本纪一》，北京：中华书局，1974年，第215页。
⑩ ［元］脱脱等：《辽史》卷20《兴宗本纪三》，北京：中华书局，1974年，第239页。
⑪ ［元］脱脱等：《辽史》卷21《道宗本纪一》，北京：中华书局，1974年，第254页。

为。辽地半沙碛，三时多寒，春秋耕获及其时，黍稷高下因其地，盖不得与中土同矣。然而辽自初年，农谷充羡，振饥恤难，用不少靳，旁及邻国，沛然有余，果何道而致其利欤？此无他，劝课得人，规措有法故也。"①这是对农业收获得利于有力措施的最好总结。

契丹建辽以后，设置专门机构和官吏进行手工业的管理，如"东京置户部司，长春州置钱帛司"，"太宗置五冶太师，以总四方钱铁"。②穆宗时，设魏院专门酿酒机构。圣宗、兴宗时，禁止金、银、铁出境，保护了矿冶和金属器制造业的发展。道宗和天祚帝时，对铜、铁等矿产品禁止私自出售，禁止流入辽朝统辖区以内的少数民族地区，以及统辖区以外其他各族政权管辖的地区。这些措施保护了本民族的传统手工业，使与饮食相关的酿酒业、金属饮食器制造业得以发展。

三、辽代的赋税和罚没家产的法律制度

《辽史》卷59《食货志上》记载了辽代的赋税制度："夫赋税之制，自太祖任韩延徽，始制国用。太宗籍五京户丁以定赋税，户丁之数无所于考。圣宗乾亨间（有误，应为景宗），以上京'云为户'訾其实饶，善避徭役，遗害贫民，遂勒各户，凡子钱到本，悉送归官，与民均差。统和中，耶律昭言，西北之众，每岁农时，一夫侦候，一夫治公田，二夫给纠官之役。当时沿边各置屯田戍兵，易田积谷以给军饷。故太平七年（公元1027年）诏，诸屯田在官斛粟不得擅货，在屯者力耕公田，不输税赋，此公田制也。余民应募，或治闲田，或治私田，则计亩出粟以赋公上。统和十五年（公元997年），募民耕滦河旷地，十年始租，此在官闲田制也。又诏山前后未纳税户，并于密云、燕乐两县，占田置业入税，此私田制也。各部大臣从上征伐，俘掠人户，自置郛郭，为头下军州。凡市井之赋，各归头下，惟酒税赴纳上京，此分头下军州赋为二等也。"③辽代的赋税制度始于太祖时期，圣宗统和年间每户征调2人，一人从事军事侦察，一人治理公田，并在沿边地区屯田戍兵，以增加军饷。辽代还针对公田、闲田、私田、投下军州的市

---

① [元] 脱脱等：《辽史》卷60《食货志下》，北京：中华书局，1974年，第932页。
② [元] 脱脱等：《辽史》卷60《食货志下》，北京：中华书局，1974年，第930、931页。
③ [元] 脱脱等：《辽史》卷59《食货志上》，北京：中华书局，1974年，第926页。

井，征收不同的田租和赋税，增加了国库的收入，保证了农业的发展。

辽代"先是，辽东新附地不榷酤，而盐麹之禁亦弛。冯延休、韩绍勋相继商利，欲与燕地平山例加绳约，其民病之，遂起大延琳之乱。连年诏复其租，民始安靖。南京岁纳三司盐铁钱折绢，大同岁纳三司税钱折粟。开远军故事，民岁输税，斗粟折五钱，耶律抹只守郡，表请折六钱，亦皆利民善政也"①。因为在辽东新地不实行酒的专卖制度，盐麹买卖也很松弛，当地官吏重视商业利益，严重损坏了赋税制度，为此引起平民的大乱。此后连年下诏恢复正常的租税制度，以粟折钱，甚至提高折钱的比例，保护了人民的饮食生活资料的充足。

在商业方面，实行了征商之法。"则自太祖置羊城于炭山北，起榷务以通诸道市易。太宗得燕，置南京，城北有市，百物山偫，命有司治其征；余四京及它州县货产懋迁之地，置亦如之。东平郡城中置看楼，分南、北市，禺中交易市北，午漏下交易市南。雄州、高昌、渤海亦立互市，以通南宋、西北诸部、高丽之货，故女直以金、帛、布、蜜、蜡诸药材及铁离、靺鞨、于厥等部以蛤珠、青鼠、貂鼠、胶鱼之皮、牛羊驼马、毳罽等物，来易于辽者，道路襁属。圣宗统和初燕京留守司言，民艰食，请弛居庸关税，以通山西籴易。又令有司谕诸行宫，布帛短狭不中尺度者，不鬻于市。明年，诏以南、北府市场人少，宜率当部车百乘赴集。开奇峰路以通易州贸易。二十三年，振武军及保州并置榷场。时北院大王耶律室鲁以俸羊多阙，部人贫乏，请以羸老之羊及皮毛易南中之绢，上下为便。至天祚之乱，赋敛既重，交易法坏，财日匮而民日困矣。"②这里描述了辽代各个时期城市中的市井交易和沿边设榷场的情况，促进了官贸和私交的发展，丰富了饮食生活。

在与饮食及器物相关的盐业和铸造方面，也设置专门的管理机构，制定有关的法令。"盐策之法，则自太祖以所得汉民数多，即八部中分古汉城别为一部治之。城在炭山南，有盐池之利，即后魏滑盐县也，八部皆取食之。及征幽、蓟还，次于鹤剌泺，命取盐给军。自后泺中盐益多，上下足用。会同初，太宗有大造于晋，晋献十六州地，而瀛、莫在焉，始得河间煮海之利，置榷盐院于香河县，于是燕、云迤北暂食沧盐。一时产盐之地如渤海、

---

① ［元］脱脱等：《辽史》卷59《食货志上》，北京：中华书局，1974年，第926页。
② ［元］脱脱等：《辽史》卷60《食货志下》，北京：中华书局，1974年，第929—930页。

镇城、海阳、丰州、阳洛城、广济湖等处，五京计司各以其地领之。其煎取之制，岁出之额，不可得而详矣。"[1]这些产盐之地分布在五京的范围之内，使辽代各族人民的饮食生活有了充足的食盐供给。"坑冶，则自太祖始并室韦，其地产铜、铁、金、银，其人善作铜、铁器。又有曷术部者多铁，'曷术'，国语铁也。部置三冶：曰柳湿河，曰三黜古斯，曰手山。神册初，平渤海，得广州，本渤海铁利府，改曰铁利州，地亦多铁。东平县本汉襄平县故地，产铁矿，置采炼者三百户，随赋供纳。以诸坑冶多在国东，故东京置户部司，长春州置钱帛司。太祖征幽、蓟，师还，次山麓，得银、铁矿，命置冶。圣宗太平间，于潢河北阴山及辽河之源，各得金、银矿，兴冶采炼。自此以讫天祚，国家皆赖其利。"[2]随着辽代疆域的不断扩大，辽朝政权将一些金属产地收归其下，为制作金属饮食器提供了原料基础。

辽代还制定法律，对犯罪者除了实行死、流、徒、杖刑以外，还进行罚没家产的规定。《辽史》卷61《刑法志上》记载："品官公事误犯，民年七十以上、十五以下犯罪者，听以赎论。赎铜之数，杖一百者，输钱千。亦有八议、八纵之法。籍没之法，始自太祖为挞马狘沙里时，奉痕德堇可汗命，按于越释鲁遇害事，以其首恶家属没入瓦里。及淳钦皇后时析出，以为著帐郎君，至世宗诏免之。其后内外戚属及世官之家，犯反逆等罪，复没入焉；余人则没为著帐户；其没入宫分、分赐臣下者亦有之。"[3]就是说对70岁以上和15岁以下的人犯了法，可以用包括饮食资料在内的财物赎罪。这些赋税制度、征商之法、盐策之法、坑冶之法、财产没罚之法的实行，在一定程度上保护了各类经济的发展，也是饮食生活在制度文化方面的具体表现。

四、辽代饮食阶层性

饮食文化所反映的阶层性，是指一个地域内民族或群体的人们由于政治、经济、文化地位的不同，而形成的饮食生活和饮食文化的差异性。这种差异主要是由于贫富悬殊造成的，在阶级社会中是由阶级差异造成的。在中国饮食文化的研究领域中，把封建时代的饮食文化层次分为市井细民层、士

① [元]脱脱等：《辽史》卷60《食货志下》，北京：中华书局，1974年，第930页。
② [元]脱脱等：《辽史》卷60《食货志下》，北京：中华书局，1974年，第930页。
③ [元]脱脱等：《辽史》卷61《刑法志上》，北京：中华书局，1974年，第936页。

大夫层、贵族层、宫廷层。① 辽代分为横帐、五部院、六部院、国舅、遥
辇、奚王五族等贵族和平民、奴隶等，社会成员构成比较复杂，在饮食阶层
上可分为上层社会、中层社会、下层社会三个层面。

在中国古代处于五代十国纷争的时期，契丹在北方草原地区建立了地方
政权，并且逐渐向封建制转变。除了本民族设立的各级军事首领外，还效仿
中原王朝设置各级官吏，加强中央集权的统治，使上层社会享有很大的特
权，促使了饮食阶层性的进一步分化。

辽代在政治上分各级官吏。"太祖神册六年（公元921年），诏正班爵。
至于太宗，兼制中国，官分南、北，以国制治契丹，以汉制待汉人。国制简
朴，汉制则沿名之风固存也。辽国官制，分北、南院。北面治宫帐、部族、
属国之政，南面治汉人州县、租赋、军马之事。"《辽史》卷45《百官志一》
对此做进一步的解释："太祖分迭剌夷离堇为北、南二大王，谓之北、南
院。宰相、枢密、宣徽、林牙，下至郎君、护卫，皆分北、南，其实所治皆
北面之事。"② 这样的官制划分，促成了辽代饮食阶层性的形成。

在《契丹国志》《辽史》中，多次提到辽代皇帝及大贵族的宴饮场面，
无论是四时捺钵，还是各种吉仪、凶仪、军仪、宾仪、嘉仪，都要行酒宴
饮。《契丹国志》卷7《圣宗天辅皇帝》记载："承平日久，群方无事，纵酒
作乐，无有虚日。与番汉臣下饮会，皆连昼夕，复尽去巾帻，促席造膝而
坐。或自歌舞，或命后妃已下弹琵琶送酒。又喜吟诗，出题诏宰相已下赋
诗，诗成进御，一一读之，优者赐金带。又御制曲百余首。幸诸臣私第为
会，时谓之'迎驾'，尽欢而罢。"③《契丹国志》卷10《天祚皇帝上》记载：
"天庆二年（公元1112年）。春，天祚如混同江钓鱼，界外女真酋长在千里内
者，以故事皆来会。适遇头鱼酒筵，别具宴劳，酒半酣，天祚临轩，使诸酋
次第歌舞为乐。"④ 契丹皇帝不但要与大臣饮酒连日，还要以歌舞、赋诗助
乐。一些饮食珍品（如貔狸、肉腊、肉脯、茶）也为其拥有。宋人刘绩的
《霏雪录》说："北方黄鼠（貔狸）味极肥美，恒为玉食之献。置官守其处，

---

① 赵荣光、谢定源：《饮食文化概论》，北京：中国轻工业出版社，2000年，第90页。
② ［元］脱脱等：《辽史》卷45《百官志一》，北京：中华书局，1974年，第685—686页。
③ ［宋］叶隆礼撰，贾敬颜、林荣贵点校：《契丹国志》卷7《圣宗天辅皇帝》，上海：上海古籍出版
社，1985年，第72页。
④ ［宋］叶隆礼撰，贾敬颜、林荣贵点校：《契丹国志》卷10《天祚皇帝上》，上海：上海古籍出版
社，1985年，第101页。

人不得擅取也。"①《契丹国志》卷18《耶律隆运》记载:"(景宗)及入,内同家人礼,饮膳服食,尽一时水陆珍品。"②耶律隆运本为汉族(汉名韩德让),因其"性忠愿谨悫,智略过人"而得到重用,在辽代景宗皇帝到其府帐后,以珍奇饮食服侍,可见耶律隆运在饮食上的讲究。

契丹贵族以酒成礼、以酒行事、以酒为乐。在辽代皇家贵族的墓葬壁画中,有许多"备食图""进食图""烹饪图""宴饮图""茶道图"等,反映的饮食活动非常丰富,场面宏大。内蒙古敖汉旗康营子辽墓③壁画的备食图,画中1人调鼎鼐,1人前置三足铁鼎,鼎中煮畜头、雁头、肘蹄等肉食,前有长几,上置圈足碗、圈足盘等。在辽代大贵族墓中,出土数量可观的金、银、铜、瓷饮食器,有的还随葬美味佳肴。内蒙古阿鲁科尔沁旗辽耶律羽之墓④出土的金、银、陶、瓷饮食器多达上百件,器类有五瓣花形芦雁纹金杯、对雁衔花纹金杯、鎏金对雁团花纹银渣斗、鎏金摩羯纹银碗、鎏金"高士图"錾花银把杯、鎏金双凤纹银盘(图66)、鎏金"孝子图"银壶、"左相公"银盆、银匜、银勺、"盈"字款白瓷碗、葵口青瓷碗、白瓷碗、白瓷钵、白瓷罐、白瓷四系瓶(图67)、青瓷双耳四系盖罐、酱釉瓷罐、白釉提梁鸡冠壶、酱釉提梁鸡冠壶等,制作和装饰十分精美。内蒙古奈曼旗辽陈国公主墓⑤出土的金银器、玻璃器和陶瓷器在数量与制作上更显突出,饮食器类别有银盖罐、银盆、鎏金莲花纹银钵(图68)、银执壶、符号纹银盏托、束腰形银托盘、银渣斗、鎏金双鱼纹银匙、银匙、琥珀柄银刀、玉柄银刀、几何纹长颈玻璃瓶、乳钉纹玻璃盘、玻璃杯、陶鸡冠壶、花口白瓷碗、敞口青瓷碗、花口青瓷碗、双蝶纹花口青瓷盘、缠枝菊花纹花口青瓷盘、绿釉罐、莲花纹白瓷盖罐等。河北省宣化辽张文藻墓⑥内棺前的供桌上,放满了瓷碗、盘、瓶、漆箸、汤匙,碗、盘内盛栗子、梨、干葡萄、槟榔、豆、面等食物,足见辽代契丹上层社会的奢侈饮食生活。

契丹中下级官吏的饮食生活在史籍中记载甚少,但从辽代墓葬的规模和

① [元]柯九思等编:《辽金元宫词》,北京:北京古籍出版社,1988年,第35页。
② [宋]叶隆礼撰,贾敬颜、林荣贵点校:《契丹国志》卷18《耶律隆运》,上海:上海古籍出版社,1985年,第176页。
③ 项春松:《辽宁昭乌达地区发现的辽墓绘画资料》,《文物》1979年第6期,第22—32页。
④ 内蒙古文物考古研究所等:《辽耶律羽之墓发掘简报》,《文物》1996年第1期,第4—32页。
⑤ 内蒙古自治区文物考古研究所等:《辽陈国公主墓》,北京:文物出版社,1993年,第25—58页。
⑥ 河北省文物研究所等:《河北宣化辽张文藻壁画墓发掘简报》,《文物》1996年第9期,第14—48页。

图 66　鎏金双凤纹银盘（辽代，内蒙古阿鲁科尔沁旗辽耶律羽之墓出土，
内蒙古文物考古研究所藏）

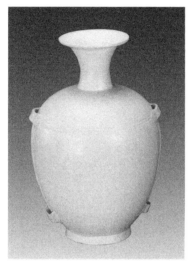

图 67　白瓷四系瓶（辽代，内蒙古阿鲁科尔沁旗辽耶律羽之墓出土，
内蒙古文物考古研究所藏）

图 68　鎏金莲花纹银钵（辽代，内蒙古奈曼旗辽陈国公主墓出土，
内蒙古文物考古研究所藏）

随葬品看，他们形成一个饮食文化的中层群体。内蒙古敖汉旗的几座辽墓主人就属于这一阶层，其壁画内容包括备饮、进饮、庖厨、侍奉、烹饪等，描绘了较为奢侈的生活状况。内蒙古敖汉旗羊山2号辽墓[①]天井西壁壁画烹饪图，绘3人，右边第一人半侧身向外蹲坐，双手握一柴棍作折断状；中间一人半侧身向内而立，躬身，右手伸向大罐作取物状；左边一人半侧身向内端坐于深红色圆凳之上，头戴幞头，身着红色长袍，应为墓主人在等待进食。内蒙古敖汉旗七家1号辽墓[②]主室西北壁侍奉图，绘3人，右边第一男侍半侧身向内而立，拱手作插手礼；第二男侍半侧身而立，双手下垂至腰带处作提带状；第三女侍双手托黑色盘，内有白色带盖碗，似乎在恭请主人用茶。5号墓主室西壁的备饮图，前为黄色酒架，上插6个修瓶，瓶口有红色封泥；酒架后立2人，左边女仆半侧身向右而立，双手托一高足盘；右边一人半侧身向左而立，双手捧一倒扣蓝色盆状物。反映出仆人们为主人准备餐饮的场面（图69）。

图69　备饮图（辽代，内蒙古敖汉旗七家5号辽墓，刘洪帅绘）

契丹下层社会没有丰富多样的饮食生活，只有在婚姻、节日礼仪中有较多的饮食行为，平时只有粗糙的饮食状况。辽代契丹族的一般成员有一定数

---

① 邵国田：《敖汉旗羊山1—3号辽墓清理简报》，《内蒙古文物考古》1999年第1期，第1—38页。
② 邵国田：《敖汉旗七家辽墓》，《内蒙古文物考古》1999年第1期，第46—66页。

量的土地和牧场，契丹以外的少数民族虽然有维持生计的有限生活资料，但受统治者压榨严重，有时很贫困，这在考古学资料中也能证明。内蒙古突泉县西山村辽墓[①]，发现并清理了 11 座墓葬，都由墓道、墓门、墓室组成的石砌叠涩顶单室墓，随葬品简单，数量较少，饮食器只有陶瓷器和铁器，即陶瓶、陶牛腿瓶、绿釉鸡冠壶、绿釉渣斗、白釉瓷碗、白釉瓷杯、木柄铁刀等器物，制作粗糙，当为契丹平民墓葬。内蒙古林西县刘家大院辽代墓地[②]，分土坑墓、土洞墓、石室墓三类，土洞墓多数没有随葬品，只有个别墓出土陶罐、白釉瓷壶、酱黄釉鸡冠壶；土洞墓的随葬品不多或不见，只见陶罐、白釉瓷盘；石室墓也多无随葬品，仅有铁器。从墓葬形制、结构和随葬品看，属于平民阶层。辽代对外扩展疆土，掠夺人口为奴，设夺下军州专门安置，成为大贵族的私奴，所拥有的生活资料微乎其微，甚至无法维持正常的生活。《辽史》卷 2《太祖纪下》记载：神册四年（公元 919 年），"冬十月丙午，次乌古部，天大风雪，兵不能进，上祷于天，俄顷而雪。命皇太子将先锋军进击，破之，俘获生口万四千二百，牛马、车乘、庐帐、器物二十余万"。（神册六年，公元 921 年），十一月"丁未，分兵略檀、顺、安远、三河、良乡、望都、潞、满城、遂城等十余城，俘其民徙内地"[③]。契丹凭借军事武力掠抢其他民族的人口为奴，为上层社会提供生产和生活资料。

契丹族从出现于史籍记载到辽代灭亡，先后存在了 8 个多世纪，对开拓中国北部边疆做出很大的贡献。特别是建立政权以后，纵观辽代二百年间社会经济的发展轨迹，从传统的狩猎、畜牧经济到农牧兼营，手工业、商业并驾齐驱，其经济结构发生了巨大的变化。而由此带来的社会政治、文化、生活和外交、军事关系的一系列深刻变革，为契丹民族自身的进步和加速契丹社会的封建化进程奠定了基础。辽是一个以游牧为主体的民族，社会发展不平衡，终辽一代，这种差异和不平衡仍在社会生活各个方面有所表现，但必须看到辽代统治者在消除这种差异、增进民族融合、促进社会的政治稳定、文化繁荣和经济发展方面的努力是卓有成效的。而这一点，最直接地体现为农牧经济的繁荣、工商业的发展、文化的繁盛和国家实力的强盛。契丹建国

① 孟建仁、钱玉成：《突泉县西山村辽墓》，《内蒙古文物考古文集》第 1 辑，北京：中国大百科全书出版社，1994 年，第 542—547 页。
② 内蒙古文物考古研究所等：《内蒙古林西县刘家大院辽代墓地发掘简报》，《考古》2016 年第 2 期，第 77—87 页。
③ ［元］脱脱等：《辽史》卷 2《太祖本纪下》，北京：中华书局，1974 年，第 15、17 页。

后，以耶律阿保机为首的统治者很快顺应了历史的潮流，采纳和吸收中原地区的统治方式和文化内涵，将契丹社会的发展纳入封建化的轨道，为了适应南北地区不同的生产、生活方式和民族构成，有效地采取了"因俗而治""胡汉分治"的民族政策，在政权机构上，实行南北面官制度，适当吸收汉人参政，缓和民族矛盾；在法制建设上，采取蕃律、汉律并用的政策，并不断推进其走向融合统一；在经济方面，大力发展传统的狩猎和畜牧业生产的同时，也把汉人、渤海人等农业生产放在十分重要的地位，使其各安旧俗、各从其俗，因地制宜地发展生产；在文化方面，采取兼容并蓄的方式，融中原文化和西方文化、物质文化和制度文化为一体，极大地丰富了契丹民族传统的饮食文化内涵，为北方草原饮食文化的发展和多民族饮食文化的交融提供了非常有利的人文环境。

辽代礼仪中的饮食行为与社会文化功能

我国著名的民族学家宋蜀华先生指出："饮食传统体现社会在饮食方面约定俗成的行为规范，因而饮食文化必有其社会功能。……体现在诸如人生礼俗、年节活动、人们日常生活中送往迎来以及酒肆茶馆中的交际等的诸多方面。"① 《礼记·礼运》曰："夫礼之初，始诸饮食。"说的是原始时期的人类的各种礼仪是从饮食开始的。辽代历经前代民族的发展，在接受唐宋文化的基础上形成颇具特色的饮食行为特征，并体现出人生历程、岁时节庆、人际交往、尊老爱幼、祭祀活动、行为礼仪等方面的社会文化功能。

一、人生历程中的饮食行为

中国自古以来就是一个讲究礼仪的国家，在各种习俗的场面中，饮食文化占有重要的地位，它可以沟通人们之间的情感，特别是饮酒进食还能活跃习俗活动的氛围。人生历程习俗属于风俗习惯的一个方面，包括人们在整个生命旅途中主要阶段上的全部的生活习惯，具有很强的社会性和民族性。具体分为降生、生日、成人、婚姻、丧葬等，每一个过程都包含有各种习俗活动，而饮食构成、饮食活动、饮食行为等贯穿于这些习俗之中。

（一）降生及生日中的饮食行为

降生为人生中的第一件大事，标志着一个民族或家族的兴旺发达。在新

---

① 宋蜀华：《论中国的饮食文化与生态环境》，《中央民族大学学报（人文社会科学版）》2001年第1期，第34—39页。

的小生命出生前后形成的习俗中，饮食起到很大的作用。妇女从怀孕起，就会注意饮食结构的合理配制，以保证孕妇的身体健康和胎儿的营养吸收。等小生命出生后，会产生"坐月子"的妇女在饮食上的禁忌和调养，并加强营养食品的配量，使其有充足的奶水哺育婴儿。同时，亲朋好友携带食品或衣物来表示祝贺，主人在孩子满月时要摆酒宴答谢。

《辽金元三朝宫词》引《燕北录》记载："皇后生产，如过八月，先启建无量寿道场，逐日行香，礼拜一月。与戎主各帐寝，预先造团白毡帐四十九座，又内一座最大，径围七十二尺。皇后欲觉产时，于道场内先烧香，望日番拜八拜，便入最大者帐内，其四十八座小帐于大帐周围卓放。每帐各用有角羊一口，以一人纽羊角，候皇后欲产时，诸小帐内诸人等一时用刀纽羊角，其声俱发，内外人语不辨。番云'此羊代皇后忍痛之声也。'仍以契丹翰林院使抹却眼抱皇后胸，稳婆是燕京高夫人，其皇后用甘草苗代秆草卧之。若生男时，方了了，戎主着红衣服，于前帐内，动番乐，与近上契丹臣僚饮酒。皇后即服酥调杏油半盏。如生女时，戎主着皂衣，动汉乐，与近上汉儿臣僚饮酒。皇后即调黑豆汤调盐三钱。其羊差人收放，不得宰杀，直至自毙。皇后至第九日即归戎主帐。"[①]契丹皇后生产时，要举行一定的仪式，其中产后根据所生婴儿男女性别，皇帝穿的衣服、所奏的音乐、与近臣以酒庆贺的方式都不相同。针对皇后生男生女的差别，服用不同的饮食，即生男孩服用酥调杏油半盏，生女孩服用黑豆汤调盐三钱，用来调理虚弱的身体。《辽史》卷19《兴宗本纪二》记载：重熙十年（公元1041年）冬十月，"辛卯，以皇子胡卢斡里生，北宰相、驸马撒八宁迎上至其第宴饮，上命卫士与汉人角抵为乐。壬辰，复饮皇太后殿，以皇子生，肆赦。夕，复引公主、驸马及内族大臣入寝殿剧饮。"[②]辽代皇帝和家人以及大臣在皇子出生后，多次在不同的场地以宴饮的方式表示庆贺。

生日就是为了纪念人们出生之日而进行的活动，一般在周岁、12岁、60岁、80岁、90岁、100岁的生日时，要举行重大的庆贺活动，置办酒席，邀请亲朋好友前来参加，以表示人一生中的成长过程。史籍中记载北方游牧民族举行生日庆典的比较详细的要算辽代皇家贵族的生辰和祝寿礼仪资料。《辽史》卷51《礼志四》记载的"宋使见皇帝仪"，较完整地介绍了辽代皇帝

---

① ［元］柯九思等编：《辽金元宫词》，北京：北京古籍出版社，1988年，第47页。

② ［元］脱脱等：《辽史》卷19《兴宗本纪二》，北京：中华书局，1974年，第226页。

生日的仪式。"宋使贺生辰、正旦。至日，臣僚昧爽入朝，使者至幕次。奏'班齐'，声警，皇帝升殿坐。""御床入，大臣进酒，皇帝饮酒。""卒饮，赞拜，应坐臣僚皆拜，称'万岁'。赞各就坐行酒，亲王、使相、使副共乐曲。若宣令饮尽，并起立饮讫。放盏，就位谢。赞拜，并随拜，称'万岁'。赞各就坐。次行方茵地坐臣僚等官酒。若宣令饮尽，赞谢如初。殿上酒一行毕，赞廊下从人拜，称'万岁'。……殿上酒三行，行茶、行肴、行膳。酒五行，候曲终，揖廊下从人起，赞拜，称'万岁'。赞各祗候，引出。"①宋代使者在辽代皇帝的生日或过"正旦"节时，辽代皇帝在宫殿摆酒宴，与宋代使臣及其辽代大臣共同宴饮。在宴席上，前后共五行酒，第三行酒后还要行茶、行肴、行膳，第五行酒后宴会结束，都有一套规范的宴饮程序。

《辽史》卷53《礼志六》记载了皇帝生辰朝贺仪、皇后生辰仪等。"皇帝生辰朝贺仪：臣僚、国使班齐，皇帝升殿坐。臣僚、使副入，合班称贺，合班出，皆如皇太后生辰仪。……教坊起居，七拜。臣僚东西门入，合班再拜。赞进酒，班首上殿进酒。宣徽使宣答，群臣谢宣谕，分班。奏乐，皇帝卒饮，合班。班首下殿，分班出。……皇帝诣皇太后殿，近上皇族、外戚、大臣并从，奉迎太后即皇帝殿坐。皇太后御小辇，皇帝辇侧步从，臣僚分行序引，宣徽使、诸司、阁门攒队前引。教坊动乐，控鹤起居，四拜。引驾臣僚并于山楼南方立候。皇太后入阁，揖使副并臣僚入幕次。皇太后升殿坐，皇帝东方侧坐。引契丹、汉人臣僚、使副两洞门入，合班，起居，舞蹈，五拜。赞各祗候，面殿立。皇帝降御坐，殿上立，进皇太后生辰物。过毕，皇帝殿上再拜，殿上下臣僚皆拜。皇帝升御座，引臣僚分班出。契丹臣僚入，谢宣宴。汉人臣僚、使副入，通名谢宣宴，上殿就位。不应坐臣僚出，从人入，皆如仪。御床入，皇帝初进皇太后酒，皇太后赐皇帝酒，皆如皇太后生辰仪。赞各就坐，行酒。宣饮尽，就位谢如仪。殿上一进酒毕，从人入就位如仪。亲王进酒，行饼茶，教坊致语如仪。行茶、行肴膳如仪。七进酒，使相乐曲终，从人起。曲破，臣僚、使副起。"

"皇后生辰仪：臣僚昧爽朝。皇帝、皇后大帐前拜日，契丹、汉人臣僚陪拜。皇帝升殿坐，皇后再拜，臣僚殿下合班陪拜。皇帝赐皇后生辰礼物，皇后殿上谢，再拜，臣僚皆拜。契丹舍人通名，契丹、汉人臣僚以次入贺。

---

① ［元］脱脱等：《辽史》卷51《礼志四》，北京：中华书局，1974年，第850、851页。

盏入，舍人赞，舞蹈，五拜，起居不表'圣躬万福'。赞再拜。班首上殿拜跪，自通全衔祝寿讫，引下殿，复位，鞠躬。赞舞蹈，五拜。赞各祗候。引宰臣一员上殿，奏百僚诸道进表目。教坊起居，七拜，不贺。控鹤官起居，四拜。诸道押衙附奏起居，赐宴，共八拜。契丹、汉人合班，进寿酒，舞蹈，五拜。引大臣一员上殿，栏外褥揩笏，执台盏进酒，皇帝、皇后受盏。退，复褥位。授台出笏，栏内拜跪，自通全衔祝寿'臣等谨进千万岁寿酒'，讫，引下殿，复位，舞蹈，五拜，鞠躬。宣徽使奏宣答如仪，引上殿，揩笏执台。皇帝、皇后饮，殿下臣僚分班，教坊奏乐，皆拜，称'万岁'。卒饮，皇帝、皇后授盏。引下殿，舞蹈，五拜。赞各祗候，引出。臣僚进奉如仪，宣宴如仪。教坊、监盏、臣僚上殿祗候如仪。皇后进皇帝酒，殿上赞拜，侍臣僚皆拜。皇帝受盏，皆拜。皇后坐，契丹舍人、汉人阁使殿上赞拜，皆拜，称'万岁'。赞各就位。大臣进皇帝、皇后酒，行酒如仪。酒三行，行肴，行膳。又进皇帝、皇后酒。酒再行，大馔入，行粥。教坊致语，臣僚皆起立。口号绝，赞拜，称'万岁'，引下殿谢宴，引出，皆如常仪。"①从皇帝生辰朝贺仪、皇后生辰仪看，除了皇帝生辰朝贺仪要拜见皇太后并进酒和行酒的巡数不同外，其他接受契丹和汉族大臣的朝贺、进酒、赐宴都基本相似。另外，在"宋使见皇太后仪""贺生辰正旦宋使朝辞皇帝仪"等仪式中，都有一套礼仪，并且摆设酒宴，辽代皇帝、皇后、大臣和宋代使臣、副使及随从一起行酒、行茶、行肴、行膳、行粥，一般都是先行酒，再行茶，然后行肴、行膳。可见，饮食在契丹皇帝、皇后生日中的重要性。同时，皇帝的生日可以影射民间，虽然礼仪的繁琐程度不高，但免不了设宴的庆贺活动。

《契丹国志》卷21《南北朝馈献礼物》记载了"宋朝贺契丹生辰礼物"。"契丹帝生日，南宋遗金酒食茶器三十七件，衣五袭，金玉带二条，乌皮、白皮靴二量，红牙笙笛，臅栗，拍板，鞍勒马二匹，缨复鞭副之，金花银器三十件，银器二十件，锦绮透背、杂色罗纱绫縠绢二千匹，杂采二千匹，法酒三十壶，的乳茶十斤，岳麓茶五斤，盐蜜果三十罐，干果三十笼。其国母生日，约此数焉。"②宋朝送给辽代皇帝、皇后的生日礼物，包括了金酒食茶

---

① ［元］脱脱等：《辽史》卷53《礼志六》，北京：中华书局，1974年，第869—870页。
② ［宋］叶隆礼撰，贾敬颜、林荣贵点校：《契丹国志》卷21《南北朝馈献礼物》，上海：上海古籍出版社，1985年，第201页。

器、金花银器、银器、法酒、乳茶、岳麓茶、盐蜜果、干果等。所以说，辽代皇帝、皇后的生辰日，除了摆大宴外，还能收到宋朝送给的金银饮食器和酒、茶、食（图70）。

图70　荷花形银杯（辽代，内蒙古巴林右旗白音汉窖藏出土，内蒙古博物院藏）

辽代还有敬老之风，这是延续了前代北方游牧民族的传统。契丹皇帝给高寿者和鳏寡老人赐酒食，以示敬尊。《辽史》卷13《圣宗本纪四》记载："（统和）十二年（公元994年）春正月……霸州民李在宥年百三十有三，赐束帛、锦袍、银带，月给羊酒，仍复其家。"①《辽史》卷17《圣宗本纪八》记载："（太平五年，即公元1025年）是岁，燕民以年谷丰熟，车驾临幸，争以土物来献。上礼高年，惠鳏寡，赐酺饮。至夕，六街灯火如昼，士庶嬉游，上亦微行观之。"②在古代，皇帝都有尊敬老人的现象，由此推及民间盛行敬老之风。

（二）婚礼仪式表现的饮食行为

我国著名的民族学家林耀华先生认为结婚是人生的大事，"指男女两性的结合，而且这种结合就是为一定历史时代和一定地区内社会制度及其文化和伦理道德规范所认可的夫妻关系"③。在中国的古今民族中，都有各自的婚姻与家庭形式，但每一个民族的婚姻习俗都不相同，总结起来看，饮食、

---

① ［元］脱脱等：《辽史》卷13《圣宗本纪四》，北京：中华书局，1974年，第144页。
② ［元］脱脱等：《辽史》卷17《圣宗本纪八》，北京：中华书局，1974年，第198页。
③ 林耀华主编：《民族学通论》（修订本），北京：中央民族大学出版社，1997年，第301页。

酒宴等在这种习俗中所起的作用很大，不仅有各种饮食文化的象征意义，还可以烘托气氛，使婚礼处于喜庆、吉祥的氛围之中。

关于辽代契丹族婚礼仪式，在《辽史》卷52《礼志五》"皇帝纳后仪"和"公主下嫁仪"中有详细记载。"皇帝纳后之仪：择吉日。至日，后族毕集。诘旦，后出私舍，坐于堂。皇帝遣使及媒者，以牲酒饗饫至门。执事者以告，使及媒者入谒，再拜，平身立。少顷，拜，进酒于皇后，次及后之父母、宗族、兄弟。酒遍，再拜。纳币，致词，再拜讫，后族皆坐。惕隐夫人四拜，请就车。后辞父母、伯叔父母、兄，各四拜；宗族长者，皆再拜。皇后升车，父母饮后酒，致戒词，遍及使者、媒者、送者。发轫，伯叔父母、兄饮后酒如初。教坊庶道赞祝，后命赐以物。后族追拜，进酒，遂行。将至宫门，宰相传敕，赐皇后酒，遍及送者。既至，惕隐率皇族奉迎，再拜。皇后车至便殿东南七十步止，惕隐夫人请降车。负银罂、捧滕，履黄道行。后一人张羔裘若袭之，前一妇人捧镜却行。置鞍于道，后过其上。乃诣神主室三拜，南北向各一拜，酹酒。向谒者一拜。起居讫，再拜。次诣舅姑御容拜，奠酒。选皇族诸妇宜子孙者，再拜之，授以罂、滕。又诣诸帝御容拜，奠酒。神赐袭衣、珠玉、佩饰，拜受服之。后姊若妹、陪拜者各赐物。皇族迎者、后族送者遍赐酒，皆相偶饮讫，后坐别殿，送后者退食于次。媒者传旨命送后者列于殿北。俟皇帝即御坐，选皇族尊者一人当奥坐，主婚礼。命执事者往来致辞于后族，引后族之长率送后者升，当御坐，皆再拜，又一拜，少进，附奏送后之词；退复位，再拜。后族之长及送后者向当奥者三拜，南北向各一拜，向谒者一拜。后族之长跪问'圣躬万福'，再拜；复奏送后之词，又再拜。当奥者与媒者行酒三周，命送后者再拜，皆坐，终宴。翼日，皇帝晨兴，诣先帝御容拜，奠酒讫，复御殿，宴后族及群臣，皇族、后族偶饮如初，百戏、角抵、戏马较胜以为乐。又翼日，皇帝御殿，赐后族及赆送后者，各有差。受赐者再拜，进酒，再拜。皇帝御别殿，有司进皇后服饰之籍。酒五行，送后者辞讫，皇族献后族礼物，后族以礼物谢当奥者。礼毕。"[①]

契丹皇帝纳后仪、皇室公主下嫁仪、亲王女封公主者下嫁仪的内容基本相同。在公主下嫁仪上，驸马要亲自迎娶公主，而且皇帝送给公主的陪嫁物

---

① ［元］脱脱等：《辽史》卷52《礼志五》，北京：中华书局，1974年，第863—864页。

样样俱全。《辽史》卷52《礼志五》记载："公主下嫁仪：选公主诸父一人为婚主，凡当奥者、媒者致词之仪，自纳币至礼成，大略如纳后仪。择吉日，诘旦，媒者趣尚主之家诣宫。俟皇帝、皇后御便殿，率其族入见。进酒讫，命皇族与尚主之族相偶饮。翼日，尚主之家以公主及婿率其族入见，致宴于皇帝、皇后。献賮送者礼物讫，朝辞。赐公主青幰车二，螭头、盖部皆饰以银，驾驼；送终车一，车楼纯锦，银螭，悬铎，后垂大毡，驾牛，载羊一，谓之祭羊，拟送终之具，至覆尸仪物咸在。赐其婿朝服、四时袭衣、鞍马，凡所须无不备。选皇族一人，送至其家。"①

从皇帝纳后仪式过程看，始终贯穿着进酒。皇帝一方先派使者和媒人带生熟肉和酒食去皇后家拜见，给皇后进酒，然后给皇后的父母、宗族、兄弟进酒，以示尊敬。等皇后乘迎娶车时，要给父母、使者、媒人、送亲者献酒。车出发后，皇后的父母、伯叔、兄弟仍要饮酒送行。等迎亲队伍到达皇宫门口时，宰相发布赦令，给皇后及送亲者赐酒。此后，皇后到供奉神及先祖的室内拜祭，用酒祭奠神位和已故的历代皇帝、姑舅的御容。拜祭完毕，赐给皇家迎亲者和后家送亲者酒，都相对饮酒并宴请送亲者。婚礼仪式结束时，向主婚人和媒人行酒三巡，然后参加婚礼的全体官员落座宴饮。次日，皇帝先拜已故皇帝的御容，用酒祭奠，再到御殿宴请皇后家人和群臣，并以杂耍、摔跤、马戏等节目助兴。第三天，皇帝赐皇后家人礼物，受赐者要向皇帝进酒。此后，送亲者告别返回，皇族赠给皇后家人礼物，皇后家人也以礼物谢主婚人。整个婚礼要进行三天，仪式中除跪拜的次数较多外，就是进酒、行酒及宴饮，与拜礼相辅相成。在公主的下嫁仪上，除了皇帝赏赐公主各种仪物外（图71），进酒和宴饮贯穿整个婚礼。史书中虽然没有记载中、下层社会的婚礼仪式，但从皇宫的婚仪可以推及普通契丹人的婚礼仪式，只不过在场面及礼节等方面的规模要小，宴饮、行酒不会缺少。

（三）丧葬仪式反映的饮食行为

丧葬礼俗是一种普遍存在的、具有鲜明民族特点的风俗习惯。丧葬分丧礼和葬礼两个部分，其仪式因人简繁不一，与死者生前的社会地位、财富的多寡有直接联系。从辽代的丧葬情况看，都涉及与生活资料有关的财

---

① ［元］脱脱等：《辽史》卷52《礼志五》，北京：中华书局，1974年，第864—865页。

图 71　玛瑙杯（辽代，内蒙古奈曼旗辽陈国公主墓出土，内蒙古文物考古研究所藏）

物，包括牲畜、饮食和其他物品等。其中，饮食及有关行为在丧葬中具有明显的作用。

　　早期契丹人保留了原始的丧葬风习。《隋书》卷84《契丹传》记载："父母死而悲哭者，以为不壮，但以其尸置于山树之上，经三年之后，乃收其骨而焚之。因酹而祝曰：'冬月时，向阳食。若我射猎时，使我多得猪鹿。'"[①]《旧唐书》卷199下《契丹传》记载："其俗死者不得作冢墓，以马驾车送入大山，置之树上，亦无服纪。子孙死，父母晨夕哭之；父母死，子孙不哭。其余风俗与突厥同。"[②]此时的契丹人实行树葬，三年后收尸骨又火葬，并在葬礼上把酒祝祷，祈求保佑获取更多的生活资料。在中原文化的影响下，契丹开始兴土葬，并以饮食器、生活资料、生产工具、狩猎工具作随葬品。内蒙古巴林右旗塔布敖包1号墓[③]殉葬有羊头骨、羊肢骨、羊矩骨，出土有小口高领壶、盘口壶、敞口罐、碗等饮食器和铁斧、铁刀。科左后旗呼斯淖墓葬[④]殉葬羊骨架，出土有黄釉盘口壶、黑陶鸡冠壶、灰陶扁壶、灰陶长颈壶、灰陶罐、铁釜、铁匕等饮食器。新巴尔虎左旗甘珠尔花辽墓[⑤]殉葬羊肩胛骨，出土有黑褐陶鼓腹壶、桦皮筒等饮食器。可以看出早期契丹墓葬中有用羊殉葬的现象，还随葬饮食器具。

　　契丹立国后的丧葬仪式，在《辽史》卷50《礼志二》中有详细的记载，

---

　　① ［唐］魏征等：《隋书》卷84《契丹传》，北京：中华书局，1973年，第1881页。

　　② ［后晋］刘昫等：《旧唐书》卷199下《契丹传》，北京：中华书局，1975年，第5350页。

　　③ 齐晓光：《巴林右旗塔布敖包石砌墓及相关问题》，《内蒙古文物考古文集》第1辑，北京：中国大百科全书出版社，1994年，第454—461页。

　　④ 张柏忠：《科左后旗呼斯淖契丹墓》，《文物》1983年第9期，第18—22页。

　　⑤ 王成、陈凤山：《新巴尔虎左旗甘珠尔花石棺墓群清理简报》，《内蒙古文物考古》1992年第1、2期合刊，第101—105页。

主要是辽代皇帝圣宗、兴宗、道宗的丧葬仪礼。"圣宗崩，兴宗哭临于菆涂殿。大行之夕四鼓终，皇帝率群臣入，柩前三致奠。奉柩出殿之西北门，就辒辌车，藉以素裀。巫者祓除之。诘旦，发引，至祭所，凡五致奠。太巫祁禳。皇族、外戚、大臣、诸京官以次致奠。乃以衣、弓矢、鞍勒、图画、马驼、仪卫等物皆燔之。至山陵，葬毕，上哀册。皇帝御幄，命改火，面火致奠，三拜。又东向，再拜天地讫，乘马，率送葬者过神门之木乃下，东向又再拜。翼日诘旦，率群臣、命妇诣山陵，行初奠之礼。升御容殿，受遗赐。又翼日，再奠如初。兴宗崩，道宗亲择地以葬。道宗崩，菆涂于游仙殿，有司奉丧服。天祚皇帝问礼于总知翰林院事耶律固，始服斩衰；皇族、外戚、使相、矮墩官及郎君服如之；余官及承应人皆白臬衣巾以入，哭临。惕隐、三父房、南府宰相、遥辇常衮、九奚首郎君、夷离毕、国舅祥稳、十闸撒郎君、南院大王、郎君，各以次荐奠，进鞍马、衣袭、犀玉带等物，表列其数。读讫，焚表。诸国所赗器服，亲王、诸京留守奠祭、进赗物亦如之。先帝小敛前一日，皇帝丧服上香，奠酒，哭临。其夜，北院枢密使、契丹行宫都部署入，小敛。翼日，遣北院枢密副使、林牙，以所赗器服，置之幽宫。灵柩升车，亲王推之，至食羖之次。盖辽国旧俗，于此刑羖羊以祭。皇族、外戚、诸京州官以次致祭。至葬所，灵柩降车，就辇，皇帝免丧服，步引至长福冈。是夕，皇帝入陵寝，授遗物于皇族、外戚及诸大臣，乃出。命以先帝寝幄，过于陵前神门之木。帝不亲往，遣近侍冠服赴之。初奠，皇帝、皇后率皇族、外戚、使相、节度使、夫人以上命妇皆拜祭，循陵三匝而降。再奠，如初。辞陵而还。"①辽代皇帝的葬礼，从菆涂殿至陵所，中间要设固定的祭祀场所，在这里举行隆重的祭祀仪式，其中包括焚烧死者生前所用的衣物、弓矢、鞍勒、图画、坐骑、仪卫等物，并上香敬酒祭奠。发丧期间的祭祀，还包括食公羊仪，即在灵车所过的路途预设食公羊之所，等灵车到时，杀黑色之羊以祭。

此外，在"上谥册仪""忌辰仪""宋使祭奠吊慰仪""宋使告哀仪""宋使进遗留礼物仪""高丽、夏国告终仪"等仪式中，有用酒食祭奠的习俗，或者以宴席招待各国使者。"宋使祭奠吊慰仪：太皇太后至菆涂殿，服丧服。太后于北间南面垂帘坐，皇帝于南间北面坐。宋使至幕次，宣赐素服、

① ［元］脱脱等：《辽史》卷50《礼志二》，北京：中华书局，1974年，第839—840页。

皂带。更衣讫,引南北臣僚入班,立定。可矮墩以下,并上殿依位立。先引祭奠使副捧祭文南洞门入,殿上下臣僚并举哀,至丹墀立定。西上閤门使自南阶下,受祭文,上殿启封,置于香案,哭止。祭奠礼物列殿前。引使副南阶上殿,至褥位立,揖,再拜。引太使近前上香,退,再拜。大使近前跪,捧台盏,进奠酒三,教坊奏乐,退,再拜。揖中书二舍人跪捧祭文,引大使近前俯伏跪,读讫,举哀。引使副下殿立定,哭止。礼物担床出毕,引使副近南,面北立。勾吊慰使副南洞门入。四使同见大行皇帝灵,再拜。引出,归幕次。皇太后别殿坐,服丧服。先引北南面臣僚并于殿上下依位立,吊慰使副捧书匣右入,当殿立。閤门使右下殿受书匣,上殿奏'封全'。开读讫,引使副南阶上殿,传达吊慰讫,退,下殿立。引礼物担床过毕,引使副近南,北面立。勾祭奠使副入。四使同见,鞠躬,再拜。不出班,奏'圣躬万福',再拜。出班,谢面天颜,又再拜,立定。宣徽传圣旨抚问,就位谢,再拜。引出,归幕次。皇帝御南殿,服丧服。使副入见,如见皇太后仪,加谢远接、抚问、汤药,再拜。次宣赐使副并从人,祭奠使副别赐读祭文例物。即日就馆赐宴。高丽、夏国奉吊、进赗等使礼,略如之。道宗崩,天祚皇帝问礼于耶律固。宋国遣使吊及致祭、归赗,皇帝丧服,御游仙之北别殿。使入门,皇帝哭。使者诣柩前上香,读祭文讫,又哭。有司读遗诏,恸哭。使者出,少顷,复入,陈赗赠于柩前,皇帝入临哭。退,更衣,御游仙殿南之幄殿。使者入见且辞,敕有司赐宴于馆。"[1]

在宋使告哀仪上,"皇帝素冠服,臣僚皂袍、皂鞓带。宋使奉书右入,丹墀内立。西上閤门使右阶下殿,受书匣;上殿,栏内鞠躬,奏'封全'。开封,于殿西案授宰相读讫,皇帝举哀。舍人引使者右阶上,栏内俯跪,附奏起居讫,俯兴,立。皇帝宣问'南朝皇帝圣躬万福',使者跪奏'来时皇帝圣躬万福'起,退。舍人引使者右阶下殿,于丹墀西,面东鞠躬。通事舍人通使者名某祗候见,再拜。不出班,奏'圣躬万福',再拜。出班,谢面天颜,再拜。又出班,谢远接、抚问、汤药,再拜。赞祗候,引出,就幕次,宣赐衣物。引从人入,通名拜,奏'圣躬万福',出就幕,赐衣,如使者之仪。又引使者入,面殿鞠躬,赞谢恩。再赞'有敕赐宴',再拜。赞祗候,出就幕次宴。引从人谢恩,拜敕赐宴,皆如初。宴毕,归馆"。[2] 从这两

---

① [元] 脱脱等:《辽史》卷50《礼志二》,北京:中华书局,1974年,第841—842页。
② [元] 脱脱等:《辽史》卷50《礼志二》,北京:中华书局,1974年,第842—843页。

个与皇帝葬礼有关的仪式看，辽朝对宋使招待的宴席有所不同，前者是参加完祭奠仪式回到驿馆后赐宴席，后者是在参加完仪式出殿后赐宴席，然后回到驿馆，就是说宴请的地方不同，说明宋使告哀仪比宋使祭奠吊慰仪要显得隆重。

辽代契丹贵族的丧葬礼制，规模比皇帝要小，仍然有厚葬和杀牲殉葬的习俗。内蒙古赤峰市辽驸马赠卫国王墓志①记载，萧沙姑死后，朝廷赠赙随葬"衣服廿七封，银器十一事，鞍一十三面，白马一匹，骢马一匹，骠骝大马一匹，小马廿一匹，牛三十五头，羊三百五十口"。此墓发现有殉葬马、羊现象，出土了大量的金、银、铜、瓷等饮食器。到辽代中晚期，根据《辽史》卷13《圣宗本纪四》、《辽史》卷19《兴宗本纪二》的记载，圣宗、兴宗皇帝几次下诏禁止杀牲和用金银器随葬。清宁十年（公元1064年）十一月"辛未，禁六斋日屠杀"②。咸雍七年（公元1071年），"八月辛巳，置佛骨于招仙浮图，罢猎，禁屠杀"③。说明辽代贵族丧葬时有杀牲殉葬和以金银饮食器随葬之俗。考古学资料表明，在辽代贵族墓葬中有用马、牛、羊、猪、狗、鸡等殉葬现象，还用食物及饮食器随葬。如辽宁省法库县叶茂台7号辽墓的石供桌上置放瓷碗、钵、罐，内盛桃、李、松子塔等食物。内蒙古宁城县小刘仗子3号墓④和河北省宣化辽张文藻墓⑤都随葬有食物及饮食器，其他的贵族墓葬常见有金属和陶瓷饮食器具，特别是辽代中后期墓葬常发现有宴饮图、备食图、茶道图等反映饮食行为、饮食场面的壁画。

辽代一般贵族和平民的丧葬礼仪，与大贵族相比要简单得多，随葬品也少，但其习俗却相同。考古发掘的墓葬中，多以饮食器作随葬品，数量少，类型简单。如内蒙古敖汉旗范仗子101号墓⑥的墓道填土中，发现了殉葬的马一具、羊头骨一个，墓内随葬有瓷器、陶器、铁器、铜器。其中陶瓷器主要为饮食器，器类有白瓷碗、白瓷杯、茶绿釉凤首瓶、三彩碟、陶钵等。内蒙古突泉县西山村辽墓群⑦中，个别墓葬发现有殉马现象，有马的脊椎骨；

① 前热河省博物馆筹备组：《赤峰县大营子辽墓发掘报告》，《考古学报》1956年第3期，第1—26页。
② [元]脱脱等：《辽史》卷22《道宗本纪二》，北京：中华书局，1974年，第264页。
③ [元]脱脱等：《辽史》卷22《道宗本纪二》，北京：中华书局，1974年，第270页。
④ 内蒙古自治区文物工作队：《昭乌达盟宁城县小刘仗子辽墓发掘简报》，《文物》1961年第9期，第44—49页。
⑤ 河北省文物研究所等：《河北宣化辽张文藻壁画墓发掘简报》，《文物》1996年第9期，第14—46页。
⑥ 内蒙古自治区文物工作队：《敖汉旗范仗子辽墓》，《内蒙古文物考古》第3期，1984年，第75—79页。
⑦ 孟建仁、钱玉成：《突泉县西山村辽墓》，《内蒙古文物考古文集》第1辑，北京：中国大百科全书出版社，1994年，第542—547页。

随葬的饮食器数量较少，器类有陶瓶、绿釉鸡冠壶、白釉瓷碗、白釉瓷杯、木柄铁刀、木勺、桦树皮筒等。

契丹族有"烧饭"之俗，用于祭祀死者的灵魂，即人们埋葬死者后每当朔、望、节辰、忌日等焚烧酒食的祭祀仪式。《辽史》卷49《礼志一》记载："及帝崩，所置人户、府库、钱粟，穹庐中置小毡殿，帝及后妃皆铸金像纳焉。节辰、忌日、朔望，皆致祭于穹庐之前。又筑土为台，高丈余，置大盘于上，祭酒食撒于其中，焚之，国俗谓之爇节。"[①]"爇"为焚烧之意，"爇节"应为烧饭。祭祀"烧饭"时间当在送葬后每年的节辰、忌日、朔望。程序是置台，将酒食撒于大盘，焚烧。辽道宗清宁十年（公元1064年），"帝遣林牙左监门卫大将军耶律防、枢密直学士给事中陈颐诣宋，求真宗、仁宗御容。……后帝以御容于庆州崇奉，每夕，宫人理衣衾，朔日、月半上食，食气尽，登台而燎之，曰'烧饭'。惟祀天与祖宗则然"[②]。《大金集礼》卷20《原庙上·奉安》记载："天会四年（公元1126年）十月，命脖董胡剌姑、秘少扬丘忠充使副，送御容赴燕京奉安于庙，沿路每日三时烧饭，用羊、豕、兔、雁、鱼、米、面等。"[③]这种"烧饭"之俗，与下葬时的焚烧内容不一，主要用酒、肉食和粮食祭祀，而非生前用物，一直流传至金、元时期。

二、岁时节日活动中的饮食行为

岁时节日是民族文化生活的直接表现形式，能比较集中地反映民族的历史、经济、物质生活、宗教、道德、审美、禁忌等文化现象，是人们为适应生产和生活的需要而共同创造的一种民俗文化。从辽代的节日风俗看，有很多的节日类型，根据岁时节日习俗的来源和性质，分为传统节日、历法节庆节日、生产节日，这些节日中大多有饮食活动和饮食行为，可以烘托整个节日的气氛，并且反映出契丹民族的物质和精神风貌。

---

① [元] 脱脱等：《辽史》卷49《礼志一》，北京：中华书局，1974年，第838页。
② [宋] 叶隆礼撰，贾敬颜、林荣贵点校：《契丹国志》卷9《道宗天福皇帝》，上海：上海古籍出版社，1985年，第88—89页。
③ [金] 张暐等辑：《大金集礼》卷20《原庙上·奉安》，广州：广雅书局，1920年。

（一）传统节日中的饮食行为

根据《契丹国志》卷27《岁时杂记》和《辽史》卷53《礼志六》的记载，契丹的传统时令节日有岁初、正旦、人日、中和、上巳、清明、端午、中元、重九、腊辰等，在庆祝节日的过程中都要以酒宴庆贺或纪念。

岁初节，即"初夕，敕使及夷离毕率执事郎君至殿前，以盐及羊膏置炉中燎之。巫及大巫以次赞祝火神讫，阁门使赞皇帝面火再拜"①。这一日晚上，皇帝派官员把加盐的羊肉放到火炉中烧，以示除旧迎新，也有祭祀火的意思。

正旦节，即农历正月初一日。"国俗以糯饭和白羊髓为饼，丸之若拳，每帐赐四十九枚。戊夜，各于帐内窗中掷丸于外。数偶，动乐，饮宴。数奇，令巫十有二人鸣铃，执箭，绕帐歌呼，帐内爆盐垆中，烧地拍鼠，谓之惊鬼，居七日乃出。"②此日，契丹皇帝命大臣用糯米和白羊骨髓和成拳头大的米团，每个帐幕内散发49个。到夜深时分，皇帝和各位帐主把米团从帐幕的窗户向外扔出，扔到外面的米团如果是双数就算吉日，便马上鼓乐齐鸣，宴饮行乐。如果扔到外面的米团是单数则意味着不吉，便请来12名巫师在帐幕外摇铃执箭，唱诵咒语祛邪。帐幕内把盐放入火炉中爆响，或烧地拍鼠，谓之惊鬼，帐幕主人七日后才能行动。《契丹国志》卷27《岁时杂记》也有同样的记载，"正月一日，国主以糯米饭、白羊髓相和为团，如拳大，于逐帐内各散四十九个，候五更三点，国主等各于本帐内窗中掷米团在帐外，如得双数，当夜动蕃乐，饮宴；如得只数，更不作乐，便令师巫十二人，外边绕帐撼铃执箭唱叫，于帐内诸火炉内爆盐，并烧地拍鼠，谓之'惊鬼'。本帐人第七日方出"③。在正旦期间，皇宫举行盛大宴会，宴请宋代使臣和契丹各级官吏。天显"四年（公元929年）春正月壬申朔，宴群臣及诸国使，观俳优角抵戏"④。应历"十三年（公元963年）春正月，自丁巳，昼夜酣饮者九日"⑤。应历"十八年（公元968年）春正月乙酉朔，宴于宫中，不受贺。己亥，观灯于市。以银百两市酒，命群臣亦市酒，纵饮三

---

① 〔宋〕脱脱等：《辽史》卷49《礼志一》，北京：中华书局，1974年，第838页。
② 〔宋〕脱脱等：《辽史》卷53《礼志六》，北京：中华书局，1974年，第877页。
③ 〔宋〕叶隆礼撰，贾敬颜、林荣贵点校：《契丹国志》卷27《岁时杂记》，上海：上海古籍出版社，1985年，第250页。
④ 〔元〕脱脱等：《辽史》卷3《太宗本纪上》，北京：中华书局，1974年，第30页。
⑤ 〔元〕脱脱等：《辽史》卷6《穆宗本纪上》，北京：中华书局，1974年，第77页。

夕"①。保宁"五年（公元973年）春正月甲子，惕隐休哥伐党项，破之，以俘获之数来上。汉遣使来贡。庚午，御五凤楼观灯"②。统和"二十三年（公元1005年）春正月戊午，还次南京。庚申，大飨将卒，爵赏有差"③。由此看出，契丹人在正旦期间也过正月十五的观灯节。

人日节，即农历正月初七日。契丹人占卜，如果是晴天为吉日，阴天则为凶日。这一天，契丹人在庭院中做煎饼，谓之"薰天"。《契丹国志》卷27《岁时杂记》记载："人日，京都人食煎饼于庭中，俗云'薰天'，未知所从出也。"④契丹人在这一天有吃煎饼的饮食习俗。

中和节，即农历二月初一日。届时，契丹萧姓贵族设家宴宴请耶律姓贵族。《契丹国志》卷27《岁时杂记》记载："二月一日，大族姓萧者，并请耶律姓者，于本家筵席。"⑤也就是说，后族在家宴请皇族，这与每年六月十八日皇族宴请后族的习俗相对应。《辽史》卷53《礼志六》记载："六月十有八日，国俗，耶律氏设宴，以延国舅族萧氏。"⑥也称为"三伏"。

上巳节，即农历三月初三日。契丹人用木雕兔作靶，分两队骑射，先射中者为胜，输者下马跪奉持酒给胜者，胜者在马上饮尽敬酒。这一天人们都集会于河边进行沐浴。《契丹国志》卷27《岁时杂记》记载："三月三日，国人以木雕为兔，分两朋走马射之。先中者胜，其负朋下马，跪奉胜朋人酒，胜朋于马上接杯饮之。"⑦以酒作为射靶游戏胜负的筹码。

清明节，隋朝刘焯的《历书》指出，春分过后十五天就是清明，到时万物都洁齐而清明。《辽史》卷9《景宗本纪下》记载，乾亨四年（公元982年）"三月乙未，清明。与诸王大臣较射，宴饮"⑧。在清明节，皇帝与诸王大臣比赛射技，并宴饮。

端午节，即农历五月初五日。《辽史》卷53《礼志六》记载："五月重五

---

① ［元］脱脱等：《辽史》卷7《穆宗本纪下》，北京：中华书局，1974年，第85页。

② ［元］脱脱等：《辽史》卷8《景宗本纪上》，北京：中华书局，1974年，第93页。

③ ［元］脱脱等：《辽史》卷14《圣宗本纪五》，北京：中华书局，1974年，第161页。

④ ［宋］叶隆礼撰，贾敬颜、林荣贵点校：《契丹国志》卷27《岁时杂记》，上海：上海古籍出版社，1985年，第251页。

⑤ ［宋］叶隆礼撰，贾敬颜、林荣贵点校：《契丹国志》卷27《岁时杂记》，上海：上海古籍出版社，1985年，第251页。

⑥ ［宋］脱脱等：《辽史》卷53《礼志六》，北京：中华书局，1974年，第878页。

⑦ ［宋］叶隆礼撰，贾敬颜、林荣贵点校：《契丹国志》卷27《岁时杂记》，上海：上海古籍出版社，1985年，第251页。

⑧ ［元］脱脱等：《辽史》卷9《景宗本纪下》，北京：中华书局，1974年，第105页。

日，午时，采艾叶和绵著衣，七事以奉天子，北南臣僚各赐三事，君臣宴乐，渤海膳夫进艾馘。以五彩丝为索缠臂，谓之'合欢结'。又以彩丝宛转为人形簪之，谓之'长命缕'。"①端午节的中午时分，契丹人都采艾叶，用来驱毒避邪。皇帝和大臣都要穿艾衣，举行盛大酒宴以庆贺节日，渤海厨师在宴饮期间进献艾糕和大黄汤。契丹妇女用五彩花线系在臂膊上，并用彩布扎成人形为长寿索，佩于身上，被除病毒。会同三年（公元940年）四月"癸亥，晋遣使贺端午，以所进节物赐群臣。……五月庚午，以端午宴群臣及诸国使，命回鹘、敦煌二使作本俗舞，俾诸使观之"②。在端午节前，各国使者前往辽国庆贺，端午当日契丹皇帝宴请各国使者，以回鹘和敦煌舞蹈进行欢乐。

中元节，即农历七月十五日，为中国传统的"鬼节"。根据《辽史》卷53《礼志六》和《契丹国志》卷27《岁时杂记》的记载，在七月十三日夜里，契丹皇帝离开夏捺钵的行宫，西行三十里扎下毡帐，并事先备好酒食。到十四日这天，皇帝与随行臣僚在契丹乐的伴奏下宴饮终日，晚上才回到行宫，谓之"迎节"，即迎祖先神祇共度节日之意。七月十五日这一天奏汉乐，大摆宴席，欢乐整天。七月十六日，皇帝及随从人员西行，令随行军兵大喊三声，谓之"送节"，意为送走祖神。

中秋节，即农历八月十五日，也是中国传统的节日。《辽史》卷53《礼志六》记载："八月八日，国俗，屠白犬，于寝帐前七步瘗之，露其喙。后七日中秋，移寝帐于其上。"③《契丹国志》卷27《岁时杂记》记载："八月八日，国主杀白犬于寝帐前七步，埋其头，露其嘴。后七日，移寝帐于埋狗头上。"④在中秋的前七天，杀一条白色狗，把狗头埋在皇帝住寝大帐前七步远的地方，并露出狗嘴，至中秋日时将大帐移到埋狗的地方，以示吉祥。

重九节，即农历九月初九日，又名重阳节、菊花节。《辽史》卷53《礼志六》记载："重九仪：北南臣僚旦赴御帐，从驾至围场，赐茶。皇帝就坐，引臣僚御前班立，所司各赐菊花酒，跪受，再拜。酒三行，揖起。"⑤

---

①　[元]脱脱等：《辽史》卷53《礼志六》，北京：中华书局，1974年，第878页。
②　[元]脱脱等：《辽史》卷4《太宗本纪下》，北京：中华书局，1974年，第47页。
③　[元]脱脱等：《辽史》卷53《礼志六》，北京：中华书局，1974年，第878页。
④　[宋]叶隆礼撰，贾敬颜、林荣贵点校：《契丹国志》卷27《岁时杂记》，上海：上海古籍出版社，1985年，第253页。
⑤　[元]脱脱等：《辽史》卷53《礼志六》，北京：中华书局，1974年，第877页。

"九月重九日，天子率群臣部族射虎，少者为负，罚重九宴。射毕，择高地卓帐，赐蕃、汉臣僚饮菊花酒。兔肝为臡，鹿舌为酱，又研茱萸酒，洒门户以禬禳。"[1]在重九节，契丹皇帝率群臣部族，在秋捺钵地以打虎为乐，射猎少者被罚"重九宴"一席。狩猎活动结束后，皇帝率契丹、汉族大臣登高，饮菊花酒，吃兔肝和鹿舌酱，还要用茱萸泡酒洒在门户间祈求消除祸患灾异。"亦有入盐少许而饮之者。又云男摘二九粒，女一九粒，以酒咽者，大能辟恶。"[2]这里的"男摘二九粒，女一九粒"，应该指的是茱萸，具有杀虫消毒、逐寒祛风的功能。会同八年（公元945年）"九月壬寅，次赤山，宴从臣，问军国要务"[3]。应历十三年（公元963年）"九月庚戌朔，以青牛白马祭天地。饮于野次，终夕乃罢。辛亥，以酒脯祭天地，复终夜酺饮"[4]。统和三年（公元985年）闰九月"庚辰，重九，骆驼山登高，赐群臣菊花酒"[5]。统和四年（公元986年）九月"甲戌，次黑河，以重九登高于高水南阜，祭天。赐从臣命妇菊花酒"[6]。每当重九节时，契丹皇帝都要与大臣宴饮，登高饮菊花酒。

腊辰节，即每年的腊月第一个辰日，"天子率北南臣僚并戎服，戊夜坐朝，作乐饮酒，等第赐甲仗、羊马"[7]。《契丹国志》卷27《岁时杂记》也有有记载，"腊月，国主带甲戎装，应番汉臣诸司使已上并戎装，五更三点坐朝，动乐饮酒罢，各等第赐御甲、羊马"[8]。从腊辰的内容看，没有出现祭神、祭祖的场面，但辽代皇帝和契丹、汉族官员都要着军装，在夜间五更时（现今的凌晨3至5时）临朝听政，并奏乐宴饮，此后还要按等第进行赏赐武器和羊、马的活动。这种穿军装、按等第赏赐的行为，应该与狩猎有关，即从冬捺钵的狩猎活动中演变而来。

从以上的辽代传统节日看，主要是描述了上层社会的节日内容，都与饮食和饮食行为有关。美国人类学家格尔茨（Clifsord Geertz）认为："仪式不

---

① ［元］脱脱等：《辽史》卷53《礼志六》，北京：中华书局，1974年，第879页。
② ［宋］叶隆礼撰，贾敬颜、林荣贵点校：《契丹国志》卷27《岁时杂记》，上海：上海古籍出版社，1985年，第253页。
③ ［元］脱脱等：《辽史》卷4《太宗本纪下》，北京：中华书局，1974年，第56页。
④ ［元］脱脱等：《辽史》卷6《穆宗本纪上》，北京：中华书局，1974年，第78页。
⑤ ［元］脱脱等：《辽史》卷10《圣宗本纪一》，北京：中华书局，1974年，第116页。
⑥ ［元］脱脱等：《辽史》卷11《圣宗本纪二》，北京：中华书局，1974年，第124页。
⑦ ［元］脱脱等：《辽史》卷53《礼志六》，北京：中华书局，1974年，第879页。
⑧ ［宋］叶隆礼撰，贾敬颜、林荣贵点校：《契丹国志》卷27《岁时杂记》，上海：上海古籍出版社，1985年，第254页。

仅是一种意义模式，也是一次社会互动形式。"①辽代传统节日中的仪式，都不仅仅是过节这种固有的模式，而是皇帝与大臣不同集团以宴饮方式为纽带的一种互动形式。当然多数节日的仪式感都会映射到中、下层社会，不是局限于上层社会的皇室和官员、贵族，只有诸如中和、三伏、腊辰等节没有涉及平民阶层。因此，辽代传统节日不是为上层社会所独有，多数的节日具有全民性。

（二）历法节气节日中的饮食行为

从远古时代起，中国先民就已掌握了反映农业生产特点的历法知识。相传古代有黄帝、颛顼、夏、商、周、鲁六家历法，殷墟甲骨文中已经有了历法纪年，《尚书·尧典》有春分、夏至、秋分、冬至四节气的划分，战国时代发展为二十四节气。在中国历史上先后推行过一百多种历法，其中，汉代的太初历、唐代的宣明历、元代的授时历、明代的大统历、清代的时宪历，都具有特殊的历史意义。这些历法根据气候变化的特点，把一年划分为十二个月，二十四节气，七十二候，约三百六十五天，从而构成了岁时节日的计算基础和必要前提。有些节日如立春、夏至、立秋、冬至等，是由节气直接发展而来，如契丹的立春仪、冬至仪等，并以宴饮的方式庆贺。

《辽史》卷53《礼志六》记载了契丹的立春仪式，即"皇帝出就内殿，拜先帝御容，北南臣僚丹墀内合班，再拜。可矮墩以上入殿，赐坐。帝进御容酒，陪位并侍立皆再拜。一进酒，臣僚下殿，左右相向立。皇帝戴幡胜，等第赐幡胜。臣僚簪毕，皇帝于土牛前上香，三奠酒，不拜。教坊动乐，侍仪使跪进彩杖。皇帝鞭土牛，可矮墩以上北南臣僚丹墀内合班，跪左膝，受彩杖，直起，再拜。赞各祗候。司辰报春至，鞭土牛三匝。矮墩鞭止，引节度使以上上殿，撒谷豆，击土牛。撒谷豆，许众夺之。臣僚依位坐，酒两行，春盘入。酒三行毕，行茶。皆起。礼毕"②。在立春仪式上，皇帝以酒祭奠祖先，撒谷豆，鞭土牛，设宴招待各级官吏，三巡酒后行茶。

冬至日，契丹族杀白羊、白马、白雁，用其血与酒相和，皇帝用其向北遥祭黑山，设宴饮酒、行茶行膳。应历十四年（公元964年）"十一月壬午，日南至，宴饮达旦。自是昼寝夜饮"③。在冬至这一天，也要饮酒庆贺。

---

① ［美］格尔茨：《仪式与变迁：一个爪哇的实例》，《国外社会学》1991年第4期，第52页。
② ［元］脱脱等：《辽史》卷53《礼志六》，北京：中华书局，1974年，第876页。
③ ［元］脱脱等：《辽史》卷7《穆宗本纪下》，北京：中华书局，1974年，第82页。

《辽史》卷53《礼志六》记载："冬至朝贺仪：臣僚班齐，如正旦仪。皇帝、皇后拜日，臣僚陪位再拜。皇帝、皇后升殿坐，契丹舍人通，臣僚入，合班，亲王祝寿，宣答，皆如正旦之仪。谢讫，舞蹈，五拜，鞠躬。出班奏'圣躬万福'；复位，再拜，鞠躬。班首出班，俯伏跪，祝寿讫，伏兴，舞蹈，五拜，鞠躬。赞各祇候。分班，不出，合班。御床入，再拜，鞠躬。赞进酒。臣僚平身。引亲王左阶上殿，就栏内褥位，搢笏，执台盏，进酒。皇帝、皇后受盏讫，退就褥位，置台，出笏，俯伏跪。少前，自通全衔臣某等谨进千万岁寿酒。俯伏兴，退，复褥位，再拜，鞠躬。殿下臣僚皆再拜，鞠躬。宣答如正旦仪。亲王搢笏，执台，分班。皇帝、皇后饮酒，奏乐；殿上下臣僚皆拜，称'万岁寿'，乐止。教坊再拜，臣僚合班。亲王进受盏，至褥位，置台盏，出笏，引左阶下殿。御床出。亲王复丹墀位，再拜，鞠躬。赞祇候。分班引出。班首右阶上殿奏表目进奉。诸道进奉，教坊进奉过讫，赞进奉收。班首舞蹈，五拜，鞠躬。赞各祇候。班首出，臣僚复入，合班谢，舞蹈，五拜，鞠躬。赞各祇候。分班引出。声警，皇帝、皇后起，赴北殿。皇太后于御容殿，与皇帝、皇后率臣僚再拜。皇太后上香，皆再拜。赞各祇候。可矮墩以上上殿。皇太后三进御容酒，陪位皆拜。皇太后升殿坐。皇帝就露台上褥位，亲王押北南臣僚班丹墀内立。皇帝再拜，臣僚皆拜，鞠躬。皇帝栏内跪，祝皇太后寿讫，复位，再拜。凡拜，皆称'万岁'。赞各祇候。臣僚不出，皇帝、皇后侧座，亲王进酒，臣僚陪拜，皇太后宣答，皆如正旦之仪。臣僚分班，不出，班首右阶上殿奏表目，合班谢宣宴，上殿就位如仪。御床入。皇帝进皇太后酒如初，各就座行酒，宣饮尽，如皇太后生辰之仪。皇后进酒，如皇帝之仪。三进酒，行茶，教坊致语，行看膳，大馔，七进酒。曲破，臣僚起，御床出，谢宴，皆如皇太后生辰仪。"[①]在庆贺冬至的时候，契丹皇帝、皇后、皇太后、亲王、臣僚相聚在一起，共同宴饮行乐，仪式虽然繁缛，但进酒、行酒贯穿了整个过程，还有行茶、行膳的饮食行为，有的仪式中的进酒、行酒过程如同正旦仪、皇太后生辰仪一样，为不可或缺的环节。今日的北方各族人民在冬至要吃肉或饺子，其寓意是防止冻坏身体，实指借此过节。

（三）生产节日中的饮食行为

北方草原地区生活的游牧民族在长期的劳动实践中，总结了丰富的生产

---

① ［元］脱脱等：《辽史》卷53《礼志六》，北京：中华书局，1974年，第875—876页。

经验，给某些生产活动赋予"活"的趣味性，便成为值得庆贺的节日，如契丹的狩猎节等，其中的饮食行为变成节日的重要内容。

辽代皇帝把每年十二月的第一个辰日作为狩猎节。《辽史》卷51《礼志三》记载了腊仪的详细情况。"腊，十二月辰日。前期一日，诏司猎官选猎地。其日，皇帝、皇后焚香拜日毕，设围，命猎夫张左右翼。司猎官奏成列，皇帝、皇后升辇，敌烈麻都以酒二尊、盘飧奉进，北南院大王以下进马及衣。皇帝降舆，祭东毕。乘马入围中。皇太子、亲王率群官进酒，分两翼而行。皇帝始获兔，群臣进酒上寿，各赐以酒。至中食之次，亲王、大臣各进所获，及酒讫，赐群臣饮，还宫。应历元年（公元951年）冬，汉遣使来贺，自是遂以为常仪。统和中，罢之。"① 辽代皇帝、皇后在狩猎节中，率皇太子、亲王、大臣在选定的地方狩猎，期间拜日和拜东向，有进酒、进食、赐酒的仪式，等到获取猎物后还要进酒和赐酒。这个狩猎节从辽穆宗开始成为节日，至辽圣宗统和年间废弃。

三、人际交往中的饮食行为

中国历来就有"礼仪兴邦"之说，自古以来人与人之间、民族与民族之间、国家与国家之间的交往，都有饮食行为或进行饮食活动。现代社会更加讲究人与人之间的饮食交往，无论是聚会、办事、获得荣誉，还是婚礼、丧葬、节日等人际交往都离不开饮食活动。那么，饮食的一个社会功能就是通过不同主体间共同的饮食活动作为媒介来调整人际关系，加强个体与个体、个体与群体以及群体与群体之间的团结和合作。在人际交往中，饮食活动可以反映人与人之间的地位和身份，不同群体间的饮食活动也可以看出人际关系的亲疏远近。辽代与周邻民族、中原王朝、西方国家的交往中，很多场合都依靠饮食行为来进行，来调整个人、民族、国家之间的友好关系。

（一）人与人之间交往的饮食行为

人与人之间的交往，发生饮食行为的现象最为常见，因为通过饮食行为能确知人际关系中个体或群体的身份和地位，同时可以加强人际中的友好关

---

① ［元］脱脱等：《辽史》卷51《礼志三》，北京：中华书局，1974年，第845—846页。

系。在辽代，这种以饮食行为作为媒介的人际关系体现得更加明显，无论是民族成员之间，还是各个民族和国家之间，在饮食活动中都能表现出各自的身份和地位。

辽代皇帝与家人和大臣以及中原王朝皇帝之间的交往通常以宴饮的行为或活动来进行。《辽史》卷1《太祖本纪上》记载："八年（公元914年）春正月甲辰，以曷鲁为迭剌部夷离堇，忽烈为惕隐。……有司所鞫逆党三百余人，狱既具，上以人命至重，死不复生，赐宴一日，随其平生之好，使为之。酒酣，或歌、或舞、或戏射、角抵，各极其意。"①在辽太祖即位后，以其二弟为首谋划叛乱，被发现后赐阴谋背叛者酒宴，并念在家族的份上免于死罪，就是维护皇族间内部的人际关系。《契丹国志》卷3《太宗嗣圣皇帝下》记载："述律太后遣使，以其国中酒馔脯果赐帝，贺平晋国。帝与群臣宴于永福殿，每举酒，立而饮之，曰：'太后所赐，不敢坐饮。'"②这是通过酒食体现辽代皇后与后晋皇帝之间的人际关系。《辽史》卷3《太宗本纪上》记载：天显"四年（公元929年）春正月壬申朔，宴群臣及诸国使，观俳优角抵戏。……冬十月壬寅，幸人皇王第，宴群臣"③。《辽史》卷7《穆宗本纪下》记载："（应历十六年，公元966年）十二月甲子，幸酒人拔剌哥家，复幸殿前都点检耶律夷腊葛第，宴饮连日。赐金盂、细锦及孕马百匹，左右授官者甚众。""十八年（公元968年）春正月乙酉朔，宴于宫中，不受贺。……二月乙卯，幸五坊使霞实里家，宴饮达旦。""十九年（公元969年）春正月己卯朔，宴宫中，不受贺。己丑，立春，被酒，命殿前都点检夷腊葛代行击土牛礼。甲午，与群臣为叶格戏。戊戌，醉中骤加左右官。乙巳，诏太尉化哥曰：'朕醉中处事有乖，无得曲从。酒解，可覆奏。'自立春饮至月终，不听政。"④从这几段史料记载看，辽太宗、穆宗为了维系与家族内和大臣的关系，往往以宴饮的方式进行，或在宫中设宴，或临幸家族成员和大臣家中宴饮。《辽史》卷8《景宗本纪上》记载："（保宁八年，公元976年）三月辛未，遣五使廉问四方鳏寡孤独及贫乏失职者，振之。"⑤这又是

---

① ［元］脱脱等：《辽史》卷1《太祖本纪上》，北京：中华书局，1974年，第9页。

② ［宋］叶隆礼撰，贾敬颜、林荣贵点校：《契丹国志》卷3《太宗嗣圣皇帝下》，上海：上海古籍出版社，1985年，第38页。

③ ［元］脱脱等：《辽史》卷3《太宗本纪上》，北京：中华书局，1974年，第30页。

④ ［元］脱脱等：《辽史》卷7《穆宗本纪下》，北京：中华书局，1974年，第84、85、87页。

⑤ ［元］脱脱等：《辽史》卷8《景宗本纪上》，北京：中华书局，1974年，第95页。

辽代皇帝通过救济的方式处理与平民中鳏、寡、孤、独、贫者的人际关系。

到辽代中晚期，这种以宴饮维系君臣关系的方式仍在持续。《辽史》卷11《圣宗本纪二》记载："（统和四年，公元986年，二月）甲寅，耶律斜轸、萧闼览、谋鲁姑等族帅来朝，行饮至之礼，赏赉有差。"①《辽史》卷12《圣宗本纪三》记载："（统和五年，公元987年）三月癸亥朔，幸长春宫，赏花钓鱼，以牡丹遍赐近臣，欢宴累日。……（统和七年二月）乙卯，大飨军士，爵赏有差。"②《辽史》卷18《兴宗本纪一》记载："（重熙五年，公元1036年，冬十月）甲子，宰臣张俭等请幸礼部贡院，欢饮至暮而罢，赐物有差。""（重熙）九年春正月丙辰朔，上进酒于皇太后宫，御正殿。"③《辽史》卷21《道宗本纪一》记载："（清宁二年，公元1056年，二月）乙巳，以兴宗在时生辰，宴群臣，命各赋诗。""（清宁四年，公元1058年）十一月癸酉，行再生及柴册礼，宴群臣于八方陂。""（清宁七年，公元1061年，六月）丁卯，幸弘义、永兴、崇德三宫致祭。射柳，赐宴，赏赉有差。"④《辽史》卷30《天祚皇帝本纪四》记载："（保大三年二月）毕勒哥（回鹘王）得书，即迎至邸，大宴三日。临行，献马六百，驼百，羊三千，愿质子孙为附庸，送至境外。"⑤从中看出，契丹皇帝和家族成员、大臣、使者、周边民族首领之间的人际关系，尤其是辽代各级臣僚要绝对服从皇帝，而皇帝为了处理好上下之间的关系时常设宴或赐宴招待大臣，并进行赏赐，以沟通君臣之间的和睦关系。

（二）民族之间交往的饮食行为

饮食行为或活动，在民族、群体以及群体与个体之间的交往中起桥梁和纽带的作用。从辽代民族间交往关系看，通过饮食活动反映出民族间政治上的友好或纷争、个体与群体间的利益关系。《契丹国志》卷23《并合部落》记载："汉城在炭山东南滦河上，有盐铁之利，乃后魏滑盐县也。其地可植五谷，阿保机率汉人耕种，为治城郭邑屋廛市如幽州制，汉人安之，不复思归。阿保机知众可用，用其妻述律策，使人告诸部大人曰：'我有盐池之

---

① ［元］脱脱等：《辽史》卷11《圣宗本纪二》，北京：中华书局，1974年，第119—120页。
② ［元］脱脱等：《辽史》卷12《圣宗本纪三》，北京：中华书局，1974年，第129、133页。
③ ［元］脱脱等：《辽史》卷18《兴宗本纪一》，北京：中华书局，1974年，第218、222页。
④ ［元］脱脱等：《辽史》卷21《道宗本纪一》，北京：中华书局，1974年，第253、257、258—259页。
⑤ ［元］脱脱等：《辽史》卷30《天祚皇帝本纪四》，北京：中华书局，1974年，第356页。

利，诸部所食。然诸部知食盐之利，而不知盐有主人，可乎？当来犒我。'诸部以为然，共以牛酒会盐池。阿保机伏兵其旁，酒酣伏发，尽杀诸部大人，复并为一国，东北诸夷皆畏服之。"①记载了契丹"化家为国"时期，耶律阿保机通过"盐池宴"击灭七部大人的事件。不管是击灭契丹七部大人，还是室韦七部大人，都是为了处理政治上的纷争而采取的宴会式手段，从而建立了辽王朝。

《契丹国志》卷21《南北朝馈献礼物》记载了契丹与宋朝互贺的生日礼物。契丹给宋朝皇帝的生日礼物包括酒、蜜晒山果、蜜渍山果、榛栗、松子、郁李子、黑郁李子、面枣、楞梨、棠梨、白盐、青盐、腊肉等。宋朝给契丹皇帝的生日礼物有酒食茶器、法酒、乳茶、岳麓茶、盐蜜果、干果等。《辽史》卷19《兴宗本纪二》记载："（重熙十一年，公元1042年）闰月癸未，耶律仁先遣人报，宋岁增银、绢十万两、匹，文书称'贡'，送至白沟；帝喜，宴群臣于昭庆殿。"②说明了国与国之间的饮食行为上的人际友好关系。这种民族与民族、国与国之间的饮食互赠活动，在辽代是一种普遍的现象，以象征双方的友好关系，也是政治上需求的手段。英国人类学家威廉·雷蒙德·弗思（William Raymond Firth）认为，互惠赠与行为的"互相性"并不一定是"等价性"，交换的物品往往只具有象征性的价值。③辽代契丹民族与其他民族馈赠交往的饮食行为就具有不等价的象征意义。《契丹国志》卷5《穆宗天顺皇帝》记载："（应历九年，公元959年）秋九月，辽帝遣其舅使于南唐，中国疑惮，泰州团练使荆罕儒募刺客，使杀之。南唐夜宴辽使于清风驿，酒酣，起更衣，久不返，视之，则失其首矣。自是辽与唐绝。"④因为辽使在南唐的宴会上遇害，而使辽与南唐断绝了交往。

在辽代与周邻民族、中原王朝的使者往来中，都通过宴会来表明宾客及各级官吏的身份和地位。《辽史》卷51《礼志四》记载了辽代契丹皇帝宴请宋朝使者的场面。"昧爽，臣僚入朝，宋使至幕次。皇帝升殿，殿前、教坊、契丹文武班，皆如初见之仪。宋使副缀翰林学士班，东洞门入，面西鞠

① [宋]叶隆礼撰，贾敬颜、林荣贵点校：《契丹国志》卷23《并合部落》，上海：上海古籍出版社，1985年，第222—223页。
② [元]脱脱等：《辽史》卷19《兴宗本纪二》，北京：中华书局，1974年，第227—228页。
③ 夏建中：《文化人类学理论学派——文化研究的历史》，北京：中国人民大学出版社，1997年，第151页。
④ [宋]叶隆礼撰，贾敬颜、林荣贵点校：《契丹国志》卷5《穆宗天顺皇帝》，上海：上海古籍出版社，1985年，第53页。

躬。舍人鞠躬，通文武百僚臣某以下起居，七拜。谢宣召赴宴，致词讫，舞蹈，五拜毕，赞各上殿俟候。舍人引大臣、使相、臣僚、使副及方茵朵殿应坐臣僚并于西阶上殿，就位坐；其余不应坐臣僚并于西洞门出。勾从人入，起居，谢赐宴，两廊立，如初见之仪。二人监盏，教坊再拜，赞各上殿俟候。入御床，大臣进酒。舍人、阁使赞拜、行酒，皆如初见之仪。次行方茵朵殿臣僚酒，传宣饮尽，如常仪。殿上酒一行毕，西廊从人行酒如初。殿上行饼茶毕，教坊致语，揖臣僚、使副并廊下从人皆起立，候口号绝，揖臣僚等皆鞠躬。赞拜，殿上应坐并侍立臣僚皆拜，称'万岁'。赞各就坐。次赞廊下从人拜，亦如初，歇宴，揖臣僚起立，御床出，皇帝起，入阁。引臣僚东西阶下殿，还幕次，内赐花。承受官引从人出，赐花，亦如之。簪花毕，引从人复两廊位立。次引臣僚、使副两洞门入，复殿上位立。皇帝出阁复坐。御床入，揖应坐臣僚、使副及侍立臣僚鞠躬。赞拜，称'万岁'，赞各就坐。两廊从人亦如之。行单茶，行酒，行膳，行果。殿上酒九行，使相乐曲。声绝，揖两廊从人起，赞拜，称'万岁'，赞'各好去'，承受引出。曲破，殿上臣僚、使副皆起立，赞拜，称'万岁'。赞各祗候。引臣僚使副东西阶下殿。契丹班谢宴出，汉人并使副班谢宴，舞蹈，五拜毕，赞'各好去'。引出毕，报阁门无事。皇帝起。"① 在贺生辰正旦宋使朝辞皇帝仪式上，"臣僚入朝如常仪，宋使至幕次。于外赐从人衣物。皇帝升殿，宣徽、契丹文武班起居、上殿，如曲宴仪。中书令奏宋使副并从人朝辞榜子毕，臣僚并于南面侍立。教坊起居毕，舍人引使副六人北洞门入，丹墀北方，面南鞠躬。舍人鞠躬，通南朝国信使某官某以下祗候辞，再拜，起居，恋阙，如辞皇太后仪。赞各祗候，平身立。揖使副鞠躬。宣徽赞'有敕'，使副再拜，鞠躬平身立。宣徽使赞'各赐卿对衣、金带、匹段、弓箭、鞍马等，想宜知悉'，使副平身立。揖大使三人少前，俯伏跪，摺笏，阁门使授别录赐物。过毕，俯起，复位立。揖副使三人受赐，亦如之。赞谢恩，舞蹈，五拜。赞上殿祗候，舍人引使副南阶上殿，就位立。引从人，赞谢恩，再拜；起居，再拜，赞赐宴，再拜；皆称'万岁'。赞各祗候，承受引两廊立。御床入，皇帝饮酒，舍人、阁使赞臣僚、使副拜，称'万岁'，皆如曲宴。应坐臣僚拜，称'万岁'。就坐、行酒、乐曲，方茵、两廊皆如之；行肴、行茶、行

① ［元］脱脱等：《辽史》卷51《礼志四》，北京：中华书局，1974年，第851—852页。

膳亦如之。行馒头毕，从人起，如登位使之仪。曲破，臣僚、使副皆起立，拜，称'万岁'，如辞太后之仪。使副下殿，舞蹈，五拜。赞各上殿祗候，引北阶上殿，栏内立。揖生辰、正旦大使二人少前，齐跪，受书毕，起立，揖磬折受起居毕，退。引北阶下殿，丹墀内并鞠躬。舍人赞'各好去'，引南洞门出。次引殿上臣僚南北洞门出毕，报阁门无事"。①从这两个与宋使有关的仪式看，自皇帝上殿，到宋使和辽代大臣入拜、就宴坐、行茶、行酒、行膳、行果、行馒头等，都有一套严格的等级安排，体现了辽代契丹皇帝与各级臣僚、契丹国主人与宋朝使者宾客之间人际关系的高上和卑下。特别是在曲宴宋使仪上行九进酒的最高礼节，说明辽代皇帝给以宋朝使者的特殊礼遇，成为辽国与宋朝之间友好关系的象征表现。

　　在其他国使者的入见、曲宴、朝辞等仪式上，也以宴饮的方式进行。如高丽使入见仪，"臣僚常服，起居，应上殿臣僚殿上序立。阁门奏榜子，引高丽使副面殿立。引上露台拜跪，附奏起居讫，拜，起立。阁门传宣'王询安否'，使副皆跪，大使奏'臣等来时询安'。引下殿，面殿立。进奉物入，列置殿前。控鹤官起居毕，引进使鞠躬，通高丽国王询进奉。宣徽使殿上赞进奉赴库，马出，担床出毕，引使副退，面西鞠躬。舍人鞠躬，通高丽国谢恩进奉使某官某以下祗候见，舞蹈，五拜。不出班，奏'圣躬万福'，再拜。出班，谢面天颜，五拜。出班，谢远接、汤药，五拜，赞各祗候。使副私献入，列置殿前。控鹤官起居，引进使鞠躬，通高丽国谢恩进奉某官某以下进奉。宣徽使殿上赞如初。引使副西阶上殿序立。皇帝不入御床，臣僚伴酒。契丹舍人迪，汉人阁使赞，再拜，称'万岁'，各就坐。酒三行，看膳二味。若宣令饮尽，就位拜，称'万岁'，赞各就坐。看膳不赞，起，再拜，称'万岁'。引下殿，舞蹈，五拜。赞各祗候。引出，于幕次内别差使臣伴宴。起，宣赐衣物讫，遥谢，五拜毕，归馆"。②曲宴高丽使仪，"臣僚入朝，班齐，皇帝升殿。宣徽、教坊、控鹤、文武班起居，皆如常仪；谢宣宴，如宋使仪。赞各上殿祗候。契丹臣僚谢宣宴。勾高丽使入，面南鞠躬。舍人鞠躬，通高丽国谢恩进奉使某官某以下起居，谢宣宴，共十二拜。赞各上殿祗候，臣僚、使副就位立。大臣进酒，契丹舍人通，汉人阁使赞，上殿臣僚皆拜。赞各祗候，进酒。大臣复位立，赞应坐臣僚拜，赞各就坐行酒。

---

① ［元］脱脱等：《辽史》卷51《礼志四》，北京：中华书局，1974年，第853—854页。
② ［元］脱脱等：《辽史》卷51《礼志四》，北京：中华书局，1974年，第854页。

若宣令饮尽，赞再拜，赞各就坐。教坊致语，臣僚皆起立。口号绝，赞再拜，赞各就坐。凡拜，皆称'万岁'。曲破，臣僚起，下殿。契丹臣僚谢宴，中书令以下谢宴毕，引使副谢，七拜。赞'各好去'，控鹤官门外祇候，报阁门无事。供奉官卷班出。来日问圣体"。[①]高丽使朝辞仪，"臣僚起居、上殿如常仪。阁门奏高丽使朝辞榜子，起居、恋阙，如宋使之仪。赞各上殿祇候。引西阶上殿立。契丹舍人赞拜，称'万岁'。赞各就坐，中书令以下伴酒三行，看膳二味，皆如初见之仪。既谢，赞'有敕宴'，五拜。赞'各好去'，引出，于幕次内别差使臣伴宴。毕，赐衣物，跪受，遥谢，五拜。归馆"。[②]在入见仪式、曲宴仪式和朝辞仪式上，辽代皇帝完成对高句丽使者的接待，就宴坐、进酒、行酒、行茶、行膳等主客之间的饮食行为，反映了国与国和民族与民族之间友好往来的关系，这种关系在西夏国进奉使朝见仪、西夏使朝辞仪中也有充分的体现。

英国人类学家拉德克利夫-布朗认为，"仪式使人的情感和情绪得以规范的表达，从而维持着这些情感的活力和活动。反过来，也正是这些情感对人的行为加以控制和影响，使正常的社会生活得以存在和维持。"他还认为，"礼仪是联结众生的纽带，无此纽带，众生便会陷入混乱"。[③]辽代皇帝与家族成员、大臣、使者等关系，正是通过宴饮方式表达相互间的情感，并通过这种情感使辽代社会得以继续存在和维持稳定。同时，在辽朝与宋朝、高句丽、西夏等国的交往中，各种礼仪通过宴饮行为成为联结友好和亲的纽带，一旦这种纽带遭到破坏，必然造成相互间的矛盾，会使友好和亲的关系终结而引发战争。因此，辽代人际交往中的饮食行为是维持社会秩序安稳的一种表现形式。

四、原始祭祀活动中的饮食行为

北方草原地区的先民和诸北方游牧民族，生活资料来源于大自然，便衍生出对大自然的敬畏和恐惧，人们希望通过对神的敬畏而得到它的护佑，就

---

① ［元］脱脱等：《辽史》卷51《礼志四》，北京：中华书局，1974年，第854—855页。
② ［元］脱脱等：《辽史》卷51《礼志四》，北京：中华书局，1974年，第855页。
③ ［英］拉德克利夫-布朗：《原始社会的结构与功能》，潘蛟等译，北京：中央民族大学出版社，1999年，第179—180、177页。

产生了对自然界物象的祭祀。费尔巴哈曾说："对于自然的依赖感，配合着把自然看成一个任意作为的、人格的实体这一种想法，就是献祭的基础，就是自然宗教的那个基本行为的基础。"①同时，由于以血缘为纽带关系，还祭祀祖先。辽代契丹人崇拜自然和祖先现象根深蒂固，先后经历了自然崇拜、图腾崇拜、祖先崇拜等阶段，饮食行为在原始祭祀活动中显得特别重要。

（一）祭祀自然物象活动中的饮食行为

契丹人在遥辇时期就崇拜大自然的天地、山川、日月、星辰、林木、风雨、神兽等，在灵魂不死的观念产生以后，才又出现对祖先、英雄的崇拜，并举行一定的祭祀仪式，与饮食行为有着密切的联系。

早期契丹社会祭祀天地、日月、山川、祖先时，多用牛、马、羊作祭品。在契丹人的观念中，天地是至高无上的，凡世间万事万物，无一不是天地所生、天地所赐。契丹礼俗，凡新君即位，必先举行柴册礼，祭告天地，取得天地认可后，其权力方才合法生效。这种礼俗形成于遥辇时代的初期，并为辽代所继承。《辽史》卷49《礼志一》记载："柴册仪：择吉日。前期，置柴册殿及坛。坛之制，厚积薪，以木为三级坛，置其上。席百尺毡，龙文方茵。又置再生母后搜索之室。皇帝入再生室，行再生仪毕，八部之叟前导后扈，左右扶翼皇帝册殿之东北隅。拜日毕，乘马，选外戚之老者御。皇帝疾驰，仆，御者、从者以毡覆之。皇帝诣高阜地，大臣、诸部帅列仪仗，遥望以拜。皇帝遣使敕曰：'先帝升遐，有伯叔父兄在，当选贤者。冲人不德，何以为谋？'群臣对曰：'臣等以先帝厚恩，陛下明德，咸愿尽心，敢有他图。'皇帝令曰：'必从汝等所愿，我将信明赏罚。尔有功，陟而任之；尔有罪，黜而弃之。若听朕命，则当谟之。'佥曰：'唯帝命是从。'皇帝于所识之地，封土石以志之。遂行。拜先帝御容，宴飨群臣。翼日，皇帝出册殿，护卫太保扶翼升坛。奉七庙神主置龙文方茵。北、南府宰相率群臣围立，各举毡旁，赞祝讫，枢密使奉玉宝、玉册入。有司读册讫，枢密使称尊号以进，群臣三称'万岁'，皆拜。宰相、北南院大王、诸部帅进赭、白羊各一群。皇帝更衣，拜诸帝御容。遂宴群臣，赐赉各有差。"②在传统的柴册仪上，契丹大臣给皇帝进献白羊和黑羊各一群，而皇帝要宴请群臣并按照级

---

① ［德］费尔巴哈：《宗教的本质》，王太庆译，北京：商务印书馆，2010年，第30页。
② ［元］脱脱等：《辽史》卷49《礼志一》，北京：中华书局，1974年，第836页。

别给以赏赐。

契丹人有崇东拜日的习俗。《新五代史》卷72《四夷附录一》记载："契丹好鬼而贵日,每月朔日,东向而拜日,其大会聚、视国事,皆以东向为尊。四楼门屋皆东向。"①在每月的农历初一日,是契丹人崇东拜日之日,建立辽朝以后更加明确。《辽史》卷49《礼志一》记载："拜日仪:皇帝升露台,设褥,向日再拜,上香。门使通,阁使或副、应拜臣僚殿左右阶陪位,再拜。皇帝升坐。奏榜讫,北班起居毕,时相已下通名再拜,不出班,奏'圣躬万福',又再拜,各祗候。宣徽已下横班同。诸司、阁门、北面先奏事;余同。教坊与臣僚同。"②在《辽史·本纪》中,多次提到以家养牲畜、野生动物、禽类、酒类祭祀天地和拜日之事,甚至祭祀完后还要行宴饮之礼。天赞三年(公元924年)"八月乙酉,至乌孤山,以鹅祭天。甲午,次古单于国,登阿里典压得斯山,以麃鹿祭。……是月,破胡母思山诸蕃部,次业得思山,以赤牛青马祭天地"。"(四年,公元925年)闰月壬辰,祠木叶山。壬寅,以青牛白马祭天地于乌山"③。天显九年(公元934年)"秋八月壬午,自将南伐。乙酉,拽剌解里手接飞雁,上异之,因以祭天地"④。应历二年(公元952年)九月"戊午,诏以先平察割日,用白黑羊、玄酒祭天,岁以为常。壬戌,猎炭山。祭天"。"(十三年,公元963年)九月庚戌朔,以青牛白马祭天地。饮于野次,终夕乃罢。辛亥,以酒脯祭天地,复终夜酣饮"⑤。保宁九年(公元977年)"十二月戊辰,猎于近郊,以所获祭天"⑥。统和元年(公元983年)八月"己亥,猎赤山,遣使荐熊肪、鹿脯于乾陵之凝神殿"。十二月"戊申,千龄节,祭日月,礼毕,百僚称贺"⑦。在祭祀中多与狩猎活动相关,涉及的祭品有马、牛、羊、熊、鹿、鹅、雁以及酒等,可见契丹人将猎获的动物肉食和酒在祭祀中的重要性。

契丹的原始祭祀对象,除天地、日月、星辰外,还有对风雨、雷电、山川的崇拜,用酒食和肉食作祭品,其中的祭山仪最为隆重。在契丹人的心目中有两座圣山,一为木叶山,一为黑山。木叶山是契丹祖神的所居之山,辽

---

① [宋]欧阳修:《新五代史》卷72《四夷附录一》,北京:中华书局,1974年,第888页。
② [元]脱脱等:《辽史》卷49《礼志一》,北京:中华书局,1974年,第836页。
③ [元]脱脱等:《辽史》卷2《太祖本纪下》,北京:中华书局,1974年,第20、21页。
④ [元]脱脱等:《辽史》卷3《太宗本纪上》,北京:中华书局,1974年,第36页。
⑤ [元]脱脱等:《辽史》卷6《穆宗本纪上》,北京:中华书局,1974年,第70、78页。
⑥ [元]脱脱等:《辽史》卷9《景宗本纪下》,北京:中华书局,1974年,第100页。
⑦ [元]脱脱等:《辽史》卷10《圣宗本纪一》,北京:中华书局,1974年,第111、112页。

代帝王死后魂归此山。黑山是契丹部民死后的魂归之地，《契丹国志》卷27《岁时杂记》记载："言契丹死，魂为黑山神所管。又彼人传云：凡死人，悉属此山神所管，富民亦然。契丹黑山，如中国之岱宗。云北人死，魂皆归此山。每岁五京进人、马、纸物各万余事，祭山而焚之。其礼甚严，非祭不敢近山。"①祭木叶山、黑山之俗，到契丹立国后越演越烈。《辽史》卷49《礼志一》记载："祭山仪：设天神、地祇位于木叶山，东向；中立君树，前植群树，以像朝班；又偶植二树，以为神门。皇帝、皇后至，夷离毕具礼仪。牲用赭白马、玄牛、赤山羊，皆壮。仆臣曰旗鼓拽剌，杀牲，体割，悬之君树。太巫以酒醊牲。祀官曰敌烈麻都，奏'仪办'。皇帝服金文金冠，白绫袍，绛带，悬鱼，三山绛垂，饰犀玉刀错，络缝乌靴。皇后御绛帓，络缝红袍，悬玉佩，双结帕，绛缝乌靴。皇帝、皇后御鞍马。群臣在南，命妇在北，服从各部旗帜之色以从。皇帝、皇后至君树前下马，升南坛御榻坐。群臣、命妇分班，以次入就位；合班，拜讫，复位。皇帝、皇后诣天神、地祇位，致奠；閤门使读祝讫，复位坐。北府宰相及惕隐以次致奠于君树，遍及群树。乐作。群臣、命妇退。皇帝率孟父、仲父、季父之族，三匝神门树；余族七匝。皇帝、皇后再拜，在位者皆再拜。上香，再拜如初。皇帝、皇后升坛，御龙文方茵坐。再声警，诣祭东所，群臣、命妇从，班列如初。巫衣白衣，惕隐以素巾拜而冠之。巫三致辞。每致辞，皇帝、皇后一拜，在位者皆一拜。皇帝、皇后各举酒二爵，肉二器，再奠。大臣、命妇右持酒，左持肉各一器，少后立，一奠。命惕隐东向掷之。皇帝、皇后六拜，在位者皆六拜。皇帝、皇后复位，坐。命中丞奉茶果、饼饵各二器，奠于天神、地祇位。执事郎君二十人持福酒、胙肉，诣皇帝、皇后前。太巫奠醊讫，皇帝、皇后再拜。皇帝、皇后一拜，饮福，受胙，复位，坐。在位者以次饮。皇帝、皇后率群臣复班位，再拜。声跸，一拜。退。"②在祭山仪式上，酒和食物为主要祭品，在活动中几次重复出现，祭酒、食肉成为整个仪式中的重要环节。

在《契丹国志》卷27《岁时杂记》中，记载了契丹人的"小春"节，"十月内，五京进纸造小衣甲并枪刀器械各一万副。十五日一时推垛，国主

---

① ［宋］叶隆礼撰，贾敬颜、林荣贵点校：《契丹国志》卷27《岁时杂记》，上海：上海古籍出版社，1985年，第254页。

② ［元］脱脱等：《辽史》卷49《礼志一》，北京：中华书局，1974年，第834—835页。

与押番臣寮望木叶山。奠酒拜，用番字书状一纸，同焚烧奏木叶山神，云'寄库'。"①主要是祭祀木叶山，以酒作为奠祭品。《辽史·本纪》中，有多处记载了契丹皇帝祭祀木叶山和黑山的情况。天赞三年（公元924年）九月"丁巳，凿金河水，取乌山石，辇致潢河、木叶山，以示山川朝海宗岳之意"。"（四年，公元925年）闰月壬辰，祠木叶山"②。天显四年（公元929年）九月"戊寅，祠木叶山"。"六年（公元931年）五月乙丑，祠木叶山。""十二年（公元937年）十二月甲申，东幸，祀木叶山"③。会同二年（公元939年）"夏四月乙亥，幸木叶山"④。应历十二年（公元962年）"六月甲午，祠木叶山及潢河。秋，如黑山、赤山射鹿"⑤。应历十四年（公元964年）"秋七月壬辰，以酒脯祀黑山"⑥。保宁三年（公元971年）夏四月"己卯，祠木叶山，行再生礼"。"七年（公元975年）春正月甲戌朔，宋遣使来贺。壬寅，望祠木叶山。"⑦保宁九年（公元977年）十一月"癸卯，祠木叶山"⑧。统和"二十六年（公元1008年）春二月，如长泺。夏四月辛卯朔，祠木叶山"⑨。重熙十四年（公元1045年）"冬十月甲子，望祀木叶山"⑩。咸雍十年（公元1074年）九月"癸亥，祠木叶山"⑪。大康六年（公元1080年）"闰九月壬寅，祠木叶山"⑫。大安七年（公元1091年）"十一月庚子，如藕丝淀。甲子，望祀木叶山"⑬。乾统六年（公元1106年）十一月"己亥，谒太祖庙。甲辰，祠木叶山"。"（九年，公元1109年）冬十月癸酉，望祠木叶山。"⑭《辽史》卷53《礼志六》记载："冬至日，国俗，屠白羊、白马、白雁，各取血和酒，天子望拜黑山。黑山在境北，俗谓国人魂魄，其神司之，犹中国之岱宗云。每岁是日，五京进纸造人马万余事，祭山而焚之。

① ［宋］叶隆礼撰，贾敬颜、林荣贵点校：《契丹国志》卷27《岁时杂记》，上海：上海古籍出版社，1985年，第253页。
② ［元］脱脱等：《辽史》卷2《太祖本纪下》，北京：中华书局，1974年，第20、21页。
③ ［元］脱脱等：《辽史》卷3《太宗本纪上》，北京：中华书局，1974年，第30、32、41页。
④ ［元］脱脱等：《辽史》卷4《太宗本纪下》，北京：中华书局，1974年，第46页。
⑤ ［元］脱脱等：《辽史》卷6《穆宗本纪上》，北京：中华书局，1974年，第77页。
⑥ ［元］脱脱等：《辽史》卷7《穆宗本纪下》，北京：中华书局，1974年，第81页。
⑦ ［元］脱脱等：《辽史》卷8《景宗本纪上》，北京：中华书局，1974年，第91、94页。
⑧ ［元］脱脱等：《辽史》卷9《景宗本纪下》，北京：中华书局，1974年，第100页。
⑨ ［元］脱脱等：《辽史》卷14《圣宗本纪五》，北京：中华书局，1974年，第163页。
⑩ ［元］脱脱等：《辽史》卷19《兴宗本纪二》，北京：中华书局，1974年，第232页。
⑪ ［元］脱脱等：《辽史》卷23《道宗本纪三》，北京：中华书局，1974年，第276页。
⑫ ［元］脱脱等：《辽史》卷24《道宗本纪四》，北京：中华书局，1974年，第285页。
⑬ ［元］脱脱等：《辽史》卷25《道宗本纪五》，北京：中华书局，1974年，第300页。
⑭ ［元］脱脱等：《辽史》卷27《天祚皇帝本纪一》，北京：中华书局，1974年，第323、324页。

俗甚严畏，非祭不敢近山。"① 木叶山和黑山为辽代契丹祖先所在地，祭山与祭祖是相辅相成的。内蒙古巴林右旗罕山辽代祭祀遗址②，发现用于祭祀场所和祭祀者休息居住与守护的建筑遗迹，出土了陶罐、陶盖盒、陶盆、陶瓮、瓷碗、瓷钵、瓷罐、瓷注碗、瓷牛腿瓶、铁釜、铁锅、铁勺、铁刀等器物和牛骨，应为祭器、祭食或祭祀者食用之器（图72）。罕山即为黑山，是辽代契丹人祭山的主要场所之一（图73）。

（a）鎏金团龙纹银高足杯　　　　　　（b）鎏金团龙纹银高足杯内饰

图72　鎏金团龙纹银高足杯及内饰（辽代，内蒙古赤峰市大营子辽驸马墓出土，内蒙古博物院藏）

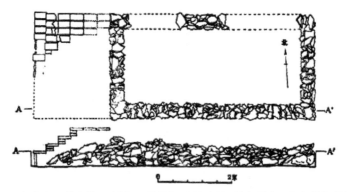

图73　内蒙古巴林右旗辽罕山1号祭祀建筑遗址平剖面图（来自发掘简报）

（二）祭祀祖先活动中的饮食行为

契丹人祭祀祖先，其对象为始祖奇首以及历朝已故的皇帝。《契丹国

---

① ［元］脱脱等：《辽史》卷53《礼志六》，北京：中华书局，1974年，第879页。
② 内蒙古自治区文物工作队等：《内蒙古巴林右旗罕山辽代祭祀遗址发掘报告》，《考古》1988年第11期，第1002—1014页。

志·初兴本末》记载："古昔相传：有男子乘白马浮土河而下，复有一妇人乘小车驾灰色之牛，浮潢河而下，遇于木叶之山，顾合流之水，与为夫妇，此其始祖也。是生八子，各居分地，号八部落。……立遗像于木叶山，后人祭之，必刑白马杀灰牛，用其始来之物也。"①《辽史》卷37《地理志一》也有同样的记载："永州，永昌军，观察。承天皇太后所建。太祖于此置南楼。乾亨三年（公元981年），置州于皇子韩八墓侧。东潢河，南土河，二水合流，故号永州。冬月牙帐多驻此，谓之冬捺钵。有木叶山，上建契丹始祖庙，奇首可汗在南庙，可敦在北庙，绘塑二圣并八子神像。相传有神人乘白马，自马盂山浮土河而东，有天女驾青牛车由平地松林泛潢河而下。至木叶山，二水合流，相遇为配偶，生八子。其后族属渐盛，分为八部。每行军及春秋时祭，必用白马青牛，示不忘本云。"②另外，契丹还尊奉其他三位祖先。《契丹国志·初兴本末》载："后有一主，号曰乃呵，此主持一髑髅，在穹庐之中覆之以毡，人不得见。国有大事，则杀白马灰牛以祭，始变人形，出视事，已，即入穹庐，复为髑髅。因国人窃视之，失其所在。复有一主，号曰喎呵，戴野猪头，披猪皮，居穹庐中，有事则出，退复隐入穹庐如故。后因其妻窃其猪皮，遂失其夫，莫知所如。次复一主，号曰昼里昏呵，惟养羊二十口，日食十九，留其一焉，次日复二十口，日如之。是三主者，皆有治国之能名，余无足称焉。"③契丹人祭祀祖先时，必杀青牛白马作祭品，而乃呵、喎呵、昼里昏呵三位祖先，从他们的特征看，反映了早期契丹猎取猪鹿、饲养牛羊的情景。

《辽史·本纪》中有祭祀已故皇帝的多处记载，并以饮食作祭品。天显四年（公元929年）夏四月"壬子，谒太祖庙。癸丑，谒太祖行宫。甲寅，幸天城军，谒祖陵。辛酉，人皇王倍来朝。癸亥，录囚。五月癸酉，谒二仪殿，宴群臣"。"（五年，公元930年）夏四月乙未，诏人皇王先赴祖陵谒太祖庙。丙辰，会祖陵。"④会同九年（公元946年）"六月戊子，谒祖陵，更闟神殿为长思"⑤。应历四年（公元954年）"十二月辛酉朔，谒祖陵"。

① [宋]叶隆礼撰，贾敬颜、林荣贵点校：《契丹国志·契丹国初兴本末》，上海：上海古籍出版社，1985年，第1页。
② [元]脱脱等：《辽史》卷37《地理志一》，北京：中华书局，1974年，第445—446页。
③ [宋]叶隆礼撰，贾敬颜、林荣贵点校：《契丹国志·契丹国初兴本末》，上海：上海古籍出版社，1985年，第1—2页。
④ [元]脱脱等：《辽史》卷3《太宗本纪上》，北京：中华书局，1974年，第30、31页。
⑤ [元]脱脱等：《辽史》卷4《太宗本纪下》，北京：中华书局，1974年，第57页。

"（五年冬十月，公元955年）丁亥，谒太宗庙。""（六年，公元956年）夏五月丁酉，谒怀陵。六月甲子，汉遣使来议军事。秋七月，不视朝。九月戊午，谒祖陵。冬十一月壬寅，鼻骨德来贡。十二月己未朔，谒太祖庙。"①保宁八年（公元976年）"九月己巳，谒怀陵"②。保宁十年（公元978年）"秋七月庚戌，享太祖庙"③。统和元年（公元983年）二月"辛亥，幸圣山，遂谒三陵"。"（夏四月）庚寅，谒太祖庙。""壬寅，致享于凝神殿。""癸卯，谒乾陵。乙巳，遣人以酒脯祭平章耶律河阳墓。""八月戊子，上西巡。己丑，谒祖陵。""（三年，公元985年）八月癸巳，皇太后谒显陵。庚子，谒乾陵。"④统和四年（公元986年）十一月"戊寅，日南至，上率从臣祭酒景宗御容"⑤。统和二十八年（公元1010年）"秋八月戊申，振平州饥民。辛亥，幸中京。丙寅，谒显、乾二陵"⑥。重熙十四年（公元1045年）"六月丁卯，谒庆陵"⑦。清宁二年（公元1056年）"九月庚子，幸中京，祭圣宗、兴宗于会安殿"。"（三年，公元1057年）五月己亥，如庆陵，献酹于金殿、同天殿。""（四年，公元1058年）夏四月甲辰，谒庆陵。"⑧寿昌五年（公元1099年）"夏五月壬戌，药师奴等使宋回，奏宋罢兵。癸亥，谒乾陵"⑨。乾统元年（公元1101年）"八月甲寅，谒庆陵。九月壬申，谒怀陵。乙亥，驻跸藕丝淀。冬十月壬辰，谒乾陵"。"（十年，公元1110年）秋七月辛丑，谒庆陵。闰月辛亥，谒怀陵。己未，谒祖陵。"⑩有时祭祀完祖先，还要设宴招待各级大臣。

辽代的告庙仪、谒庙仪、孟冬朔拜陵仪都有崇拜祖先的仪式。《辽史》卷49《礼志一》记载："告庙仪：至日，臣僚昧爽朝服，诣太祖庙。次引臣僚，合班，先见御容，再拜毕，引班首左上，至祷位，再拜。赞上香，揖栏内上香毕，复褥位，再拜。各祗候立定。左右举告庙祝版，于御容前跪捧。中书舍人俯跪，读讫，俯兴，退。引班首左下，复位，又再拜。分引上殿，

① [元]脱脱等：《辽史》卷6《穆宗本纪上》，北京：中华书局，1974年，第73、74页。
② [元]脱脱等：《辽史》卷8《景宗本纪上》，北京：中华书局，1974年，第95页。
③ [元]脱脱等：《辽史》卷9《景宗本纪下》，北京：中华书局，1974年，第100页。
④ [元]脱脱等：《辽史》卷10《圣宗本纪一》，北京：中华书局，1974年，第109、110、111、115页。
⑤ [元]脱脱等：《辽史》卷11《圣宗本纪二》，北京：中华书局，1974年，第125页。
⑥ [元]脱脱等：《辽史》卷15《圣宗本纪六》，北京：中华书局，1974年，第168页。
⑦ [元]脱脱等：《辽史》卷19《兴宗本纪二》，北京：中华书局，1974年，第232页。
⑧ [元]脱脱等：《辽史》卷21《道宗本纪一》，北京：中华书局，1974年，第254、255、256页。
⑨ [元]脱脱等：《辽史》卷26《道宗本纪六》，北京：中华书局，1974年，第311页。
⑩ [元]脱脱等：《辽史》卷27《天祚皇帝本纪一》，北京：中华书局，1974年，第318、325页。

次第进酒三。分班引出。"①"谒庙仪：至日昧爽，南北臣僚各具朝服，赴庙。车驾至，臣僚于门外依位序立，望驾鞠躬。班首不出班，奏'圣躬万福'。舍人赞各祗候毕，皇帝降车，分引南北臣僚左右入，至丹墀褥位。合班定，皇帝升露台褥位。宣徽赞皇帝再拜，殿上下臣僚陪位皆再拜。上香毕，退，复位，再拜。分引臣僚左右上殿位立，进御容酒依常礼。若即退，再拜。舍人赞'好去'，引退。礼毕。"②"孟冬朔拜陵仪：有司设酒馔于山陵。皇帝、皇后驾至，敌烈麻都奏'仪办'。阁门使赞皇帝、皇后诣位四拜讫，巫赞祝燔胙及时服，酹酒荐牲。大臣、命妇以次燔胙，四拜。皇帝、皇后率群臣、命妇，循诸陵各三匝。还宫。翼日，群臣入谢。"③其中，告庙、谒庙都是拜祖先的御容像，从太宗时开始在先帝、先后的生辰和忌辰行礼，后来在正旦、皇帝生辰及节日都要行此礼，如果皇帝出行遇到忌辰也要派人去行礼。凡是在瑟瑟仪、柴册仪、再生仪、纳后仪上，皇帝都要亲自去行礼，且要分开进行，柴册、亲征就举行告庙仪，幸临诸京就行谒庙仪，四季都以新鲜的酒食作献祭的祭品，这与告庙仪、谒庙仪中的酒、馔、牲是相符的。

契丹人还有立春仪、冬至日（祭日）、瑟瑟仪（射柳祈雨）等，祭祀用牲为白马、白羊、黑羊，同时还备有茶果、饼饵、米酒、肉食之类的祭品。如瑟瑟仪，"若旱，择吉日行瑟瑟仪以祈雨。前期，置百柱天棚。及期，皇帝致奠于先帝御容，乃射柳。皇帝再射，亲王、宰执以次各一射。中柳者质志柳者冠服，不中者以冠服质之。不胜者进饮于胜者，然后各归其冠服。又翼日，植柳天棚之东南，巫以酒醴、黍稗荐植柳，祝之。皇帝、皇后祭东方毕，子弟射柳。皇族、国舅、群臣与礼者，赐物有差。既三日雨，则赐敌烈麻都马四匹、衣四袭；否则以水沃之"④。在祭仪之中，多次以酒、肉等饮食活动来祭奠，祈求大自然和祖先的保佑，达到风调雨顺、国泰民安的功效。

五、饮食行为中的习俗

饮食行为是指与饮食文化相关的一切活动，能反映出一定的礼仪规范。

① ［元］脱脱等：《辽史》卷49《礼志一》，北京：中华书局，1974年，第837页。
② ［元］脱脱等：《辽史》卷49《礼志一》，北京：中华书局，1974年，第837页。
③ ［元］脱脱等：《辽史》卷49《礼志一》，北京：中华书局，1974年，第837页。
④ ［元］脱脱等：《辽史》卷49《礼志一》，北京：中华书局，1974年，第835页。

从北方草原地区的饮食行为与饮食习俗发展过程看,主要表现在餐坐习俗、进食(进酒)习俗、宴饮习俗、赏赐与带福还家习俗等。这些习俗形成的时间较晚,主要发生在建立政权的北方游牧民族中,而且接受了汉文化的影响。辽代等级制也决定了饮食行为中的餐饮座次、进食次序、宴饮形式等,这在契丹各种习俗中充分地体现出来。

(一)餐坐习俗

草原地区的原始时期,古人类围火或者围灶而聚餐,由于处于原始公共氏族阶段,氏族成员共同生产,共同享用劳动果实,在餐坐形式上基本没有座次之分。在进入阶级社会以后,特别是有些游牧民族建立政权,反映在等级上有着明显的差别,在饮食行为上也体现出餐坐的礼仪。限于文献资料的记载,只能从史书的"礼志"和一些"传纪"中的记载探寻这种饮食行为中的餐坐礼仪。

《辽史》卷51《礼志四》记载:"高丽使朝辞仪:臣僚起居、上殿如常仪。阁门奏高丽使朝辞榜子,起居、恋阙,如宋使之仪。赞各上殿祗候,引西阶上殿立。契丹舍人赞拜,称'万岁'。赞各就坐,中书令以下伴酒三行,看膳二味,皆如初见之仪。既谢,赞'有敕宴',五拜。赞'各好去',引出,于幕次内别差使臣伴宴。毕,赐衣物,跪受,遥谢,五拜。归馆。西夏国进奉使朝见仪:臣僚常朝毕,引使者左入,至丹墀,面殿立。引使者上露台立。揖少前,拜跪,附奏起居讫,俯兴,复位。阁使宣问'某安否',鞠躬听旨,跪奏'某安'。俯伏兴,退,复位。引左下,至丹墀,面殿立。礼物右入左出,毕,阁使鞠躬,通某国进奉使姓名候见,共一十七拜。赞祗候,平立。有私献,过毕,揖使者鞠躬,赞'进奉收讫'。赞祗候,引左上殿,就位立。臣僚、使者齐声喏。酒三行,引使左下,至丹墀谢宴,五拜。毕,赞'有敕宴',五拜。祗候,引右出。礼毕。于外赐宴,客省伴宴,仍赐衣物。"[1]在高句丽使者辞别契丹皇帝的礼仪中,契丹各级臣僚按照级别上殿,以官阶高低分别就座,中书令以下的官员行三巡酒、食二味菜肴,然后引高句丽使者上殿,并赐宴,让各级官僚陪伴使者进宴。西夏使者朝见契丹皇帝的礼仪,各级臣僚如同平时上朝一样分班次就座,然后引西夏使者上朝跪拜契丹皇帝,此后就坐行三巡酒,赐宴。这种重大礼仪中的餐坐习俗在北

---

① [元]脱脱等:《辽史》卷51《礼志四》,北京:中华书局,1974年,第855页。

方草原地区一直延续到现代。

从文献资料中也可看出辽代的餐坐习俗已经成为一种定制。《辽史》卷86《萧和尚传》记载："萧和尚，字洪宁，国舅大父房之后。忠直，多智略。开泰初，补御盏郎君，寻为内史、太医等局都林牙。使宋贺正，将宴，典仪者告，班节度使下。和尚曰：'班次如此，是不以大国之使相礼。且以锦服为赆，如待蕃部。若果如是，吾不预宴。'宋臣不能对，易以紫服，位视执政，使礼始定。"①在餐坐习俗中，往往伴有赏赐的行为，赐食、赐宴、赐器物等，受赐者带有荣誉感和带福还家之意。美国社会学家哈罗德·加芬克尔（Harold Garfinkel）的本土方法论中，有一个重要的理论就是反射行动与互动，认为社会成员是使用一定的方法来组织活动并使活动具有共同的意义，也就是社会成员的大部分互动都起着维持某种现实观的作用。②那么，所谓的餐坐习俗就是长久以来形成的一种习惯，在宴饮中安排就餐座位就是一种反射行动，而且被参加者所接受。

（二）进食习俗

进食习俗主要在建立政权的游牧民族中盛行，古代通过进食、进酒行为反映出主人的身份和地位，还有上菜、上酒的次序，并有一定的行为礼仪规范。北方草原地区的原始时期，还没有明显的进食习俗形成，直到进入夏商以后才逐渐出现了这种进食的行为，显然受到了中原地区饮食习俗的影响，辽代的进食习俗也是如此。

《辽史》卷51《礼志三》记载："腊仪：腊，十二月辰日。前期一日，诏司腊官选腊地。其日，皇帝、皇后焚香拜日毕，设围，命腊夫张左右翼。司腊官奏成列，皇帝、皇后升舆，敌烈麻都以酒二尊、盘缯奉进，北南院大王以下进马及衣。皇帝降舆，祭东毕，乘马入围中。皇太子、亲王率群官进酒，分两翼而行。皇帝始获兔，群臣进酒上寿，各赐以酒。至中食之次，亲王、大臣各进所获。及酒讫，赐群臣饮，还宫。应历元年（公元951年）冬，汉遣使来贺，自是遂以为常仪。统和中，罢之。"③在辽代的腊仪上，契丹皇帝、皇后进行拜日仪式后，上皇辇前往打围之地，掌管礼仪的官员以酒

① ［元］脱脱等：《辽史》卷86《萧和尚传》，北京：中华书局，1974年，第1326页
② 周延东：《中国饮食文化中的社会学思考》，《商业文化（学术版）》2008年第2期，第152页。
③ ［元］脱脱等：《辽史》卷51《礼志三》，北京：中华书局，1974年，第845—846页。

食奉进。到达腊地后祭东向，入围地，皇太子、亲王率领百官给皇帝、皇后进酒。等到皇帝猎获野牲后，各级大臣再次进酒祝寿，最后大宴群臣。契丹皇帝、皇后先后历经三次群臣的进酒，这种风俗一直延续到明清时期的蒙古贵族阶层中。

在辽代的各种习俗中，都有进酒或进食的习俗。契丹人以酒行事，以酒成礼，酒在日常生活成为不可缺少的饮食种类。除此之外，在一些礼仪活动中，常见行膳、行馒头等进食行为。如宋使祭奠吊慰仪，"大使近前跪，捧台盏，进奠酒三……"[①]。宋使见皇帝仪，"御床入，大臣进酒，皇帝饮酒"[②]。曲宴高丽使仪，"大臣进酒，契丹舍人通，汉人阁使赞，上殿臣僚皆拜。赞各祗候，进酒"[③]。皇帝纳后仪，"少顷，拜，进酒于皇后，次及后之父母、宗族、兄弟。……后族追拜，进酒，遂行"[④]。皇帝生辰朝贺仪，"臣僚东西门入，合班再拜。赞进酒，班首上殿进酒。……殿上一进酒毕，从人入就位如仪。亲王进酒，行饼茶，教坊致语如仪。行茶、行肴膳如仪。七进酒，使相乐曲终，从人起"[⑤]。皇后生辰仪，"契丹、汉人合班，进寿酒，舞蹈，五拜"[⑥]。在辽墓壁画中，进食、进酒的场面很多。内蒙古敖汉旗下湾子5号辽墓[⑦]壁画的进饮图，绘于墓室西南壁。共画4人，左第一人为契丹男子，袖手，正面而立，身着白色圆领窄袖长袍，双目视向第二人所端之碗，面含严肃之态。其他三人均汉人装束，半侧身向外而立，目视第一人，表现出恭敬之态。左第二人右手托一黄色大碗端向第一人，左手举到肩部，身着蓝色圆领紧袖长袍。左第三人双手捧一浅盘，内放一黄色大碗，身着浅蓝色圆领紧袖长袍。左第四人双手捧一黄色洗，身着白色圆领紧袖长袍。在四人前，左放一叠食盒，右放一黄色三足曲口浅腹火盆，盆内燃烧炭火，上放二个执壶，一个带流，一个为凤首（图74）。因此，进食习俗不仅在皇宫中进行，还在贵族阶层中盛行。在进食习俗中，往往体现出地位低的人向地位高的人进酒，或者侍者向主人进食的情景，这也是辽代饮食习俗的一种行为规范。

---

① [元]脱脱等：《辽史》卷50《礼志二》，北京：中华书局，1974年，第841页。
② [元]脱脱等：《辽史》卷51《礼志四》，北京：中华书局，1974年，第851页。
③ [元]脱脱等：《辽史》卷51《礼志四》，北京：中华书局，1974年，第855页。
④ [元]脱脱等：《辽史》卷52《礼志五》，北京：中华书局，1974年，第863页。
⑤ [元]脱脱等：《辽史》卷53《礼志六》，北京：中华书局，1974年，第869页。
⑥ [元]脱脱等：《辽史》卷53《礼志六》，北京：中华书局，1974年，第870页。
⑦ 邵国田：《敖汉旗下湾子辽墓清理简报》，《内蒙古文物考古》1999年第1期，第67—84页。

图 74　进饮图（辽代，内蒙古敖汉旗下湾子 5 号辽墓，刘洪帅绘）

以上列举的进食或进酒场面，主要是表现皇室宫廷礼仪和贵族阶层日常生活中的情景。史籍中记载的进食场面往往伴随着宫廷各种礼仪或仪式进行，而考古学的墓葬壁画则反映贵族阶层日常生活中的侍者给主人进食或进酒的场面。宫廷礼仪中的进食、进酒讲究次序，如辽代的腊仪，群臣给皇帝、皇后进酒三次；皇帝生辰朝贺仪，亲王、群臣等进酒七次。墓葬壁画所反映的进食、进酒却没有次序，只是侍者给主人进食或进酒。虽然辽代的进食和进酒主要体现在上层社会中，但可以影射下层社会的进食、进酒习俗。

（三）宴饮习俗

宴饮同样在人生礼俗、人际交往、岁时节日、宗教仪式中表现出来，并且与餐坐、进食习俗相辅相成，组成完整的饮食礼俗。北方草原地区的宴饮资料，在原始时期的文化遗址中无法管窥其真实的面貌，但是在祭祀成风的原始礼俗中随着礼仪的最初出现，应该有了最原始的宴饮状况。在游牧民族诞生以后，中原地区饮食习俗影响了草原地区，逐渐形成了宴饮习俗。根据文献记载和考古学资料表明，辽、金、元时期的宴饮情况比较完整，之前民族的宴饮也有零星的记载与考古发现。

辽代的宴饮习俗在一些仪式中有明确的体现，如宋使见皇帝仪、曲宴宋使仪、贺生辰正旦宋使朝辞皇帝仪、高丽使入见仪、曲宴高丽使仪、西夏国进奉使朝见仪、皇帝纳后仪、皇太后生辰朝贺仪、皇帝生辰朝贺仪、皇后生辰仪、正旦朝贺仪、冬至朝贺仪、岁时杂仪等。《辽史》卷53《礼志六》记载："皇太后生辰朝贺仪：至日，臣僚入朝，国使至幕，班齐，如常仪。皇太后升殿坐，皇帝东面侧坐。契丹舍人殿上通名，契丹、汉人臣僚，宋使副缀翰林学士班，东西两洞门入，合班称贺，班首上殿祝寿，分班引出，皆如正旦之仪。教坊起居，七拜，契丹、汉人臣僚入，进酒，皆如正旦之仪，唯宣答称'圣旨'。皇帝降御座，进奉皇太后生辰礼物。过毕，皇帝殿上再拜，殿下臣僚皆再拜。皇帝升御座。引臣僚分班出，引中书令、北大王西阶上殿，奏契丹臣僚进奉。次汉人臣僚并诸道进奉。控鹤官置担床，起居，四拜毕；引进使鞠躬，通文武百僚某官某以下，高丽、夏国、诸道进奉。宣徽使殿上赞进奉各付所司，控鹤官声喏。担床过毕，契丹、汉人臣僚以次谢，五拜。赞各祗候，引出。教坊、诸道进奉使谢如之。契丹臣僚谢宣宴，引上殿就位立，汉人臣僚并宋使副东洞门入，面西谢宣宴，如正旦仪。赞各上殿祗候，臣僚、使副上殿就位立，亦如之。监盏、教坊上殿，从人入东廊立，皆如之。御床入，皇帝初进酒，臣僚就位陪拜。皇太后饮酒，殿上应坐、侍立臣僚皆拜，称'万岁'。赞各祗候，立。皇太后卒饮，手赐皇帝酒。皇帝跪，卒饮，退就褥位，再拜，臣僚皆陪拜。若皇帝亲赐使相、臣僚、宋使副酒，皆立饮。皇帝升坐，赞应坐臣僚并使副皆拜，称'万岁'。赞各就坐。行方裀朵殿臣僚酒，如正旦仪。一进酒，两廊从人拜，称'万岁'，各就坐。亲王进酒，如正旦仪。若皇太后手赐亲王酒，跪饮讫，退露台上，五拜。赞祗候。殿上三进酒，行饼茶讫，教坊跪，致语，揖臣僚、使副、廊下从人皆立。口号绝，赞拜亦如之。行茶、行肴膳，皆如之。大馔入，行粥碗。殿上七进酒，使相、臣僚乐曲终，揖廊下从人起，拜，称'万岁'。'各好去'，承受官引两门出。曲破，揖臣僚、使副起，鞠躬。赞拜，皆拜，称'万岁'。赞各祗候，引臣僚、使副下殿。契丹臣僚谢宴毕，出。汉人臣僚、使副舞蹈，五拜毕，赞'各好去'。出洞门毕，报阁门无事，皇太后、皇帝起。"[①]在辽代皇太后生辰朝贺礼仪中，各级契丹、汉族官员和各国使者、副使等按照次序上殿给皇太后祝寿并进酒，前后进行几次祝寿活动，然后赐御宴，直到七次进酒后，群臣和各国使者谢宴而结束宴饮活动，宴饮在整个祝寿仪式中占有重要的位置。

---

① ［元］脱脱等：《辽史》卷53《礼志六》，北京：中华书局，1974年，第867—868页。

　　辽代墓葬壁画中，常见有宴饮活动的场景。如内蒙古敖汉旗羊山1号辽墓①壁画的墓主人宴饮图，绘于墓室东壁。共画四个男子，墓主人半侧身向右端坐于砖砌半浮雕的黑色椅子上，右臂肘枕于椅背上端，左手扶膝，足踩红色方形木矮凳。身后立一双手捧盂的契丹人。墓主人近前的侍奉者，躬身面向墓主，双手捧一托有曲口小盏的海棠盘作恭请主人饮酒状。其后立一契丹侍者，半侧身向内而立，面向主人，双手捧一垫有方巾的方盘，上放一小口带盖大罐。墓主人前置砖砌半浮雕式黑色小方桌，桌前侧放一带子母口的黑色浅盘，内盛三个西瓜。桌后侧放曲口竹编式浅盘，内盛石榴、桃、枣等水果（图75）。

图75　宴饮图（辽代，内蒙古敖汉旗羊山1号辽墓，内蒙古敖汉旗史前文化博物馆藏）

　　宴饮习俗主要体现在皇帝出行、祭祀、接见使者、生辰贺仪、岁时节庆、人际交往等方面，一般由皇帝设宴招待群臣、使者等，场面比较宏大，其中包括餐坐次序、进酒次数和行食种类。贵族阶层的宴饮往往只表现主人的饮食状况，如墓葬壁画中的宴饮画面，更多的为墓主人宴饮的场面，只有个别是与朋友一起宴饮。另外，辽代举行各国使者的朝辞仪中，先行酒后行食，这是有别于宋朝花宴中有食无酒的习俗，说明在受到中原地区饮食习俗

<hr>

① 邵国田：《敖汉旗羊山1—3号辽墓清理简报》，《内蒙古文物考古》1999年第1期，第1—38页。

影响的基础上，突出本民族特有的宴饮风俗。

（四）赏赐与"带福还家"

在我国的古代社会，往往赏赐与"带福还家"有密切的联系，当然很多都是为了政治上的交往进行赏赐，但对于个人来说是一种荣誉，甚至是整个家族的一种荣耀。关于赏赐在北方草原地区的原始时期还没有形成，只有在进入阶级社会以后，随着北方游牧民族与中原王朝的交往，才形成这种习俗。或者说地位高的人给地位低的人进行赏赐活动，有时在战争中功勋显著者也能得到赏赐，这种赏赐形式与"带福还家"的理念更为贴近。

在《辽史》中记载有许多的赏赐活动与场合。神册元年（公元916年）"三月丙辰，以迭烈部夷离堇曷鲁为阿庐朵里于越，百僚进秩、颁赉有差，赐酺三日"①。天赞二年（公元923年）五月"癸亥，大飨军士，赏赉有差"。"（天显元年，公元926年）二月庚寅，安边、鄚颉、南海、定理等府及诸道节度、刺史来朝，慰劳遣之。以所获器币诸物赐将士。""甲午，复幸忽汗城，阅府库物，赐从臣有差。以奚部长勃鲁恩、王郁自回鹘、新罗、吐蕃、党项、室韦、沙陀、乌古等从征有功，优加赏赉。"②天显八年（公元934年）"二月辛亥，吐谷浑、阻卜来贡。乙卯，克实鲁使唐还，以附献物分赐群臣"③。会同二年（公元939年）"二月戊寅，宴诸王及节度使来贺受册礼者，仍命皇太子、惕隐迪辇钱之。癸巳，谒太祖庙，赐在京吏民物，及内外群臣官赏有差"。"（会同四年，公元941年）三月，特授回鹘使阔里于越，并赐旌旗、弓剑、衣马，余赐有差"④。应历十四年（公元964年）"冬十月丙午，近侍乌古者进石错，赐白金二百五十两。丙辰，以掌鹿矧思代斡里为闸撒狨，赐金带、金盏，银二百两"⑤。保宁"三年（公元971年）春正月甲寅，右夷离毕奚底遣人献敌烈俘，诏赐有功将士"。"九月乙巳，赐傅父侍中达里迭、太保楚补、太保婆儿、保母回室、押雅等户口、牛羊有差。"⑥统和三年（公元985年）"庚辰，重九，骆驼山登高，赐群臣菊花

① [元] 脱脱等：《辽史》卷1《太祖本纪上》，北京：中华书局，1974年，第10页。
② [元] 脱脱等：《辽史》卷2《太祖本纪下》，北京：中华书局，1974年，第19、22页。
③ [元] 脱脱等：《辽史》卷3《太宗本纪上》，北京：中华书局，1974年，第34页。
④ [元] 脱脱等：《辽史》卷4《太宗本纪下》，北京：中华书局，1974年，第45、49页。
⑤ [元] 脱脱等：《辽史》卷7《穆宗本纪下》，北京：中华书局，1974年，第82页。
⑥ [元] 脱脱等：《辽史》卷8《景宗本纪上》，北京：中华书局，1974年，第91页。

酒"①。统和四年（公元986年）正月"壬午，枢密使斜轸、林牙勤德、谋鲁姑、节度使阅览、统军使室罗、侍中抹只、奚王府监军迪烈与安吉等克女直还军，遣近侍泥里吉诏旌其功，仍执手抚谕，赐酒果劳之"②。统和十二年（公元994年）正月，"霸州民李在宥年百三十有三，赐束帛、锦袍、银带，月给羊酒，仍复其家"③。重熙五年（公元1036年）十月"甲子，宰臣张俭等请幸礼部贡院，欢饮至暮而罢，赐物有差"④。清宁七年（公元1061年）六月"丁卯，幸弘义、永兴、崇德三宫致祭。射柳，赐宴，赏赉有差"⑤。咸雍三年（公元1067年）"闰月丁亥，扈驾军营火，赐钱、粟及马有差"⑥。这些赏赐都与饮食有很大的关系，涉及有功的将士、各级大臣、年长者，有的赏赐活动是在宴饮的场合下进行。

辽代的赏赐与"带福还家"的祈福理念有很大的关系，在与中原王朝进行交往的过程中，上层社会经常能得到中原王朝的赏赐，而皇帝也对皇室成员、外戚、各级大臣、有战功者、年老者、孝子等经常给以赏赐，受赏者所获的赏赐物不仅代表了个人的荣誉，还可以荫庇整个家庭或家族，希望通过赏赐物这个物质载体给家人带来吉祥、幸福、喜庆。在文化人类学中，政治被看作是一种象征、信仰体系、符号，辽代与中原王朝或者尊卑之间的赏赐在某种意义上来说就是一种加强友好的政治行为，从而具有祈福观念的文化象征。

综上所述，辽代契丹饮食行为所体现的餐坐、进食、宴饮、赏赐和带福还家等习俗，反映了饮食文化中的一种礼仪。美国人类学家马文·哈里斯（Marin Harris）认为："人们选择食物是因为他们看中了食物所负载的信息而非它们含有的热量和蛋白质。一切文化都无意识地传递着在食物媒介和制作食物的方式中译成密码的信息。"⑦在辽代契丹民族的饮食行为中，无论是餐坐、进食还是宴饮、赏赐等习俗，都是以饮食作为媒介，进而通过这种媒介反映出与之相关的行为活动。在饮食行为所表现的习俗中，可以明确饮食

① ［元］脱脱等：《辽史》卷10《圣宗本纪一》，北京：中华书局，1974年，第116页。
② ［元］脱脱等：《辽史》卷11《圣宗本纪二》，北京：中华书局，1974年，第119页。
③ ［元］脱脱等：《辽史》卷13《圣宗本纪四》，北京：中华书局，1974年，第144页。
④ ［元］脱脱等：《辽史》卷18《兴宗本纪一》，北京：中华书局，1974年，第218页。
⑤ ［元］脱脱等：《辽史》卷21《道宗本纪一》，北京：中华书局，1974年，第258—259页。
⑥ ［元］脱脱等：《辽史》卷22《道宗本纪二》，北京：中华书局，1974年，第266页。
⑦ ［美］马文·哈里斯：《文化唯物主义》，张海洋、王曼萍译，北京：华夏出版社，1989年，第218页。

主体和客体之间的关系，也可反映社会等级问题。云南大学瞿明安教授指出："不同等级角色的人们在特定饮食活动中进餐或饮酒的行为举动以及座位在方位和顺序上的特殊安排，是一种行为化的符号形式，通过这些象征性的饮食行为可以明确地分辨饮食主体不同的社会等级角色。"[①] 因此，辽代契丹民族饮食行为中的习俗，象征着饮食活动中餐坐、进食、宴饮和赏赐等方面的主客体之间的等级和地位，也是人际交往在饮食行为习俗中的具体表现。

---

① 瞿明安：《隐藏民族灵魂的符号：中国饮食象征文化论》，昆明：云南大学出版社，2001年，第211—212页。

辽代艺术形式体现的饮食文化
与饮食艺术

艺术来源于人类生产劳动的实践，人类在长期的劳动过程中，将依赖于自然界的物质生活资料以图像的形式表现出来。辽代的绘画艺术往往表现出饮食来源、饮食结构、饮食行为、饮食场面等，饮食文化还与音乐舞蹈、文学作品等形式结合起来，这是物质文化和精神文化相互渗透的结果，是以饮食为物质载体，在精神文化领域中的一种艺术升华。艺术形式中的饮食文化主要反映在绘画艺术、音乐舞蹈、文学作品等方面，而饮食艺术却包括了烹饪艺术、宴饮艺术等。

一、绘画艺术反映的饮食文化

在中国的绘画艺术中，最早出现的是与获取饮食来源相关的狩猎图岩画和陶质饮食器上的彩绘图案。辽代的历朝皇帝都非常重视经济的发展，使畜牧业、农业、渔猎、手工业迅速发展起来，出现了经济发展的繁荣景象。这些经济类型与饮食有着密切的关系，是契丹人食物的全部来源，饮食文化在此基础上展开与发生。近年来，在辽墓的许多壁画中发现有饮食场面和获取食物来源情景的内容，这是辽代饮食文化在绘画艺术中的一种表现方式。

（一）岩画艺术中的饮食资料来源

岩画是凿刻或绘制在岩石上的一种有形象的艺术形式，是一种无法用文字描述和表达的图解，记录了古代人类的生产生活方式、经济活动、军事征战、哲学思想、原始思维、审美情趣、自然环境等。中国北方草原地区的岩画，主要分布在阴山、乌兰察布草原、锡林郭勒草原、贺兰山、阿尔泰山、赤峰白岔河流域等地，采用凿、刻、划、画的技法，内容包括动物、人物、狩猎、放牧、村落、骑者、车辆、征战、舞蹈、崇拜、祭祀、天象、计数等，可谓将草原地区的生产和生活情景包罗万象，反映了人们的价值观念和审美意趣。尤其是动物、狩猎、放牧岩画，直接体现出草原地区的饮食对象和获取饮食资料的手段。

辽代的岩画主要分布在贝加尔湖、赤峰市克什克腾旗砧子山、通辽市扎鲁特旗大黑山等地。在贝加尔湖地区勒拿河上源的舍石金发现有大量的岩画，其中有一部分岩画带有明显的辽代契丹文化的特征，如马的前额上带有低垂的小辫、出行队伍所表现的始发情节和队伍结构布局，都与辽代契丹墓葬同类壁画内容相同，根据相关的文献和出土墓志文进行推测，这些岩画可能是辽代羽厥里部的画作。[①] 内蒙古克什克腾旗砧子山岩画，发现7组35个个体，题材为骑者、虎、马、鹿、鱼等。其中的马、骑者采用凿刻的技法，而且马的神态与辽墓壁画中的马非常接近，应为辽金时期的作品（图76）。从岩画的题材看，契丹人不仅猎获动物，还从事捕鱼活动，增加饮食生活资料来源。

图76　内蒙古克什克腾旗砧子山马图岩画（实地拍摄）

---

① 冯恩学：《贝加尔湖岩画与辽代羽厥里部》，《北方文物》2002年第1期，第38—42页。

（二）墓葬壁画艺术中的饮食场面

辽代墓葬壁画早在20世纪20年代就已发现，迄今经过科学发掘和清理的壁画墓已达上百余座，主要分布在内蒙古的赤峰市、通辽市、锡林郭勒盟；辽宁省朝阳市、辽阳市、北镇市；河北省张家口市；山西省大同市；北京市等地区。其中以赤峰市、朝阳市、张家口市宣化区、大同市最为集中。壁画多位于墓葬的墓道、甬道、墓门两侧壁面和门楣、墓室四壁及天井、椁室四壁等，内容涉及放牧、狩猎、宴饮、鼓乐、散乐、仪仗、出行、归来、杂戏、马球、角抵、门吏、男女侍者、仕女、天神、门神、天象、山水、动物、花卉等，以放牧、狩猎、宴饮、散乐、鼓乐、仪仗、出行、归来最为常见。在辽代墓葬壁画中，反映饮食场面的内容较多，有进食、备食、备饮、烹饪、宴饮、饮茶、饮酒、茶道等内容，体现了辽代社会生活的一个侧面。

辽代墓葬以及壁画分期的问题，学术界多有论述，并提出各自的看法，归纳起来有几种说法，即王秋华的二期说①，李逸友②、徐苹芳③的三期说，郑承燕、杨星宇的三期五个阶段说④，董新林的四期说⑤。这些分期包括了两种分法，即辽墓分期和辽墓壁画分期，这是两个不同的概念。特别是对辽墓壁画分期，应该以最早出现的壁画为上限，以最晚出现的壁画为下限，然后再结合历史发展的情况予以分期。笔者赞同以辽代历史时期为纵线进行分期，将壁画墓分为早、中、晚三期，早期为太祖至景宗五朝（公元907—983年），中期为圣宗、兴宗两朝（公元983—1055年），晚期为道宗、天祚帝两朝（公元1055—1125年）。这样既可保持壁画资料的完整性，还能与辽代各阶段的历史文化、社会风俗相对照，为探讨辽墓壁画图像的题材、技法、布局以及反映的文化内涵提供参考。

辽代早期壁画墓发现的数量相对较少，画工比较简练。壁画墓主要有内蒙古阿鲁科尔沁旗宝山辽墓、水泉沟辽墓、耶律羽之墓、克什克腾旗二八地辽墓、巴林右旗友爱辽墓、敖汉旗娘娘庙辽墓、辽宁法库叶茂台7号墓、朝

　　① 王秋华：《辽代契丹族墓葬壁面装饰分期》，《北方文物》1994年第1期，第43—47页。
　　② 李逸友：《辽代契丹人墓葬制度概说》，《北方考古研究》（一），郑州：中州古籍出版社，1994年，第210—225页。
　　③ 徐苹芳：《辽代墓葬》，《中国大百科全书·考古卷》，北京：中国大百科全书出版社，1986年，第274页。
　　④ 郑承燕、杨星宇：《道法自然　兼收并蓄——兼论内蒙古地区辽代墓葬壁画特点》，《中国博物馆》2010年第3期，第58—63页。
　　⑤ 董新林：《辽墓墓葬形制与分期略论》，《考古》2004年第8期，第60—73页。

阳召都巴辽墓、北京赵德钧墓、山西大同许从赟夫妇墓等，其中，宝山1号辽墓有确切的纪年，为公元923年，可以说是目前发现最早的辽墓壁画之一。早期墓葬壁画的饮食图像较少，主要包括宴桌、持茶具的女侍、托酒器的男侍、备酒、备食、揉面、捧食等，大场面的宴饮画面不见。

辽代中期壁画墓发现的数量大增，画工也日渐熟练。代表性的壁画墓有内蒙古巴林左旗白音罕韩氏家族墓、庆东陵、滴水壶辽墓、奈曼旗辽陈国公主墓、敖汉旗羊山1号辽墓、库伦6号辽墓、奈林稿辽墓、辽宁阜新萧和墓、朝阳姑营子耿延毅夫妇墓、北京青云店1号辽墓等。墓葬壁画的饮食图像内容有所变化，除了早期的图像内容外，出现大型的宴饮场面。与饮食相关的图像内容有备食、备宴、茶道、备饮、烹饪、庖厨、进食、宴饮等。

辽代晚期壁画墓发现的数量相对中期增多，画工技法精湛，写实的风格突出。代表性的壁画墓有内蒙古库伦1号、2号、7号辽墓，敖汉旗北三家辽墓，羊山2号、3号辽墓，七家3号、5号辽墓，喇嘛沟辽墓，辽宁法库萧义墓，朝阳木头城子辽墓，北京百万庄2号墓，山西大同卧虎湾1号、2号、4号、5号、6号墓，河北平泉辽墓，宣化张匡正墓、张文藻墓、张世卿墓等。墓葬壁画的图像有了固定的"粉本"，除了早、中期的饮食题材外，墓室四壁多见宴饮图。与饮食相关的内容包括宴饮、备宴、备饮、献茶、烹饪、对饮、备酒、茶道、饮酒听曲、温酒备馔等。

辽代壁画墓的分期应该置之历史的大背景中，以直观的画面表现形式反映辽代的政治制度、经济状况、风俗习惯等。从壁画图像的艺术手法来看，早期以写意为主，更多地表现契丹人的游牧生活和驻地场景，饮食内容较少。中期开始由写意向写实过度，契丹人墓葬壁画与汉人墓葬壁画所表现的内容有所不同，除了继承早期的题材外，墓室壁画多见宴饮等生活场面。晚期以写实为主，技法相当成熟，宴饮等成为常见的内容，而且有固定的格式，说明"粉本"画稿在画工中已然流行，因而在不同地区的墓葬壁画中出现了相同、相近的造型。

在辽代墓葬中发现大量的壁画，其中反映饮食行为的壁画占了主要的内容，包括了整个饮食过程，是研究契丹饮食文化和绘画艺术的直观性资料。契丹早期社会经济以畜牧和渔猎为主，兼有少量的农业。建立辽政权后，畜牧和渔猎仍然发展不衰，家畜和野生动物的肉类就成为主要的食物来源。饲养的家畜，主要是羊、马，其次是牛、骆驼，而不养猪。野生动物有虎、熊、猪鹿、野猪、黄羊、狍子、兔子、天鹅等。在辽代墓葬的壁画中，有许多反映牧畜和狩猎的场面，表现了契丹人获取饮食资料的途径。如内蒙古克什克腾旗二八地1号辽墓①石棺画的放牧图、科右中旗代钦塔拉辽墓②壁画的放牧图、喀喇沁旗上烧锅1号辽墓③壁画的游牧生活图，扎鲁特旗浩特花辽墓④壁画的放牧图、敖汉旗娘娘庙辽墓⑤壁画的放牧图、敖汉旗七家1号辽墓⑥壁画的射猎图，敖汉旗喇嘛沟辽墓⑦壁画的备猎图、内蒙古库伦旗6号辽墓⑧壁画的出猎图等，都通过壁画的形式反映出辽代契丹人以放牧的牲畜和猎取的动物作为饮食资料的情景。如扎鲁特旗浩特花辽墓壁画的放牧图，绘于前室门洞上部，分外层和里层两部分，外层共有3人，均髡发，南侧牧人左手执牧杆，右小臂前伸，右后侧有1只黑山羊；中间牧人双手斜执牧杆，杆头挂套袋；北侧牧人下部已残损，与中间牧人间有5头黑、灰、白色的牛，旁有灰色的假山。里层的南侧为3只羊和树草，北侧为手执牧具的牧童，正在放养牛群（图77）。

图77　放牧图（辽代，内蒙古扎鲁特旗浩特花辽墓，来自发掘简报）

---

①　项春松：《克什克腾旗二八地一、二号辽墓》，《内蒙古文物考古》1984年第3期，第80—90页。

②　兴安盟文物工作站：《科右中旗代钦塔拉辽墓清理简报》，《内蒙古文物考古文集》第2辑，北京：中国大百科全书出版社，1997年，第651—667页。

③　项春松：《上烧锅辽墓群》，《内蒙古文物考古》1982年第2期，第56—63页。

④　中国社会科学院考古研究所内蒙古工作队等：《内蒙古扎鲁特旗浩特花辽代壁画墓》，《考古》2003年第1期，第3—14页。

⑤　邵国田：《敖汉旗娘娘庙辽代壁画墓》，《内蒙古文物考古》1994年第1期，第54—59页。

⑥　邵国田：《敖汉旗七家辽墓》，《内蒙古文物考古》1999年第1期，第46—66页。

⑦　邵国田：《敖汉旗喇嘛沟辽代壁画墓》，《内蒙古文物考古》1999年第1期，第90—97页。

⑧　王健群、陈相伟：《库伦辽代壁画墓》，北京：文物出版社，1989年，第3—26页。

综合近年来关于饮食场面的壁画资料分析，内容包括备食、烹饪、宴饮、进酒、进茶、茶道等方面，把饮食的各个环节都表现得淋漓尽致。备食图壁画主要是给主人准备饮食的场面。如内蒙古敖汉旗羊山3号辽墓[①]壁画的备食图，绘于天井东壁，右侧为一长者端坐于圆凳之上，左侧为两女仆。右者倚坐凉棚正中的红柱前，首微低，目左视，左手端白盘，右手持一勺作向盘内取食状，前面放置一叠长方形食盒；左者半侧身向外而立，双手高举扶住头顶上的红色大盘，盘内盛满肉食。内蒙古敖汉旗七家2号辽墓壁画的备饮图，绘于墓室东南壁，共画5人，前排4人，后排1人；左第1人为女仆，半侧躬身低首向外而立，双手托一黄圆盘，上放一盏；左第2人为女仆，半侧躬身低首向外而立，双手执物递于第3人，第3、4两人只剩袍角；在第1、2人之后立一男仆，髡发；在第1、2人之前放一红色高桌，桌上置一盘一碗；桌右侧有一浅腹火盆，敛口，如意云头状三足，盆内炭火正燃，左侧炭火上放一黄色弦纹长颈瓶。内蒙古敖汉旗喇嘛沟辽墓壁画的备饮图，绘于墓室的西南壁，共画3个男子，右第1人为青年，站立于高桌后，右手持一勺伸向左手拿着的白色罐中作舀物状；第2人年长者，右手向第3人作指使状；第3人为青年，正躬身弯向火盆，右手执一双铁筷子作拨火状；第1人前有一桌，桌上左侧置一圆形双叠食盒，上小下大，右侧放圆盘，内盛3个白碗，后边放2个蓝色小罐；桌前置一黄色酒瓶架，上插3个深蓝色大执壶，似在煮茶。内蒙古巴林左旗滴水壶辽墓[②]壁画的备饮图，绘于墓室南壁，左侧是帐门的另一边，红色帐帘用绿带系扎，画面是3个男子的立像，右边一人面向中间一人躬身接茶，双手捧黑色盏托，托上有白釉茶碗；中间一人右手提白釉提梁执壶，左手扶右边青年男子所捧茶碗，作倒水状。左边一人身体大部分隐入红色帐帘后，目视其他两人，似在帐边听候吩咐（图78）。辽宁法库县叶茂台辽肖义墓[③]壁画的备食图，绘于墓门西侧壁，画2人站在桌后，一人头戴黑帽，另一人髡发，各捧盏托，托上有碗；桌为长方形，上正中放一酒坛，盖已敞开，内插一长柄勺。坛旁有两个盏托，托上各有一碗，一函书一钵；另有一包裹，似乎为主人准备路上用的食品；桌下另有一人，蹲在火盆旁，手拿火筷，在拨弄炭火，火上置一长颈瓶和一带盖

① 邵国田：《敖汉旗羊山1—3号辽墓清理简报》，《内蒙古文物考古》1999年第1期，第1—38页。
② 巴林左旗博物馆：《内蒙古巴林左旗滴水壶辽代壁画墓》，《考古》1999年第8期，第53—59页。
③ 温丽和：《辽宁法库县叶茂台辽肖义墓》，《考古》1989年第4期，第324—330页。

小罐，正在温酒或煮茶。

图78　备饮图（辽代，内蒙古巴林左旗滴水壶辽墓，内蒙古巴林左旗辽上京博物馆藏）

　　烹饪图壁画主要反映辽代仆侍居家给主人烹制饮食的场面。如内蒙古科
右中旗代钦塔拉辽墓壁画的原野烹饪图，绘于墓葬前室的西壁，绘3车，用
三叉木棍支起，车旁放一高足火炉，炉上架一口大锅，锅内煮一只全羊，锅
旁立一犬，向锅内张望。内蒙古巴林左旗白音敖包辽墓[①]壁画的烹饪图，绘
于东耳室壁上，画髡发契丹人，身前置三足铁锅，炉火正旺，锅内煮肉。内
蒙古翁牛特旗山嘴子3号辽墓[②]壁画的烹饪图，绘于东耳室壁上，画髡发契
丹人，其前置两盆，内放肉食，人手持一柄刀作切割状。内蒙古扎鲁特旗浩
特花辽墓壁画的庖厨图，绘于后室东壁，分外层和里层；外层南侧为2个侍
者，北侧为3人烹制食物；侍者一人双手捧盆，另一人双手执棍状物；烹饪
者一人右手执刀于胸前，左手拿物举至肩部；一人双手捧红褐色钵于胸前；
一人跪坐在四矮足梯形小案旁，右手拿一把黑柄刀，左手扶案上之物，作切
割状。里层绘4人，第1人手托一盘，第2人腿前地面放置一个带盖坛子；
第3人跪坐在长案前，案上有小盘，中间的盘内放鸟形食品；第4人跪坐在

---

①　项春松：《辽宁昭乌达地区发现的辽墓绘画资料》，《文物》1979年第6期，第22—32页。
②　项春松：《辽宁昭乌达地区发现的辽墓绘画资料》，《文物》1979年第6期，第22—32页。

案的另侧，右手执刀，左手扶物，作切割状（图79）。内蒙古敖汉旗羊山1号辽墓壁画的烹饪图，绘于天井西壁，所画人物分上下两组；上组共3人，两人抬一矮桌，桌后立一人，面向桌面；桌上放2个子母口黑色食盒，左侧盒内盛3个馍，右侧盒内盛3个馒头；桌里侧放1双箸，1把刀形物，1个深腹大碗和3个小碗；下组左侧为一高足深腹大鼎，鼎口外露兽腿和肉块，鼎后立一人，半侧躬身面向外，首低垂，双目视鼎，挽袖，双手握一棍插入鼎内搅动；右侧一人半侧身向外端坐于小方凳上，左手端一黑色圆盘，右手执箸作从盘中夹食状；蹲坐者前置一小方案，右臂袖挽起，手握一刀作切肉状，左手为扶肉状。其后躬立一人，双手托一圆盘半侧身捧向坐凳者，盘内盛3个黑色小碗，面含恭敬之态。内蒙古敖汉旗七家1号辽墓壁画烹饪图，绘于墓室东南壁，右一人为担坛者，半侧身向内，双脚迈开作走动状，左手拿扁担，右手提坛，另一坛置于地上；中间一人半侧向内半跪状，左手握棍正拨锅下之火，嘴作吹火状；左一人正面坐于铁锅之后的圆凳之上，上身向外倾斜，右脚踏于小矮桌上，双手握一弯柄状器正在搅动锅内肉食；三足铁锅内有食物，其下火苗跳动，正在煮食；锅左侧置一长条矮桌，桌上放盘、碗、盏、箸等，其中一黑碗内放一长柄勺，其他碗内盛红色食物或饮料（图80）。内蒙古敖汉旗喇嘛沟辽墓壁画的烹饪图，绘于墓室东南壁，共画3个契丹男子；左一人只存下半身，其侧出现一长柄勺当为他举起，其身前置一带红围子的高桌；中间一人半侧身向内而立，左手似持一巾作擦拭状；右一人蹲坐于一大盆之后，半侧向外，双手伸向盆中用力作洗肉或割肉状，盆内盛满肉类；在人前放置3个三足锅，后边较大，中间者腹深，内煮肉。锅下均燃木柴，火苗跳动。

图79　庖厨图（辽代，内蒙古扎鲁特旗浩特花辽墓，来自发掘简报）

图80 烹饪图（辽代，内蒙古敖汉旗七家1号辽墓，刘洪帅绘）

宴饮图壁画主要是反映墓主人正在众多侍者的侍奉下进行宴饮活动。如内蒙古翁牛特旗解放营子辽墓①壁画的原野宴饮图，绘于木椁东南壁，前桌上放炊具，地上放3个长颈瓶，桌右立一人，左手扶杖，右手平举伸指；左立者髡发，长袍，袖手，身后一桌上放碗、盆、勺、叠盒等；正中一人席地而坐，身着窄袖红衣，腰系红带；右立者身着圆领紧袖红袍，腰系红带，左立者身着蓝袍，手抱一物；此桌前置二器，一为圈足高杯，一为方形火盆，一侍者身着黄短衣，踞坐于桌前；宴饮场上还有奏乐、起舞助兴，背景以山间、树丛、群鹿为衬，显示出契丹人原野炊饮的生活情景。内蒙古敖汉旗下湾子1号辽墓②壁画的墓主人宴饮图，绘于墓室东壁，墓主人袖手，半侧身向右端坐于红色木椅上，头戴软脚幞头，身着紫色圆领紧袖长袍，双脚踏在红腿蓝面的矮凳上，面含微笑，双目前视；椅后立一女侍，半侧身面向外，袖手；桌一侧有一侍女，半侧身向外而立，回首面向主人如有所语，双手捧仰莲纹红色温碗，内放蓝色执壶；正中放一高桌，上置2个红色长盘，内盛形似桃子的水果；近主人一侧桌上放有红托蓝盏1组，黑色箸1双；背景为红框黑边的大屏风，上墨书契丹文字（图81）。另外，绢画中也有表现宴饮场面的情景。如五代时期契丹人胡瑰的卓歇图，画面的后半部描绘契丹男女主人宴饮场面，在野外草地上铺一块长方形地毯，主人盘膝而坐，每人前放置一小木案，案上摆放饮食物，旁有男女侍者进食、酌酒，并有乐舞助兴，远处点缀群山、丘陵。人物和景色动静结合，布局参差有致，紧凑自然，明

---

① 翁牛特旗文化馆等：《内蒙古解放营子辽墓发掘简报》，《考古》1979年第4期，第330—334页；项春松：《辽宁昭乌达地区发现的辽墓绘画资料》，《文物》1979年第6期，第22—32页。
② 敖汉旗博物馆：《敖汉旗下湾子辽墓清理简报》，《内蒙古文物考古》1999年第1期，第67—84页。

快热闹，把契丹人外出休憩时的饮食场面刻画的淋漓尽致（图82）。

图81　墓主人宴饮图（辽代，内蒙古敖汉旗下湾子1号辽墓，来自发掘简报）

图82　卓歇图（五代，北京故宫博物院藏）

进饮或进食图壁画主要表现侍者给主人进奉饮食的场面。如内蒙古巴林左旗滴水壶辽墓壁画的进食图，绘于墓室西北壁。共画3个成年男子，右边一人躬身而立，左手端筒形钵，右手持一勺放在钵内，眼神专注于钵；中间一人侧身而立，双手捧红色大盘，盘内放4个倒扣的碗、碟和1双箸、1把匙，左边一人躬身，右手提三足提梁鼎，左手持勺（图83）。河北宣化下八里5号辽墓①壁画的进酒图，绘于后室东南壁，共画4人和器皿；左边绘一张褐色方桌，桌上有两摞倒置的白色小碗和一个白色深腹花口盆，盆内放一红色勺子；桌后站着两个男子，右边一人双手捧一白色平底盘，盘内放一白色花口碗；左边一人手拿白色执壶，壶口斜到碗口处；画面右边影作一扇敞开的红色大门，两个妇人一内一外在门口相遇。

图83 进食图（辽代，内蒙古巴林左旗滴水壶辽墓，内蒙古巴林左旗辽上京博物馆藏）

茶道图壁画反映了辽代制作茶的系列工序。如内蒙古敖汉旗羊山1号辽墓壁画的备茶图，绘于墓室西南壁，共画7人；5个成年男子立于高桌周围，桌后立3人，桌两侧各立1人；桌后右一人正身而立，微低首面向桌右侧者；中间一人半侧身向右侧，面向桌右侧者似有所语；左一人半侧身向左，低首面向桌左侧者似有所语，双手呈操作状；桌右侧者侧身向左而立，左手端一小盏正往盏托上放；桌左侧者侧身向右而立，双手捧一盛果子的圆盘；桌上放4套盏杯，一个带盖罐和一盘一碗，盘内盛果子，有的盏内盛枣；桌前左侧一髡发男童正袖手压扶竹筓之上，下颌抵于腕处双目紧闭作鼾睡状；女童居右，蹲坐于一个三足大火盆之后，作拨火状，正在煮茶，双目注视火盆上放置的两个瓜棱壶（图84）。河北宣化辽墓②壁画的茶道图，绘于

---

① 张家口市宣化区文物保管所：《河北宣化辽代壁画墓》，《文物》1995年第2期，第4—28页。
② 张家口市宣化区文物保管所：《河北宣化辽金壁画墓发掘简报》，《文物》2014年第3期，第36—48页。

墓室东壁，在卷起的帐幔中，中间摆放一张棕色高桌，桌上放置圆盒、长盒、布包、盘、碗等，桌前地面放长盒、臼杵、茶碾、茶炉，炉上置一凤首执壶；桌后站立5人，各执一事，左一者手端茶盏，呈转身即将行走状；左二者为直立等待状；左三者上身前倾，腰微弯，作点茶状；左四者上身微倾，左端茶盏状；左五者呈直立等待状，双手做端送茶的准备。图中茶碾分座、身、轮三部分，座为长方形，碾身为元宝形，中间有槽，碾轮为圆形，装饰莲花纹，两侧有抓手。

图84　备茶图（辽代，内蒙古敖汉旗羊山1号辽墓，内蒙古敖汉旗史前文化博物馆藏）

辽墓壁画中表现了当时的饮食过程和饮食器具。大贵族的饮食，往往由几个乃至十几个男侍女仆奉侍，而且要经过备食、烹饪、茶道、进食、宴饮等一系列过程，场面非常宏大。敖汉旗羊山1号辽墓壁画中，包括了备饮图、烹饪图、茶道图、宴饮图，这四幅图共绘男女仆人20人，有煮饭者、煮茶者、侍食者，反映了墓主人生前奢侈的饮食生活。在壁画中还涉及诸多类型的饮食器具，有炊煮器、饮酒器、饮茶器、煮茶器、盛食器、贮食器、进食器、分食器，还有宴饮的餐桌、椅及放食物和器具的木桌、酒器架等家具，在质地上分金属、陶瓷、漆木、竹编等，具体有盘、碗、碟、盏托、温碗、执壶、瓶、壶、罐、瓮、鼎、釜、茶碾、食盒、箸、刀、勺等，这些器具在考古发掘中都发现类似的实物。壁画的宴饮图，多数描绘的是家居的情景，而且从饮宴方式、食物结构、器具类别等看，深受汉民族饮食风俗的影响。契丹本为游牧民族，野炊露餐为其传统的饮食方式，食物也以肉食、乳食为主，器具多为木、皮质。建立政权后，辽代统治者大力提倡兼容汉民族的文化，在饮食方面也受到很大的影响，出现诸多的家居宴饮场面并非偶然。在另一方面，仍保留契丹民族传统的饮食内容，如煮肉、野炊等。内蒙古翁牛特旗解放营子辽墓壁画中的原野宴饮图，以山间、树丛、野鹿为背景，墓主人席地而坐，在音乐、舞蹈的助兴下，宴饮玩乐，表现出契丹人在广阔草原上的豪放特性。

辽代墓葬壁画，均以写实的手法、艺术的形式，反映了契丹人的经济生活和烹饪、备饮、进饮、茶道、宴饮等饮食场面，构图巧妙，布局适宜，画技高超，寓意深远。其中，茶道图尤为珍贵，表现了选茶、碾茶、煮茶等一系列过程，绘出的茶道工具和用具十余种，主要有加工碾子、煮茶炉、点茶执壶、存茶箱子和用茶杯盏。所有饮食画面中有男有女，还有孩童，人物形象惟妙惟肖，场面阔绰，可想当时人们对饮食的热衷程度。辽墓壁画所反映的经济类型为契丹人传统的获取食物的畜牧业和狩猎业，并不见农业，着重突出了游牧民族的特征。在饮食方面涉及饮食方式、食物结构、饮食器具、庖厨布局等，既兼容了汉民族的饮食风俗，又保留了契丹族自身的饮食内容。

（三）墓葬壁画图像体现的茶酒风俗

在辽墓壁画中，发现有许多茶的图像，包括备茶、进茶、煮茶、茶道等。从辽朝所处的地域看，由于气候的寒冷和干旱，不宜于种植茶树，因而本土和燕云地区都不产茶叶，主要来自唐、五代、宋等中原王朝，或通过榷场交换，或通过赠礼，或通过使者出访带入，或通过民间走私进入。在《辽史》等文献中虽然记载了辽代的茶和饮茶风习，考古学资料中也有碾茶、贮茶、煮茶、点茶、饮茶的用具，但无法了解具体的饮茶方式、茶事活动等。因此，辽墓壁画饮茶图像，为研究当时的茶文化提供了直观的资料。

从辽代早期墓葬壁画看，饮茶图像较少。内蒙古阿鲁科尔沁旗宝山1号辽墓[①]的北回廊北壁发现一幅宴桌图，方桌上摆放11件餐具，其中两件花瓣

① 内蒙古文物考古研究所等：《内蒙古赤峰宝山辽壁画墓发掘简报》，《文物》1998第1期，第73—95页。

形圈足碗为饮茶用具。这是目前辽墓壁画中时间最早的茶具图。2号墓石房东壁仆佣图，北侧女侍手捧金盏，这种茶具在辽代早期金银器中有发现。内蒙古巴林右旗友爱辽墓①木帐门一侧的男侍图，右手拿塔形盖状的注壶，左手端四曲花瓣形碗，作给主人进茶的姿态（图85）。辽宁朝阳召都巴辽墓②墓室前部左右两壁宴饮图，左壁画面的中间为方形餐桌，左右两侧各站立一人，桌上有1件莲花形带流凤首瓶、1件三足盏托和花口式盏；右壁画面中间也为方形桌，左右两侧各站立一人，桌上放1件莲瓣形带流凤首瓶、1件莲瓣形带流带盖注壶、1件盏托和花式口盏（图86）。画面中的凤首瓶、注壶、盏托、盏都是饮茶用具。

图85　男侍图（辽代，内蒙古巴林右旗友爱辽墓，来自发掘简报）

图86　宴饮图（辽代，辽宁省朝阳市召都巴辽墓，来自发掘简报）

① 巴林右旗博物馆：《内蒙古巴林右旗友爱辽墓》，《文物》1996年第11期，第29—34页。
② 朝阳市博物馆等：《辽宁朝阳召都巴辽壁画墓》，《北方文物》2004年第2期，第64—66页。

辽代中期墓葬壁画图像内容常见与茶有关的场景。内蒙古巴林左旗白音敖包辽墓①东耳室的生活器皿图，有煮汤点茶用的长颈瓶。内蒙古敖汉旗康营子辽墓②甬道东壁的侍奉图，踞坐状仆人手持执壶，正在递给另一席地而坐的仆人，两人前面的方桌上摆放注壶、花瓣形盏。原文认为备酒，从图中器物看为饮茶具，应是备茶图。内蒙古敖汉旗羊山1号辽墓墓室西南壁的备茶图，5个成年人围在方形高桌旁正在摆放茶具和果食，桌上放4套盏杯、1件带盖罐、1件盘、1件碗，盘盏内盛果子、枣。桌前一孩童趴在竹笥上打鼾，另一孩童正在拨火煮汤，前面为三足火盆，上放两个长颈瓜棱注壶。从画面内容看，为备茶而非茶道，因为缺乏碾茶的过程，只见茶具和准备茶的情景。内蒙古敖汉旗七家1号辽墓墓室北壁的女侍图，女侍双手捧托盏，准备给主人进茶。2号墓东南壁的备饮图，1人手捧托盏，准备放在面前的桌上，方形桌上放碗、盘，桌的一侧有三足铁火盆，上置弦纹长颈注壶，正在备茶。内蒙古敖汉旗下湾子5号墓墓室西南壁的进饮图，从左到右第1人目视第2人所端的碗，第3人双手捧盘，盘内有大碗，第4人双手捧洗；四人面前的左边放四叠食盒，右侧有曲口铁火盆，盆内有燃烧的炭火，上置凤首瓶和长颈执壶，准备进献茶饮。

辽代晚期墓葬壁画中的备茶、饮茶、茶道的内容更加丰富。内蒙古敖汉旗喇嘛沟辽墓墓室西南壁的备饮图，在方桌旁放火盆，盆内炭火燃烧，上置执壶，正在煮点茶用的汤。辽宁法库叶茂台萧义墓墓门西侧壁的献食图，桌下1人正蹲在火盆旁拨火，炭火上有长颈注壶和盖罐，正在煮点茶的汤。山西大同南关辽墓③甬道口东侧的备茶图，右数第1人双手捧盘，盘中有桃子等水果，第3人双手捧盘于胸前；三人前面放方形火盆，盆中有炭火，上置短流注壶。甬道口西侧壁画有女侍2人，双手捧花口碗，二人面前的高桌上放有各种器物。河北宣化下八里2号墓④墓室西南壁的煮茶图，画面一侧有方桌，桌上放碗、碟、盏托等；桌后的女侍叉手站立，男侍左手托置杯的盘，桌旁有一童子，手执团扇正在躬身煽火，旁有一个三足火炉，上有煮汤的注壶。

从辽墓壁画的饮茶图像看，早期壁画中的茶具、进茶、饮茶等，虽然表

① 项春松：《辽宁昭乌达地区发现的辽墓绘画资料》，《文物》1979年第6期，第22—32页。
② 项春松：《辽宁昭乌达地区发现的辽墓绘画资料》，《文物》1979年第6期，第22—32页。
③ 王银田等：《山西大同市辽墓的发掘》，《考古》2007年第8期，第34—44页。
④ 张家口市文物事业管理所等：《河北宣化下八里辽金壁画墓》，《文物》1990年第10期，第1—19页。

现的数量较少，但并不能说明当时不盛行饮茶之风。从北方游牧民族的饮茶历史看，大概在北朝时期就已开始，之后日渐盛行。在契丹建国初，曾派使者出使南唐换取茶叶，后晋、北汉也向辽国遣使进茶。契丹皇室在举行重大仪式中常见茶事活动。如祭山仪上以茶果、饼饵祭奠天神和地祇；皇帝生辰仪、皇后生辰朝贺仪、立春仪，赐茶、行茶成为仪式中的重要内容。可见，辽代早期的饮茶习俗已经形成。从饮茶方式看，辽代早期继承了唐代、五代以来的煎茶。根据陆羽的《茶经》记载，煎茶分烧水和煮茶两道工序，经过碾茶、罗茶、煎茶、分茶等步骤，将茶汤和茶末一起饮用。辽代早期墓葬壁画中不见煎茶图，只有饮茶器具，也能说明当时煎好茶后直接饮用。辽代中期以后，由于受宋朝的影响，点茶普遍流行，这种方式是先煮汤后将汤水注入有茶末的盏中饮用，是宋人常用的饮法。这一时期的墓葬壁画中的备茶、饮茶、茶道图像，常见铁火盆上放置煮汤用的长颈瓶、凤首瓶、盖罐等器物，或者餐桌上放置的注壶，都是点茶用的煮汤器。宋人朱彧在《萍洲可谈》卷1中记载了辽代饮茶的风俗，即："先公使辽，辽人相见，其俗先点汤，后点茶。至饮会亦先水饮，然后品味以进。"[①]朱彧生活在北宋后期，所记载的辽代饮茶方法应该是中期及以后的情景，也可证实当时的饮茶方式。

在辽代晚期的墓葬壁画中，茶道图最能反映当时的茶饮场面。如河北宣化张文藻墓[②]前室东壁的茶道图，南面一组共4人，一位髡发男童跪在地上，另一束髻男童踏在其肩上，双手伸取吊篮中的桃子，左侧一个髡发男童站在地上掀起衣襟接桃子，桌旁女子用手指向取桃男童；四人间放置茶炉、漆盘、茶碾、团扇等物，茶炉上置长颈注壶，漆盘内放锯子、毛刷和茶砖，为制茶和煮汤的用具。另一组为4人，皆为男童，都躲在桌子和食盒后面窥视取桃；食盒为六层方形盝顶式，下有底座；一旁的桌上放小型食盒、酒坛、执壶、温碗、碗、小盏等。桌下有一方形酒架，上插带封泥的酒坛；另一桌上放文房四宝。宣化下八里6号辽墓前室东壁的茶道图，左边的桌上摆放方箱、提梁壶、盖罐、勺、箸、刀锯、刷子、夹子等，桌后站立契丹男子，双手捧长颈注壶；右边的桌上壶、花口盘等，桌边站立双手托盘的女子；两桌间放一摞食盒，一个契丹男子趴在食盒上打盹。南边为一组茶道内容，左侧梳双髻的童子坐在地上正在碾茶，右侧跪着契丹男子，左手扶膝，

---

① ［宋］朱彧撰，李伟国校点：《萍洲可谈》卷1，上海：上海古籍出版社，2012年，第10页。
② 河北省文物研究所等：《河北宣化辽张文藻壁画墓发掘简报》，《文物》1996年第9期，第14—48页。

右手执团扇，正在煽炉火，前面是莲瓣形底座炉，上有长颈注壶；炉南侧放漆盘，内有筒，应为装茶的用具。5号墓后室西南壁的进茶图与茶道图互相衬托，中间的方桌上放盝顶式食盒、盏托、小盏、深腹盆等，桌前面放一个兽足火炉，炭火上置瓜棱壶；桌后站立双手捧盏托的女子，左边一人手执团扇与该女子交谈，右边一女子双手捧渣斗目视桌上（图87）。

图87 进茶图（辽代，河北省张家口市宣化区下八里5号辽墓，来自发掘简报）

在茶道图中，一方面表现辽代点茶的饮茶方式，另一方面也反映辽代的制茶工序。茶道包括选茶、碾茶、罗茶、候汤、点注等工序，从史籍记载中可知，茶饼是宋朝输入辽地的主要茶种，如团茶和乳茶。壁画中茶饼的图像，呈长方形，类似现代蒙古族的砖茶，辽代常用茶就是此类茶饼。壁画中有茶碾，由亚腰长方形或镂空底座、船形碾槽、圆形碾盘、棒形轴柄组成，将茶饼放入碾槽，用轴柄转动茶碾将茶饼碾碎，然后用茶罗罗茶，将茶叶放在茶筒中保存。这道工序除了茶碾、茶罗外，漆盘内或桌上的锯子、毛刷等都是碾茶和罗茶用具。茶炉底座为莲瓣形，炉身为弧腹筒形，前面有三角形炉门，备饮图常见火盆，这些都为候汤的用具。炉上置长颈瓶，有流有盖，一侧为环形把柄，为点茶用具。在辽代墓葬中出土相关的茶具，如内蒙古科尔沁右翼中旗代钦塔拉辽墓出土的铁炉、绿釉注壶，内蒙古宁城县埋王沟辽墓[①]出土的铁茶碾、铁火盆、铜执壶、影青釉瓷盏托等，为碾茶、候汤、点注用具。这些壁画与实物再现辽代茶道的全貌。

辽代的茶事活动在文献中多有记载。《辽史》卷51《礼志四》曰："（宋使见皇帝仪）宋使贺生辰、正旦。……殿上酒三行，行茶、行肴、行膳。"[②]宋代的使者祝贺辽代皇帝的生辰与新年仪式中，有行茶的活动。宋朝给辽代皇帝庆贺生辰的礼物中，有茶器、乳茶、岳麓茶，说明辽代上层社会对茶的青睐程度。在一些时令节日仪式中，也有行茶的活动。如冬至朝贺仪，"三进酒，行茶，教坊致语，行肴膳，大馔，七进酒"[③]。在辽代皇帝接见宋朝使者的宴请仪式中，饮茶活动起到沟通双方友好关系的象征。如曲宴宋使仪，"殿上酒一行毕，西廊从人行酒如初。殿上行饼茶毕，教坊致语，揖臣僚、使副并廊下从人皆起立，候口号绝，揖臣僚等皆鞠躬"[④]。根据以上的茶事活动看，一般先行酒，再行茶，这是各个仪式中的礼仪规范。通过辽代墓葬壁画饮茶图像看，更多地体现了辽代契丹人和汉人日常生活中的饮茶场面，弥补了史料记载中的不足，反映了当时的饮茶风俗。

酒在北方草原地区的日常生活、节日庆典、宗教祭祀、重大仪式、人际交往等活动中占有重要的地位，特别是酒具有着悠久的历史。从新石器时代晚期遗址出土的陶质酒器尊、盂看，就知当时已经饮用酒。夏商周时期，酒器的种类和质地增多，出现爵、斝、杯，说明酒的酿造和饮用进一步扩大。其后的历代北方游牧民族的遗迹中，发现有大量各种质地的酒器，说明酿酒、饮酒之风的盛行状况。辽代壁画饮酒图像发现很多，包括进酒、备酒、宴饮、酒具等，反映了辽代盛行的饮酒风俗。

辽代早期墓葬壁画饮酒图像数量较少，只见酒器和进酒的画面。内蒙古阿鲁科尔沁旗宝山1号辽墓石房北壁的厅堂图，左侧的长方形几案上放置盘、碗、高足盏、箸等，其中的高足盏为饮酒用具（图88）。内蒙古巴林右旗友爱辽墓木帐一侧女侍图，双手于胸前捧一个圈足大盏托，内放带莲瓣底

---

① 内蒙古文物考古研究所：《宁城县埋王沟辽代墓地发掘简报》，《内蒙古文物考古文集》第2辑，北京：中国大百科全书出版社，1997年，第609—630页。

② ［元］脱脱等：《辽史》卷51《礼志四》，北京：中华书局，1974年，第850—851页。

③ ［元］脱脱等：《辽史》卷53《礼志六》，北京：中华书局，1974年，第876页。

④ ［元］脱脱等：《辽史》卷51《礼志四》，北京：中华书局，1974年，第852页。

座的小盏，作给主人进酒的姿态（图89）。壁画中的高足盏和带座小盏，呈
花瓣口和圆口，在出土的辽代早期实物中不见，酒器多为圈足花瓣形杯、花
瓣腹圆口杯等。出土的高足杯为浅盘、矮细柄、小圈足。壁画中的高足杯为
大圈足，应为绘画创作中的一种夸张表现。厅堂图中的酒器和进酒的女侍
图，虽然没有饮酒的场面，但也能说明这一时期的饮酒之风。

图88　厅堂图（辽代，内蒙古阿鲁科尔沁旗宝山1号辽墓，来自发掘简报）

图89　女侍图（辽代，内蒙古巴林右旗友爱辽墓，来自发掘简报）

　　辽代中期墓葬壁画与酒有关的饮食场面增多，常见备酒、进酒图。内蒙古敖汉旗七家1号墓的墓室东南壁庖厨图，除煮肉的场景外，在桌上放有碗、盘、盏、箸等器具，包括饮酒用的小盏。七家2号墓西南壁备饮图，桌上右侧放海棠形盘，盘内有2件小盏；左侧放配套的莲花形温碗和执壶。方桌的左侧放两排口部带封泥的酒坛，插入酒架中。内蒙古巴林左旗白音罕山辽代韩氏家族墓地[①]2号墓甬道东壁的备饮图，第2个人双手捧小口大腹瓶，第3个人双手捧注碗，内放注子。内蒙古敖汉旗下湾子5号墓墓室东南壁备饮图，从右到左第1人双手捧大碗，第2人双手端圆盘，内放两个小盏，第4人左肩扛酒坛；四人前面的方桌上放置莲花形执壶和温碗，左右两侧各放盘，内有小盏及西瓜、桃、石榴（图90）。辽宁朝阳市西三家辽墓[②]墓室女仆图，女侍双手捧盘，内置两个小盏，为进奉酒食。

图90　备饮图（辽代，内蒙古敖汉旗下湾子5号辽墓，来自发掘简报）

　　这一时期的壁画仍然缺乏饮酒的场面，只有酒具、备饮、进酒的画面，但比早期的数量增多，内容多样。备饮图多见饮酒和贮酒的器具，如小盏、执壶、温碗、酒坛等。画面常见莲花形温碗和执壶，一般配套使用，将烧开

---

① 内蒙古文物考古研究所等：《白音罕山辽代韩氏家族墓地发掘报告》，《内蒙古文物考古》2002年第2期，第19—42页。
② 辽宁省文物考古研究所：《朝阳市西三家辽墓发掘简报》，《文物春秋》2010年第1期，第35—40页。

的水注入温碗，把执壶放在碗内，热酒饮用。这是由于北方地区冬季寒冷而形成的饮酒方式，直到现在仍然保留了这一饮酒习俗。酒坛多为直口、短颈、广肩、弧腹、平底、口部带封泥，插入酒架中。餐桌上放置餐具、酒器和各种水果，以水果作为佐菜也是辽代一种特殊的饮酒风俗。

辽代晚期墓葬壁画除备酒、进酒图外，还有饮酒场面。如内蒙古敖汉旗七家5号墓西壁备饮图，2名侍者双手各捧高足盘和罐，前面有两排带封泥的酒坛插在酒架中。内蒙古敖汉旗下湾子1号墓墓室西壁备饮图，从左边数第1人双手捧海棠形盘，内置小盏；第2人双手捧从酒架上取下的酒坛，作嗅闻状；第3人左手拿盘，右手以方巾作擦盘状。第2人前面放酒架，上有两个带封泥的酒坛，一瓶插入，一瓶已被取走。第3人前有方桌，桌上放一摞倒扣的碗和食盒，反映准备饮酒的场面。东壁宴饮图，主人端坐在木椅上双目前视，身后立女侍；桌子右侧的女侍双手捧执壶和温碗，侍奉主人饮酒；桌上放2个长盘，内有水果，靠主人一侧放小盏和箸。辽宁法库萧义墓壁画献食图，2人站在桌前，各自双手捧带托的小盏；方形高桌上置酒坛，坛口露勺柄，坛旁放两个带托的小盏和函、钵、包裹。辽宁朝阳木头城子辽墓[①]墓室宴饮图，在方桌下1人卧地，2人席地而坐，都呈醉态；桌上摆放盘、盏、杯、执壶，桌前置酒坛，桌后2人双手捧小盏和执壶。山西大同卧虎湾4号墓[②]墓室宴饮图，东壁画面中的7人，手里各捧盘、碗、盒、碟，与牵马人作互让饮酒之状，桌上摆放各种食物，西壁画面内容与东壁相同。河北涿鹿县酒厂辽墓[③]墓室宴饮图，墓主人与客人在交谈，其身后有两个男侍，一人手中端放碗的盘，一人手中捧食盒；男侍身后有女侍5人，侍者前面有方桌，摆放盘、碗、盆、碟，桌下立有2件酒坛。河北宣化张世卿墓[④]后室南壁宴饮图，在拱门西侧有两个男侍，一人侧身持盘，一人双手捧温碗和注壶正在温酒，前面的桌上放各种餐饮器。河北宣化下八里辽韩师训墓[⑤]后室西南壁奏乐宴饮图，右边女子双手捧杯坐于圆墩上，前面放一条桌，桌上有盛食物的盘；桌旁一人双手捧盘而立，另一人躬身作拍手状；桌前一人

① 辽宁省文物考古研究所等：《辽宁朝阳木头城子辽代壁画墓》，《北方文物》1995年第2期，第31—34页。

② 大同市文物陈列馆：《山西大同卧虎湾四座辽代壁画墓》，《考古》1963年第8期，第432—436页。

③ 张家口地区博物馆：《河北涿鹿县辽代壁画墓发掘简报》，《考古》1987年第3期，第242—245页。

④ 河北省文物管理处等：《河北宣化辽壁画墓发掘简报》，《文物》1975年第8期，第31—39页。

⑤ 张家口市宣化区文物保管所等：《河北宣化下八里辽韩师训墓》，《文物》1992年第6期，第1—11页。

弹三弦，一人抚掌唱歌；这两人身后的方桌上放壶、盘、碗等，身前的条桌上放3个酒坛。河北宣化下八里5号墓后室东南壁进酒图，左边的方桌上放两摞倒扣的小碗和深腹盆，盆内放勺子；桌后右边男子双手捧盘，盘上有碗，左边男子手拿执壶准备倒酒入右边男子手里的碗中（图91）。

图91　进酒图（辽代，河北省张家口市宣化区下八里5号辽墓，自来发掘简报）

　　从辽代晚期墓葬壁画看，进酒图、备酒图沿袭辽代中期的风格，画面所表现的内容相近，写实特征非常突出，反映出墓主人生前的生活方式。在这一时期，宴饮图像大量出现，其中多为饮酒的场面。有的表现墓主人独自饮酒，如内蒙古敖汉旗下湾子1号墓墓室东壁宴饮图，墓主人坐在椅子上准备用餐饮酒，旁有女侍手捧温碗和执壶侍奉主人饮酒。有的表现墓主人与亲朋一起饮酒，如木头城子辽墓壁画宴饮图，共有3人饮酒，呈醉态。下湾子1号辽墓壁画宴饮图，桌上的盘内放水果，说明以水果作为佐菜的饮酒风俗仍在流行。辽代境内盛行以酒成礼、以酒行事，在各种礼仪活动的宴饮和日常餐饮中都离不开酒。辽朝中央政府设置麹院，为官方专门酿酒和管理事务的机构。在民间也有酿造酒作坊，辽穆宗应历十六年（公元966年）正月，"微行市中，赐酒家银绢"。十八年（公元968年）正月十五在集市观灯，

"以银百两市酒，命群臣亦市酒，纵饮三夕"[①]。这些酒都来自民间酿造。官营和民营的酿酒机构或作坊，推进了辽代饮酒风俗的盛行。

综上所述，遵循辽代历史发展的规律，将辽代壁画墓分为早、中、晚三期，以此为纵线来分析墓葬壁画中的饮茶与行酒图像。根据《辽史》《契丹国志》等史书记载，辽代在重大祭典、节日庆典、外交礼仪等活动中都要大摆宴席，期间有一套行酒、行茶、行肴的规定礼仪，基本上是先行酒后行茶。这是限于皇室和大贵族阶层，而且是举行重大仪式中的宴饮礼规。墓葬壁画中的宴饮图，多为个人日常生活中的情景，或表现酒器、茶具，或表现备茶、备酒，或表现进茶、进酒，或表现宴饮，这是有别于辽代宫廷中行茶、行酒的礼仪规范。在壁画图像中，多见饮茶或饮酒的单独画面，或在同一墓葬的不同部位有饮茶饮酒的画面，如友爱辽墓木帐两侧分别绘进茶的女侍和进酒的男侍；七家2号墓东南壁绘备茶图，西南壁绘备酒图。这些壁画都是单独成布局。另外，少数壁画中既有茶又有酒的图像，如山西省大同市东风里辽墓[②]壁画进食图，既有煮汤者的火盆和执壶，又有插入酒架中的酒坛（图92）。因此，辽墓壁画饮茶与饮酒图像直接反映当时社会生活的一个侧面。

图92 进食图（辽代，山西省大同市东风里辽墓，山西省大同市博物馆藏）

① ［元］脱脱等：《辽史》卷7《穆宗本纪下》，北京：中华书局，1974年，第83、85页。
② 大同市考古研究所编：《大同东风里辽代壁画墓》，北京：文物出版社，2016年，第42页。

二、音乐舞蹈与文学作品表现的饮食文化

中国的音乐舞蹈艺术在新石器时代就已出现，根据考古学资料表明，北方草原地区的兴隆洼文化遗址出土有骨笛、阿善文化遗址出土有陶埙、西岔遗址出土有陶铃，中原地区仰韶文化遗址和南方地区河姆渡文化遗址出土有骨笛，山西陶寺文化遗址出土有石磬、木鼓、土鼓，陕西石峁遗址出土有骨口弦琴，青海宗日马家窑文化遗址出土有舞蹈纹彩陶盆等，这说明原始时期人类在生产劳动实践中发明了最初的音乐和舞蹈。文学作品产生的时间较晚，随着文字的出现而产生。在北方草原地区，早在距今8000年前就出现了乐器，用吃剩的动物肢骨制作。北方游牧民族诞生以后，在一些重大的宴饮活动中，都以音乐、舞蹈、赋诗助兴，有的文学作品中记录了饮食资料和宴饮情况。将这种音乐舞蹈艺术形式、文学作品与饮食行为结合起来，扩大了饮食文化的外延。

（一）音乐舞蹈艺术与饮食活动

在北方草原地区，游牧民族都能歌善舞，在宴饮的场合中往往与歌舞结合，有的歌舞甚至直接表现出饮食行为，或在饮食器上表现音乐舞蹈的场面，或用饮食器作道具表演舞蹈。如匈奴的舞蹈纹青铜壶、契丹的伎乐天纹金碗，以饮食器来表现舞蹈、音乐的状况；蒙古族的"乳香飘歌"和"筷子舞"等，以音乐旋律和动作节奏表示饮食内容。

辽代契丹的音乐，多在宴饮场合下进行。《辽史》卷54《乐志》记载："辽有国乐、有雅乐、有大乐、有散乐、有铙歌、横吹乐。"[①]指出辽代音乐的种类。"辽有国乐，犹先王之风；其诸国乐，犹诸侯之风。故志其略。正月朔日朝贺，用宫悬雅乐。元会，用大乐；曲破后，用散乐；角抵终之。是夜，皇帝燕饮，用国乐。七月十三日，皇帝出行宫三十里卓帐。十四日设宴，应从诸军随各部落动乐。十五日中元，大宴，用汉乐。春飞放杏埚，皇帝射获头鹅，祭庙燕饮，乐工数十人执小乐器侑酒。"[②]这是描述宴饮时动用国乐的场合。"太宗会同三年（公元940年），晋宣徽使杨端、王眺等及诸国使朝见，皇帝御便殿赐宴。端、眺起进酒，作歌舞，上为举觞极欢。会同三

---

① ［元］脱脱等：《辽史》卷54《乐志》，北京：中华书局，1974年，第881页。
② ［元］脱脱等：《辽史》卷54《乐志》，北京：中华书局，1974年，第881—882页。

年端午日，百僚及诸国使称贺，如式燕饮，命回鹘、敦煌二使作本国舞。天
祚天庆二年（公元1112年），驾幸混同江，头鱼酒筵，半酣，上命诸酋长次
第歌舞为乐。女直阿骨打端立直视，辞以不能。上谓萧奉先曰：'阿骨打意
气雄豪，顾视不常，可托以边事诛之。不然，恐贻后患。'奉先奏：'阿骨打
无大过，杀之伤向化之意。蕞尔小国，又何能为。'"①这是对宴饮时用诸国
乐舞的记录。契丹皇帝在不同时间和场合所用的音乐不一样，但在宴会时都
要动乐，一边宴饮纵乐，一边奏乐欢娱。

雅乐是"自汉以后，相承雅乐，有古《颂》焉，有古《大雅》焉。辽阙
郊庙礼，无颂乐。大同元年（公元947年），太宗自汴将还，得晋太常乐
谱、宫悬、乐架，委所司先赴中京。圣宗太平元年（公元1021年），尊号册
礼，设宫悬于殿庭，举麾位在殿第三重西阶之上，协律郎各人就举麾位，太
常博士引太常卿，太常卿引皇帝。将仗动，协律郎举麾，太乐令令撞黄钟之
钟，左右钟皆应。工人举柷，乐作；皇帝即御坐，扇合，乐止。王公入门，
乐作；至位，乐止。通事舍人引押册大臣，初动，乐作；置册殿前香案讫，
就位，乐止。舁册官奉册，初动，乐作；升殿，置册御坐前，就西墉北上
位，乐止。大臣上殿，乐作；至殿栏内位，乐止。大臣降殿阶，乐作；复
位，乐止。王公三品以上出，乐作；太常博士引太常卿，太常卿引皇帝降御
坐入阁，乐止。兴宗重熙九年（公元1040年），上契丹册，皇帝出，奏《隆
安》之乐。圣宗统和元年（公元983年），册承天皇太后，设宫悬、簨虡，
太乐工、协律郎入。太后仪卫动，举麾，《太和》乐作；太乐令、太常卿导
引升御坐，帘卷，乐止。文武三品以上入，《舒和》乐作；至位，乐止。皇
帝入门，《雍和》乐作；至殿前位，乐止。宰相押册，皇帝随册，乐作；至
殿前置册于案，乐止。翰林学士、大将军舁册，乐作；置御坐前，乐止。丞
相上殿，乐作；至读册位，乐止。皇帝下殿，乐作；至位，乐止。太后宣答
讫，乐作；皇帝至西阁，乐止。亲王、丞相上殿，乐作；退班出，乐止。下
帘，乐作；皇太后入内，乐止。册皇太子仪：太子初入门，《贞安》之乐
作"②。这里记载的皇帝尊号册礼、册承天皇后仪、册皇太子仪等都用雅
乐，但没有记载宴饮的场面。"唐《十二和》乐，辽初用之，《豫和》祀天
神，《顺和》祭地祇，《永和》享宗庙，《肃和》登歌奠玉帛，《雍和》入俎接

---

① ［元］脱脱等：《辽史》卷54《乐志》，北京：中华书局，1974年，第882页。
② ［元］脱脱等：《辽史》卷54《乐志》，北京：中华书局，1974年，第883—884页。

神，《寿和》酌献饮神，《太和》节升降，《舒和》节出入，《昭和》举酒，《休和》以饭，《正和》皇后受册以行，《承和》太子以行。"①奏《寿和》《昭和》《休和》乐都与饮食有关。

大乐"自汉以来，因秦、楚之声置乐府。至隋高祖诏求知音者，郑译得西域苏祗婆七旦之声，求合七音八十四调之说，由是雅俗之乐，皆此声矣。用之朝廷，别于雅乐者，谓之大乐。晋高祖使冯道、刘煦册应天太后、太宗皇帝，其声器、工官与法驾，同归于辽。……天祚皇帝天庆元年（公元1111年）上寿仪：皇帝出东阁，鸣鞭，乐作；帘卷，扇开，乐止。太尉执台，分班，太乐令举麾，乐作；皇帝饮酒讫，乐止。应坐臣僚东西外殿，太乐令引堂上，乐升。大臣执台，太乐令奏举觞，登歌，乐作；饮讫，乐止。行臣僚酒遍，太乐令奏巡周，举麾，乐作；饮讫，乐止。太常卿进御食，太乐令奏食遍，乐作；《文舞》入，三变，引出，乐止。次进酒，行臣僚酒，举觞，巡周，乐作；饮讫，乐止。次进食，食遍，乐作；《武舞》入，三变，引出，乐止。扇合，帘下，鸣鞭，乐作；皇帝入西阁，乐止"②。从天祚皇帝的上寿仪看，印证了辽代仪式中的宴饮与乐舞相辅相成的情况。

在辽代的一些礼仪宴会中，多用散乐。《辽史》卷54《乐志》记载："辽册皇后仪：呈百戏、角抵、戏马以为乐。皇帝生辰乐次：酒一行，觱篥起，歌。酒二行，歌，手伎入。酒三行，琵琶独弹。饼、茶、致语。食入，杂剧进。酒四行，阙。酒五行，笙独吹，鼓笛进。酒六行，筝独弹，筑球。酒七行，歌曲破，角抵。曲宴宋国使乐次：酒一行，觱篥起，歌。酒二行，歌。酒三行，歌，手伎入。酒四行，琵琶独弹。饼、茶、致语。食入，杂剧进。酒五行，阙。酒六行，笙独吹，合法曲。酒七行，筝独弹。酒八行，歌，击架乐。酒九行，歌，角抵。"③在举行宴会时，根据礼仪内容、饮酒的巡数和行饼、行茶、入食的情况，决定弹什么乐器、奏什么乐曲、表演什么节目，并形成定制。

辽代的舞蹈分契丹民族传统舞和外部引进舞，多在礼仪和宴会中作为一种娱乐节目出现。《辽史》卷53《礼志六》记载的贺生皇子仪就有舞蹈场面。"其日，奉先帝御容，设正殿，皇帝御八角殿升坐。声警毕，北南宣徽使殿

① ［元］脱脱等：《辽史》卷54《乐志》，北京：中华书局，1974年，第884页。
② ［元］脱脱等：《辽史》卷54《乐志》，北京：中华书局，1974年，第885—886页。
③ ［元］脱脱等：《辽史》卷54《乐志》，北京：中华书局，1974年，第891—893页。

阶上左右立，北南臣僚金冠盛服，合班入。班首二人捧表立，读表官先于左
阶上侧立。二宣徽使东西阶下殿受表，捧表者跪左膝授讫，就拜，兴，再
拜。各祗候。二宣徽使俱左阶上授读表官，读讫，揖臣僚鞠躬。引北面班首
左阶上殿，栏内称贺讫，引左阶下殿，复位，舞蹈，五拜。礼毕。"[1]《辽
史》卷4《太宗本纪下》记载："（会同三年，公元940年）五月庚午，以端
午宴群臣及诸国使，命回鹘、敦煌二使作本俗舞，俾诸使观之。"[2]《辽史》
卷19《兴宗本纪二》记载，重熙十年（公元1041年）冬十月"辛卯，以皇
子胡卢斡里生，北宰相、驸马撒八宁迎上至其第宴饮，上命卫士与汉人角抵
为乐。壬辰，复饮皇太后殿，以皇子生，肆赦。夕，复引公主、驸马及内族
大臣入寝殿剧饮"[3]。《辽史》卷27《天祚帝本纪一》记载，天庆二年（公元
1112年）"春正月己未朔，如鸭子河。丁丑，五国部长来贡。二月丁酉，如
春州，幸混同江钓鱼，界外生女直酋长在千里内者，以故事皆来朝。适遇
'头鱼宴'，酒半酣，上临轩，命诸酋次第起舞。独阿骨打辞以不能，谕之再
三，终不从。……九月己未，射获熊，燕群臣，上亲御琵琶"[4]。这些记
载，反映出宴饮时以舞蹈相伴活跃氛围的情景。

在一些娱乐宴饮的场合，契丹人乐舞齐上。内蒙古翁牛特旗解放营子辽
墓[5]壁画的宴饮行乐图，画中墓主人红衣毡冠，临几而坐，旁边有侍宴仆从
执役，前有一散乐队伍，共8人，正在进行歌舞演奏。其中，1人起舞，其
他7人分别吹奏击打觱篥、笙、横笛、箫、腰鼓、大鼓、拍板，场面热烈，
气氛轻松，反映了宴饮时歌舞乐奏的欢乐情景（图93）。契丹族著名画家胡
瑰的《卓歇图》，表现了契丹贵族出行间歇时的乐舞和宴饮情景。在一些辽
墓壁画中，常见宴饮图与奏乐图分布在同一空间的画面，如内蒙古敖汉旗羊
山1号辽墓，在墓室西壁绘奏乐图，西南壁绘备茶图，东壁绘墓主人宴饮
图，东南壁绘备饮图，反映了辽代贵族阶层在宴饮时有音乐相助。

（二）文学作品描述的饮食文化

文学作品包括神话、传说、民间故事、歌谣、史诗、诗歌、谚语、诗

---

① ［元］脱脱等：《辽史》卷53《礼志六》，北京：中华书局，1974年，第872—873页。
② ［元］脱脱等：《辽史》卷4《太宗本纪下》，北京：中华书局，1974年，第47页。
③ ［元］脱脱等：《辽史》卷19《兴宗本纪二》，北京：中华书局，1974年，第226页。
④ ［元］脱脱等：《辽史》卷27《天祚帝本纪一》，北京：中华书局，1974年，第326页。
⑤ 翁牛特旗文化馆等：《内蒙古解放营子辽墓发掘简报》，《考古》1979年第4期，第330—334页。

图 93　宴饮行乐图（辽代，内蒙古翁牛特旗解放营子辽墓，来自发掘简报）

词、散文、小说等，其题材直接来源于现实生活。鲁迅先生曾说："我们的祖先的原始人，原是连话也不会说的，为了共同劳动，必需发表意见，才渐渐的练出复杂的声音来，假如那时大家抬木头，都觉得吃力了，却想不到发表，其中有一个叫道'杭育杭育'，那么，这就是创作……倘若用什么记号留存了下来，这就是文学。"[1]北方草原地区的文学作品非常丰富，有很多直接表现饮食的内容，有的游牧民族在宴饮场合中赋诗弄文，反映了文学作品与饮食文化的结合状况。

辽代的饮食文化在宋代诗词等作品中多有描述。北宋著名文学家王安石于公元1063年出使辽国，写下了《北客置酒》诗："紫衣操鼎置客前，巾韝稻饭随粱饘。引刀取肉割啖客，银盘擘臑槄与鲜。殷勤劝侑邀一饱，卷牲归馆觞更传。山蔬野果杂饴蜜，獾脯豕腊加炮煎。酒酣众吏稍欲起，小胡捽耳争留连。为胡止饮且少安，一杯相属非偶然。"[2]介绍了契丹宴请宋使的饮食种类、饮食行为、饮食礼仪。在辽宫词中，也有对饮食的描述。如"弓开满月箭流星，鸳泊迷漫水气腥。毛血乱飞鹅鸭落，脱韝新放海东青。""猎猎轻风拂钓竿，添河鲜鲫乍登盘。长春宫里花如锦，催割黄羊宴牡丹。""重阳时节想题糕，射虎平原意兴豪。叼赐天厨菊花酒，骆驼山上共登高。""燕京年

① 鲁迅：《鲁迅全集》第6卷，北京：人民文学出版社，1981年，第99—100页。
② 赵永春辑注：《奉使辽金行程录》（增订本），北京：商务印书馆，2017年，第62页。

谷庆丰登，圣主颁醑酒似渑。传语金吾先放夜，微行来看六街灯。""道场顶礼集名缁，毡帐群羊角共劖。喜色满筵番乐合，后宫新报产麟儿。""采艾刚逢讨赛离，大黄汤熟泛琼卮。合欢定荷君王宠，缠臂新添五彩丝。""胆瓶香放旱金花，弦索新腔按琵琶。解渴不须调乳酪，冰瓯刚进小团茶。""山近巫闾落照移，属珊军帐飒牙旗。行宫洗盏排芳宴，次第群臣射虎诗。"①这些词表述了辽代皇帝春捺钵捕鹅鸭钩鱼、辽圣宗在长春宫里观赏牡丹并举行黄羊宴、秋捺钵射虎和重阳节登高饮菊花酒、圣宗在燕京庆丰登山并赐醑宴、契丹皇后生男时行大宴、端午节喝大黄汤、皇后述律氏幸临医巫闾山获取猎物后大宴群臣等景象。

关于契丹的湩酪、奶粥等饮食，宋代使臣出使辽朝后多留诗记录。苏颂的《契丹帐》曰："行营到处即为家，一卓穹庐数乘车。千里山川无土著，四时畋猎是生涯。酪浆膻肉夸希品，貂锦羊裘擅物华。种类益繁人自足，天教安逸在幽遐。"②苏辙的《十日南归，马上口占呈同事》云："南辕初喜去龙庭，入塞犹须阅月行。汉马亦知归意速，朝阳已作故人迎。经冬舞雪长相避，屈指新春旋复生。想见雄州馈生菜，菜盘酪粥任纵横。"③苏辙的《渡桑乾》也云："会同出入凡十日，腥膻酸薄不可食。羊修乳粥差便人，风隧沙场不宜客。"④毕仲游的《西台集》曰："日高宾馆驻前旌，馈客往来随酪粥。"⑤契丹本土的文人也作饮食方面的诗。如刘经的《野韭诗》、虞仲文的《赋煎饼诗》、冯可的《重午酒资诗》、雷思的《食松子》等。其中，《重午酒资诗》曰："牢落他乡道转孤，半生穷饿坐诗书。羁宾况复当佳节，归梦犹能到弊庐。屈子沉江真是躁，田文及户亦成虚。公如不为红茵惜，愿学前人一吐车。"借过重午节饮酒而抒发情感。《食松子》诗曰："千岩玉立尽长松，半夜珠玑落雪风。休道东游无所得，岁寒梁栋满胸中。"⑥以食松子而抒怀。辽道宗耶律洪基懿德皇后萧观音作的《回心院》曰："扫深殿。闭久金铺暗。游丝络网尘作堆，积岁青苔厚阶面。扫深殿，待君宴。""拂象床。凭

① ［元］柯九思等编：《辽金元宫词》，北京：北京古籍出版社，1988年，第38、44、45、46、47、48、50、51页。

② 赵永春辑注：《奉使辽金行程录》（增订本），北京：商务印书馆，2017年，第87页。

③ 赵永春辑注：《奉使辽金行程录》（增订本），北京：商务印书馆，2017年，第130页。

④ 赵永春辑注：《奉使辽金行程录》（增订本），北京：商务印书馆，2017年，第131页。

⑤ ［宋］毕仲游撰，陈斌校点《西台集》，郑州：中州古籍出版社，2005年，第297页。

⑥ 马晋宜、杜成辉编纂：《全辽诗》（上），北京：中国国际教育出版社，2001年，第128—129、136页。

梦借高唐。敲坏半边知妾卧，恰当天处少辉光。拂象床，待君王。"①通过心理活动的描写，表达了懿德皇后希望君王临幸，过着欢宴美好的生活。

在辽代契丹的宴会上，常以赋诗的形式来助兴。《辽史》卷22《道宗本纪二》记载，咸雍元年（公元1065年）"冬十月丁亥朔，幸医巫闾山。己亥，皇太后射获虎，大宴群臣，令各赋诗"②。《辽史》卷81《陈昭衮传》记载："开泰五年（公元1016年）秋，大猎，帝射虎，以马驰太速，矢不及发。虎怒，奋势将犯跸。左右辟易，昭衮舍马，捉虎两耳骑之。虎骇，且逸。上命卫士追射，昭衮大呼止之。虎虽轶山，昭衮终不堕地。伺便，拔佩刀杀之。辇至上前，慰劳良久。即日设燕，悉以席上金银器赐之，特加节钺，迁围场都太师，赐国姓，命张俭、吕德懋赋以美之。"③《辽史》卷103《萧韩家奴传》记载："自是日见亲信，每入侍，赐坐。遇胜日，帝与饮酒赋诗，以相酬酢，君臣相得无比。韩家奴知无不言，虽谐谑不忘规讽。"④《辽史》卷18《兴宗本纪一》印证这段记载，即"（重熙六年）六月壬申朔，以善宁为殿前都点检，护卫太保耶律合住兼长宁宫使，萧阿剌里、耶律乌鲁斡、耶律和尚、萧韩家奴、萧特里、萧求翰为各宫都部署。上酒酣赋诗，吴国王萧孝穆、北宰相萧撒八等皆属和，夜中乃罢"⑤。《辽史》104《王鼎传》记载："王鼎，字虚中，涿州人。幼好学，居太宁山数年，博通经史。时马唐俊有文名燕、蓟间，适上巳，与同志被禊水滨，酌酒赋诗。鼎偶造席，唐俊见鼎朴野，置下坐。欲以诗困之，先出所作索赋，鼎援笔立成。唐俊惊其敏妙，因与定交。……寿隆初，升观书殿学士。一日宴主第，醉与客忤，怨上不知己，坐是下吏。状闻，上大怒，杖黥夺官，流镇州。居数岁，有赦，鼎独不免。会守臣召鼎为贺表，因以诗贻使者，有'谁知天雨露，独不到孤寒'之句。上闻而怜之，即召还，复其职。"⑥可见，王鼎因醉酒埋怨怨皇帝自己被免职流放，后又因赋诗敏捷而官复原职。

① ［元］柯九思等编：《辽金元宫词》，北京：北京古籍出版社，1988年，第53页。
② ［元］脱脱等：《辽史》卷22《道宗本纪二》，北京：中华书局，1974年，第265页。
③ ［元］脱脱等：《辽史》卷81《陈昭衮传》，北京：中华书局，1974年，第1286页。
④ ［元］脱脱等：《辽史》卷103《萧韩家奴传》，北京：中华书局，1974年，第1449页。
⑤ ［元］脱脱等：《辽史》卷18《兴宗本纪一》，北京：中华书局，1974年，第219页。
⑥ ［元］脱脱等：《辽史》卷104《王鼎传》，北京：中华书局，1974年，第1453—1454页。

三、饮食艺术

饮食艺术是与饮食有着直接关系而产生的一种特殊形式，包括饮食和饮食器的造型、烹饪中的艺术、宴饮中的艺术，其中，饮食器造型在前文中已经论述。烹饪中的艺术主要体现于制作食物、菜肴的过程中，即对食物的选料、制作、成型一系列工序，具体反映在食物的形、色、味三个方面。林语堂先生曾指出，整个中国烹调艺术是要依靠配合的艺术的。[①]鲁耕先生在《烹饪属于文化范畴》中写道："总括起来烹调这一门应属于文化范畴，我们这个国家历史文化传统悠久，烹调是劳动人民和专家们辛勤地总结了多方面经验积累起来的一门艺术。"[②]很精辟地将烹调看作为艺术。与之相应的宴饮中也包含有艺术成分，宴饮过程中的上菜、摆菜、座次、酒巡等都是讲究艺术的。那么，辽代也是如此，在烹饪与宴饮中讲究艺术内涵。

（一）烹饪中的艺术

北方草原地区在历史上就产生了烹饪中的艺术，对于饮食的要求，不仅在于食物的形、色、味俱佳，还在于讲究品尝时能给人多方面的刺激，从感官功能上将视觉、嗅觉、味觉用于辨分食物的属性。美国学者卡罗琳·考斯梅尔说："我们将发现食品在艺术中获得的意味与它在实用中的意味有一些重合之处，但是，虽然连贯性是预料之中的，我们还是会发现艺术的夸张、选择和创造。艺术提供的不仅是对食品中的意味的说明，还有对味道、食品和吃喝的意味在其中显现的广阔的历史语境的看法。"[③]

辽代的面食很讲究，在《辽史》中多次提到"酒肴""茶膳""馒头"，还提到正月初一日以糯米饭和白羊髓为饼，正月初七日做煎饼，重九节饮菊花酒，说明当时的契丹人在饮食上讲究时令性，在制作上讲求形、色、味的艺术。内蒙古巴林左旗滴水壶辽墓[④]壁画备餐图，有两位契丹少年抬着一个大漆盘，内装四种面食、馒头2盘、馍2盘、麻花1盘、花瓣形点心1盘。契丹的馒头就是肉包，馍为现代意义上的馒头，把肉馅包在面中，一是为形，

---

① 林语堂：《生活的艺术》，西安：陕西师范大学出版社，2003年，第193页。
② 鲁耕：《烹饪属于文化范畴》，《中国烹饪》1980年第2期。
③ ［美］卡罗琳·考斯梅尔：《味觉》，吴琼、叶勤、张雷译，北京：中国友谊出版公司，2001年，第229页。
④ 巴林左旗博物馆：《内蒙古巴林左旗滴水壶辽代壁画墓》，《考古》1999年第8期，第53—59页。

一是为味。麻花、花瓣形点心属于精制面食，从形制上看，具有特殊的形态艺术，同时兼顾色与味的艺术。

《契丹国志》卷21《南北朝馈献礼物》记载："承天节（宋代节日），又遣庖人持本国异味，前一日就禁中造食以进御云。"[①]这里的异味是契丹人风味美食中的一种特制貔狸，《契丹国志》卷24《刁奉使北语诗》对貔狸进行注解，认为："北朝为珍膳，味如豚肉而脆。"[②]为"味极肥美，如豚子而脆"。在契丹皇帝送给宋朝皇帝的礼单中，有牛、羊、野猪、鱼、鹿腊，还有蜜渍山果、蜜晒山果，这都是经过盐渍或蜜渍加以熏制和晒干的风味食品，说明契丹和宋朝皇家贵族对味觉的审美情趣。

契丹人的饮食味觉还反映在主食、饮酒、饮茶等方面。奶粥是契丹人的主要食物之一，以奶加米煮制而成，为了味觉上的美感，常添加蔬菜和生油。契丹皇家贵族在春捺钵捕鹅钩鱼，获取天鹅和鲜鱼，举办头鹅宴和头鱼宴，品尝鲜鹅、鲜鱼的美味，因为春季的鹅和鱼最为鲜美，这也是契丹人心理上对美味的一种偏爱的反映。在饮酒上讲究酒味的感觉，契丹人在端午节饮黄酒，在重九节饮菊花酒，追求酒仪中的美味。河北省宣化辽张文藻墓[③]内棺前置一绿釉鸡腿瓶，内盛散发香味的橘红色液体，应为一种特制的酒液。契丹人饮茶也很讲究味觉，从宋朝引进的茶有团茶、乳茶、岳麓茶等名贵品种，主要以茶饼的形式出现，在饮法上早期以煎茶、中后期以点茶为主。辽代墓葬壁画有多幅茶道图，可以看出煮茶的工序非常讲究，来调制美味的茶饮（图94）。契丹人的点茶，还要加盐、奶等调味。宋人苏辙的《和子瞻煎茶》曰："君不见闽中茶品天下高，倾身事茶不知劳；又不见北方俚人茗饮无不有，盐酪椒姜夸满口。"可见，契丹人既保留了唐代煎茶放盐和其他调料的做法，又突出了本民族传统的奶乳，使这种煮茶法一直流传到现在，增加茶的美味。

总之，辽代的饮食在形、色、味以及感官上的艺术形式和审美情趣，是饮食文化发展过程中的一种独立的特殊艺术形式，从制作到传承、发展，有自身的规律，并把饮食文化的内涵由物质文化上升到精神文化的领域。

---

① ［宋］叶隆礼撰，贾敬颜、林荣贵点校：《契丹国志》卷21《南北朝馈献礼物》，上海：上海古籍出版社，1985年，第201页。

② ［宋］叶隆礼撰，贾敬颜、林荣贵点校：《契丹国志》卷24《刁奉使北语诗》，上海：上海古籍出版社，1985年，第233页。

③ 河北省文物研究所等：《河北宣化辽张文藻壁画墓发掘简报》，《文物》1996年第9期，第14—48页。

图 94　茶道图（辽代，河北省张家口市宣化区下八里 6 号辽墓，来自发掘简报）

（二）宴饮中的艺术

宴饮中的艺术是特殊艺术中的另一种形式，与烹饪中的艺术相辅相成。宴饮中的艺术包括宴席的上菜、菜肴、主宾互敬、行酒令等内容。这种艺术可以反映一个民族的精神内涵，也可以反映不同饮食群体的文化差异。辽代在国与国、人与人的交往中经常设宴摆酒接待宾客，或者在喜庆欢乐时自摆宴席，都能体现出宴饮过程中的艺术行为。

在辽代墓葬壁画中，反映进食、宴饮的场面很多。内蒙古敖汉旗羊山 1 号辽墓[①]壁画的宴饮图，墓主人端坐于方凳上，右手执箸，伸入左手中的碗内夹食。右后侧一侍者手捧一个大圆盘，内盛三个小盏，盛酒、茶类，躬身奉侍。左侧一侍者坐于案前，右手持刀准备切割肉食。左边侧置一深腹大鼎，内煮兽腿，一侍者双手持棍（叉）在鼎内搅动肉食。其后共有三位侍者，抬放一长方形木桌，桌上放两个黑色食盒，盛馒头、馍，里侧置大碗、小碗、箸、刀，侍奉主人进食。从画面看，辽代贵族的宴饮有多人侍奉，食肉吃饭、饮酒喝茶都很讲究，宴饮有序，具有艺术性。

根据《辽史·礼志》记载，契丹国家的典礼仪式和契丹人的婚丧嫁娶、过节娱乐都要宴饮。在国家的各种典礼场合中，行酒方式和行酒次数都有严格的程序，行酒次数有"酒一行""酒三行""酒五行""酒七行""酒九

---

① 邵国田：《敖汉旗羊山1—3号辽墓清理简报》，《内蒙古文物考古》1999年第1期，第1—38页。

行"，均取单数，即阳数，象征吉利。在最高规格的典礼场合，行酒九次，依据参加者的身份、地位安排宴饮的座次，并讲究进食的顺序。如曲宴宋使仪，契丹皇帝升殿后，宋使及随行者从大殿的东洞门进入，面向西鞠躬。契丹的文武大臣都七拜皇帝，答谢宴请。致辞，舞蹈，再五拜。由舍人（皇帝近侍）带引契丹大臣、宋使、副使等从西阶上殿，按等级就位，没资格就位的契丹臣僚从西洞门出殿，宋使随从人员入殿，谢赐宴，站立于殿的两廊中。有二人监酒，教坊奏乐。皇帝行酒，大臣及宋使也行酒，监酒者告诉在旁殿就宴者饮尽酒。中间要稍作休息，然后皇帝再升殿，进行一些敬拜礼仪。再依序行茶、行酒、行膳、行果，当酒九行时，以音乐助兴，使宴会达到高潮。之后，两廊从人、契丹臣僚和宋使各谢宴，契丹臣僚马上退殿，宋使、副使等观完舞蹈后，五拜，退出。整个宴会结束。可见，契丹国宴中的参加者位次、行酒次数、进食顺序都有严格的规定，充满了宴饮的艺术氛围。

契丹人以酒行乐，讲究行酒的艺术。在上巳节（三月初三日），契丹人进行射兔的娱乐活动，先中者为胜，负者要下马向胜者跪着献酒，胜者在马上接杯饮尽，这是一种赌赛酒令的做法。辽代中晚期，国泰民安，文事日盛，辽宋之间互派使者的现象增多，在国宴上用文字酒令和吟诗酬唱以助酒兴。《梅涧诗话》记载："富郑公奉使辽国，虏使者云：早登鸡子之峰，危如累卵。答曰：夜宿丈人之馆，安若泰山。又曰：酒如线因针乃见。富答曰：饼如月遇食则缺。"[①]《契丹国志》卷7《圣宗天辅皇帝》记载："承平日久，群方无事，纵酒作乐，无有虚日。与番汉臣下饮会，皆连昼夕，复尽去巾帻，促席造膝而坐。或自歌舞，或命后妃已下弹琵琶送酒。又喜吟诗，出题诏宰相已下赋诗，诗成进御，一一读之，优着赐金带。又御制曲百余首。"[②]类似这样的记载很多，可看出契丹人宴饮的艺术气氛。内蒙古赤峰学院北方民族研究所藏有一件辽代多棱状穿孔瓷器，中间有孔，上书"老牛饮水"等文字，应为行酒令的用具。《辽史》卷90《耶律义先传》记载："它日侍宴，上命群臣博，负者罚一巨觥。"[③]说明在宴会上有赌酒的风习，输者会被罚酒一觥，这也是渲染宴会氛围的一种艺术。

---

① ［元］韦居安：《梅涧诗话》卷上，北京：中华书局，1985年，第5页。
② ［宋］叶隆礼撰，贾敬颜、林荣贵点校：《契丹国志》卷7《圣宗天辅皇帝》，上海：上海古籍出版社，1985年，第72页。
③ ［元］脱脱等：《辽史》卷90《耶律义先传》，北京：中华书局，1974年，第1356页。

　　饮食文化与艺术的结合，是物质文化和精神文化相互渗透的结果，是以饮食为物质载体，在精神文化领域中的一种艺术升华。原始人类在长期的劳动过程中，感官、能力都得到了进一步的发展，技艺达到了高度的完善，在这个基础上产生了绘画、雕塑、音乐、舞蹈等艺术形式。人类在集体劳动中发展了思维和语言，有了按照自己的预想把某一物件的形象复制出来的能力。同时，有表达自己思想感情的要求，艺术就是从这种要求中产生出来。"一切种类的文学艺术的源泉究竟是从何而来的呢？作为观念形态的文艺作品，都是一定的社会生活在人类头脑中的反映的产物。"[1] 原始社会艺术的内容和形式，是由当时的社会生产力和生产关系决定的。随着社会的发展，人类从生产劳动实践中所得来的认识、思维和感情日益复杂起来，因而艺术的内容和表现形式越来越丰富。辽代饮食文化与艺术形式的结合，并在艺术形式中充分地表现出来，同时在饮食文化中又创造出新的艺术内涵。

---

　　① 毛泽东：《在延安文艺座谈会上的讲话》，《毛泽东选集》第3卷，北京：人民出版社，1991年，第860页。

辽代饮食文化的象征表意与交往交流交融

象征是人类社会普遍存在的一种文化现象，是符号表达意义的一种方式，也是文化人类学十分关注的一个内容。符号学认为符号是带有意义的物质性对象，把人类所创造的一切文化产物都视为符号，通过物质载体将符号包含的信息表达出来，解释人类社会发展过程中的各种文化现象和文化表意。辽代饮食文化从其本身所反映的内容看，特别是饮食行为和饮食器上的图案，都作为一种符号传递着文化信息，寓意深层的文化内涵，以象征意义来表现人们的祈福观念和心理愿望。饮食行为是指与饮食文化相关的一切活动，能反映出一定的礼仪规范。从辽代饮食行为与饮食习俗发展过程看，主要体现在餐坐习俗、进食（进酒）习俗、宴饮习俗、赏赐与带福还家习俗等，而且受到中原地区饮食习俗文化的影响。同时，辽代等级制也决定了饮食行为中的餐饮座次、进食次序、宴饮形式等，这在契丹民族各种习俗中充分地体现出来。

文化人类学提倡文化变迁和文化多样性的研究，就是说民族文化的传承和交流。辽代由于受自然条件和经济方式等因素的制约，形成了区域性、民族性特征明显的饮食文化，具有相对的稳定性和独立性。但是，任何事物不是绝对静止不变的，在辽代饮食文化的传承过程中，随着与周邻民族、中原地区、西方国家的政治、经济、军事、文化上的往来和接触，饮食文化必然受到影响，双向交流，形成"你中有我、我中有你"的现象，虽然有时这种影响的冲击很大，但不会改变辽代传统饮食文化的主流地位。正因为有文化上的传承与交流，才会呈现出辽代饮食文化的多样性发展趋势。

一、辽代饮食文化的象征表意

辽代饮食文化的象征表意，主要体现在饮食器的图案和饮食行为之中。夏建中在《文化人类学理论学派——文化研究的历史》中，引用美国人类学家怀特的观点阐释了象征的意义，认为："象征符号是人类意识的主要功能，是我们创造和认识语言、科学、艺术、神话、历史、宗教的基础，是理解人类文化和各种行为的'秘诀'。"[①]辽代饮食器的图案，以各种动植物、人物及故事、文字等为题材，具有吉祥、幸福、长寿、圆满等文化寓意。饮食行为在不同的礼仪中表现出来，也具有一定的象征性。美国人类学家奥特纳（S.Ortner）在《关键的特征》一文中指出象征只是作为一种符号，针对思维之文化系统中的其他因素而发挥着某种关键的作用。简言之，所谓关键性，指的是它涉及文化意义之系统的内在结构，而这一系统的功能则决定了人们在特定文化中的生活方式。[②]辽代饮食文化所表现的象征，就是通过器物图案和行为来传达内在的文化意义。

（一）饮食器的吉祥图案与文化含义

辽代饮食器的纹样由动物、植物、人物故事、宗教题材、文字符号等组成的图案，其表现的文化象征符号是以一种非语言的信息传递方式，通过象征意义反映人们的祈福观念和心理愿望，传递着人们祈福求祥的信息，构成了辽代饮食器造型艺术的象征符号系统。巴尔特（R. Barthes）在《符号学原理》中指出符号学的研究目的，是根据构筑观察对象的塑像这一结构主义全部活动的企图本身，重构语言以外的符号作用体系的功能。[③]辽代饮食器的纹样就是观察的对象，是非语言的物化符号，通过符号而传递所表达的信息，寓意人们对美好生活具有象征意义观念的追求。

---

① 夏建中：《文化人类学理论学派——文化研究的历史》，北京：中国人民大学出版社，1997年，第288页。

② ［美］谢丽·B. 奥特纳：《关键的象征》，史宗主编，金泽等译：《20世纪西方宗教人类学文选》，上海：上海三联书店，1995年，第200—214页。

③ ［日］绫部恒雄主编：《文化人类学的十五种理论》，周星等译，贵阳：贵州人民出版社，1988年，第204页。

辽代饮食器装饰艺术中的纯动物图案已经变少，除了保留传统的风格外，更多地吸收中原文化的因素，开始出现动物、植物、人物故事、宗教题材、文字符号等图案，而且往往由几种图案组成，单一的装饰比较少见。动物装饰有龙、狮、虎、马、羊、牛、鹿、摩羯、凤、鹤、鸳鸯、鹦鹉、鱼等，植物装饰有莲花、牡丹、梅花、菊花、灵芝、葫芦、松、竹、桃、石榴、西瓜等，人物故事造型有孝子图、高士图、对弈图等，佛教题材造型有佛像、菩萨、伎乐、迦陵频迦等，文字多为铭文。这些题材都是中国传统的吉祥图案，在饮食器上装饰同样具有文化的象征意义。

在辽代饮食器的动物纹装饰中，常见龙的图案，有双龙戏珠、行龙、飞龙、团龙等纹样。如内蒙古赤峰市大营子辽驸马墓①出土的鎏金团龙戏珠纹银高足杯、鎏金团龙戏珠纹银碗，就象征着皇权统治，也寓意天下太平、风调雨顺。凤常以"龙凤呈祥""双凤戏珠""丹凤朝阳""凤戏牡丹"等出现，象征婚姻美满、吉祥如意。如内蒙古克什克腾旗二八地1号辽墓②出土的鎏金飞凤团花纹银碗（图95），阿鲁科尔沁旗辽耶律羽之墓③出土的鎏金双凤纹银盘。狮有官运亨通、飞黄腾达、吉庆平安之意，如内蒙古阿鲁科尔沁旗辽耶律羽之墓出土的鎏金双狮纹银盒，科左后旗吐尔基山辽墓④出土的鎏金狮纹金花银盒。鹿象征着长寿，如内蒙古赤峰市松山区城子乡洞山村辽代窖藏⑤出土的鎏金卧鹿纹银鸡冠壶（图96），个人收藏的立鹿纹金鸡冠壶。摩羯又称摩伽罗，本是印度神话中水神的坐骑，又为十二宫之一，称摩羯宫。造型为头部似羚羊，身体与尾部像鱼。大约在公元4世纪随佛教文化艺术传入我国，并且逐渐中国化，演变为龙首鱼身的形象，在唐代、辽代金银、陶瓷饮食器的纹样装饰中广为流行，以象征吉祥。如内蒙古赤峰市松山区城子乡洞山村辽代窖藏出土的鎏金双摩羯形银壶、阿鲁科尔沁旗辽耶律羽之墓出土的鎏金摩羯纹银碗、科左后旗吐尔基山辽墓出土的鎏金摩羯团花纹银碗，科左后旗白音塔拉辽墓⑥出土的鎏金摩羯纹银盘，辽宁省凌源市八里铺村下喇嘛沟辽墓出土的摩羯纹束腰银盘、摩羯纹五曲银碗等。鸳鸯是一种象征夫

① 前热河省博物馆筹备组：《赤峰县大营子辽墓发掘报告》，《考古学报》1956年第3期，第1—36页
② 项春松：《克什克腾旗二八地一、二号辽墓》，《内蒙古文物考古》1984年第3期，第80—90页。
③ 内蒙古文物考古研究所等：《辽耶律羽之墓发掘简报》，《文物》1996年第1期，第4—32页。
④ 内蒙古文物考古研究所：《内蒙古通辽市吐尔基山辽代墓葬》，《考古》2004年第7期，第50—53页。
⑤ 项春松：《赤峰发现的契丹鎏金银器》，《文物》1985年第2期，第94—96页。
⑥ 贾鹤龄：《科左后旗白音塔拉契丹墓葬》，《内蒙古文物考古》2002年第2期，第12—18页。

妻之间恩爱无比、和谐美好的鸟类动物，故以鸳鸯比喻忠贞的爱情和美满的婚姻。如内蒙古丰镇市永善庄辽墓[①]出土的鎏金鸳鸯团花纹银碗，河北省窖藏[②]出土的双鸳朵带纹金碗、鎏金双鸳朵带纹银碗，赤峰市博物馆收藏的鸳鸯形三彩壶（图97）。

图 95　鎏金飞凤团花纹银碗（辽代，内蒙古克什克腾旗二八地 1 号辽墓，
内蒙古赤峰市博物馆藏）

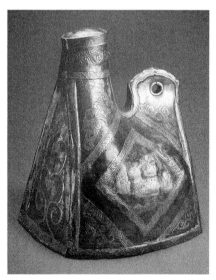

图 96　鎏金卧鹿纹银鸡冠壶（辽代，内蒙古赤峰市松山区城子乡洞山村辽代窖藏，
中国国家博物馆藏）

---

① 王新民、崔利明：《丰镇县出土辽代金银器》，《乌兰察布文物》1989 年第 3 期，120—121 页。
② 韩伟：《辽代太平年间金银器錾文考释》，《故宫文物月刊》（台北）1994 年第 9 期，第 4—22 页。

图97　鸳鸯形三彩壶（辽代，内蒙古赤峰市松山区出土，内蒙古赤峰市博物馆藏）

　　在饮食器的植物纹装饰中，也有一定的文化象征含义。莲花寓意仕途高升、为官清廉、平安吉祥、多子多福、男女好合等，如内蒙古奈曼旗辽陈国公主墓[①]出土的莲花形白瓷碗（图98）、鎏金莲花纹银钵。牡丹多以大富贵的象征出现，单独或与动物、植物、文字、几何形组合表意。如内蒙古宁城县辽中京博物馆收藏的白釉剔花牡丹纹鸡冠壶（图99），巴林右旗白音汉辽代窖藏[②]出土的八棱錾花牡丹纹银执壶、温碗。梅花是花中四君子之一，象

图98　莲花形白瓷碗（辽代，内蒙古奈曼旗辽陈国公主墓出土，内蒙古文物考古研究所藏）

---

　　①　内蒙古自治区文物考古研究所等：《辽陈国公主墓》，北京：文物出版社，1993年，第42、54页。
　　②　巴右文、成顺：《内蒙古昭乌达盟巴林右旗发现辽代银器窖藏》，《文物》1980年第5期，第45—51页。

征了中国文人品格的最高理想。梅花分五瓣，象征五福，即快乐、幸福、长寿、顺利与和平。辽代饮食器的梅花图案比较少，但有美好、幸福的文化蕴意，如内蒙古巴林右旗白音汉辽代窖藏出土的荷叶形敞口银杯，杯心錾突蕊附叶五瓣梅花。在吉祥图案中，"宝葫芦"象征宝贵、吉祥，如内蒙古敖汉旗史前文化博物馆收藏的辽代黑釉葫芦瓶（图100）。

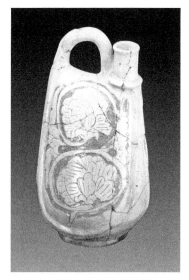

图99　白釉剔花牡丹纹鸡冠壶（辽代，
内蒙古宁城县辽中京博物馆藏）

图100　黑釉葫芦瓶（辽代，
内蒙古敖汉旗史前文化博物馆藏）

在人物故事图案中，表现出一定的文化象征。孝子图是中国传统的宣传孝道的艺术形式，在二十四孝中包括孝感动天、亲尝汤药、啮指痛心、百里负米、芦衣顺母、鹿乳奉亲、戏彩娱亲、卖身葬父、刻木事亲、行佣供母、怀橘遗亲、埋儿奉母、扇枕温衾、拾葚异器、涌泉跃鲤、闻雷泣墓、乳姑不怠、卧冰求鲤、恣蚊饱血、扼虎救父、哭竹生笋、尝粪忧心、弃官寻母、涤亲溺器等内容。在辽代金银饮食器上有孝子图的装饰，共12幅，以此反映契丹接受汉文化的典章制度和人们追求孝顺的心理愿望，如内蒙古阿鲁科尔沁旗辽耶律羽之墓出土的鎏金《孝子图》银壶（图101）。高士图、对弈图都具有闲心逸至和追求仕途的文化寓意，如内蒙古阿鲁科尔沁旗辽耶律羽之墓出土的鎏金《高士图》錾耳银杯、科左后旗吐尔基山辽墓出土的鎏金《对弈图》银壶等。

饮食器中装饰宗教题材和文字符号的较少。河北省窖藏出土的金银饮

图 101　鎏金《孝子图》银壶（辽代，内蒙古阿鲁科尔沁旗辽耶律羽之墓出土，
内蒙古文物考古研究所藏）

食，发现有伎乐天纹金碗、伽陵频迦纹金碗、鎏金坐佛纹银碗、供花菩萨纹金盘等，表现了拥有者对佛教的崇拜。这一批金银器的大部分都錾刻铭文，为辽代文忠王府和承天皇太后殿的供养器。如双鸳朵带纹金碗的外表錾文为"太平丙寅又进文忠王府大殿供奉祈百福皿九拾柒"；兔纹金碗的碗底錾文为"太平戊辰进奉文忠王府大殿祭器，臣萧术哲等合供进又合拜揖"；双凤纹金高足杯的圈足錾文为"太平丁卯至匠造，奉文忠王府大殿供养祭器龙涎香皿一桌，臣萧术哲等合供进"；龙纹葵口金杯的龙纹身下方框内錾文为"文忠王府大殿祭器，希廿又七字号，臣萧术哲等供进"；鎏金双鸳朵带纹银碗的外腹錾文为"太平丙寅又进文忠王府，宣徽南院诸臣合金银百两造成贡进"（图102）；鎏金坐佛纹银碗的外腹錾文为"太平丁卯武定军节度使，宣徽南院、行宫都部署、侍中臣张俭供进文忠王府大殿供养"。从錾刻的文字看，大多数是宣徽南院、行宫都部署、本部提辖署的大臣进奉给文忠王府和承天皇太后大殿的供器，祭祀已故的文忠王耶律隆运和萧太后，属于祭祀性质的文字，祈求已故先人保佑现有人的平安。诗文饮食器在北宋已经流行，但在辽代器物中却少见。

　　辽代饮食器的象征符号，是其整个象征系统的表层结构和深层意义的统一体，通过表层的物化符号反映深层的文化内涵，体现了匠人在构图构思中

图 102 鎏金双鸳朵带纹银碗（辽代，河北省窖藏出土，刘洪帅绘）

的率直自然，也影射了人们的淳朴观念和实现事实的心理愿望。如"双龙戏珠""双凤戏珠""龙凤纹""摩羯戏水""鸳鸯戏水""莲花纹""牡丹纹"等，将图案的场面和内容刻画得微妙细腻、淋漓尽致，来寓意对幸福生活的憧憬与向往。另外，有些饮食器在不同的仪式或场合中使用，用来代表使用者的身份和地位，或者为了追求吉利和好运。有的饮食器只能局限于宫廷或贵族阶层使用，绝对不允许民间的普通阶层使用；反之，民间使用较为粗糙的饮食器，在贵族看来是不能登大雅之堂的器具。因此，饮食器具本身又是一种特殊的象征符号。

（二）饮食行为的文化象征

在人类学的视野中，饮食及其所衍生的文化作为一个重要的研究领域。饮食行为是饮食主体为了消费食物而采取的各种行为举动和特殊习惯的总称，其中有部分饮食行为具有某种文化的象征意义，就是说人们在特定时间和场合中为满足心理需要和社会需要而采取的带有礼仪性和规范化的行为举动，往往反映出饮食主体与饮食客体之间的互动关系。这种象征性主要体现在人们对食物的选择、分配、制作中的举动，礼仪中的饮食作用以及交往中的饮食媒介等方面，利用饮食作为传递信息的重要表现形式，来沟通物像表面和意象内涵之间的关系。人类在生产生活过程中，首先要解决的就是饮食问题，古代人如此，现代人为了温饱也是如此，因而围绕饮食发生一系列的文化现象，以满足生理需要、心理需要和社会需要，尤其在人生礼仪、岁时节庆、人际交往、宗教祭祀以及其他社会活动中，为表达某些观念意识和心理状态而采取的饮食行为，都具有一定的象征性，表现出深层的文化寓意。

辽代的契丹民族由于独特的自然环境和经济类型，肉酪、美酒相融的饮食结构一直贯穿于社会生活之中。随着对外文化交流的频繁和历朝皇帝对农业的重视，游牧经济的发展需要依靠农耕经济的支撑，使饮食结构中的粮食、蔬菜、瓜果、茶饮等饮食物的比例也在增大，从而具有特征鲜明的饮食制作与开发，扩大了食物的选择范围。同时，由饮食推及到饮食行为或饮食活动，在一些仪式中扮演着重要的角色，具有文化的象征含义，在人际交往、人生礼俗、宗教祭祀中具有象征的功能。

辽代在接待外国使者和举行重大典礼仪式都要连续几天举行宴会。《辽史》卷51《礼志四》记载了辽代契丹皇帝宴请宋朝使者的场面，皇帝从上殿到接受大臣和宋使的入拜，都有一套严格的行酒、行茶、行膳的等级安排和程序，体现了辽代契丹皇帝与大臣、国主与使者之间的主从和主客关系。《契丹国志》卷21《南北朝馈献礼物》记载辽、宋之间的生辰礼物，契丹给宋朝的礼物主要有酒、腊肉、各种干果、盐等，宋朝给契丹皇帝的礼物有饮食器、酒、茶、干果等。这些互馈的礼品都为饮食和饮食器，作为辽朝与宋朝之间友好象征的表现符号。契丹皇帝与家人和大臣之间的交往通常以宴饮的行为或活动来进行，如统和五年（公元987年）"三月癸亥朔，（辽圣宗）幸长春宫，赏花钓鱼，以牡丹遍赐近臣，欢宴累日"[1]。从中看出，契丹皇帝和大臣的人际关系，除大臣要绝对服从皇帝之外，皇帝还设宴招待大臣，并行赏赐，有时皇帝到大臣家宴饮终日，以沟通君臣之间的关系。

关于饮食在生育中的文化象征，在辽代也有具体的表现。契丹民族需要有众多的人口来增强民族本体的势力，但由于生产方式的不同，放牧等劳动与农活相比属于轻微活动，男女老少皆可干，与中原地区的"重男轻女"和"多子多福"的生育观不同，形成"性别同一"的游牧生育观。在辽代的饮食中常见一种馍，就是指中原地区的馒头，这种主食成为北宋求子的食品之一。当时的东京城汴梁（今河南省开封市）"凡孕妇入月，于初一日，父母

---

[1] ［元］脱脱等：《辽史》卷12《圣宗本纪三》，北京：中华书局，1974年，第129页。

家以银盆，或镀或彩画盆，盛粟秆一束，上以锦绣或生色帕复盖之。上插花朵及通草，帖罗五男二女花样，用盘盒装送馒头，谓之'分痛'"。①这里记载的馒头具有促进妇女生育的象征含义。辽代的馍在宴饮和备食的场面中可以看到，如内蒙古敖汉旗羊山1号辽墓②壁画的宴饮图，在长方形木桌上放两个黑色食盒，内盛馒头和馍。内蒙古巴林左旗滴水壶辽墓③壁画的备餐图，在两位契丹侍者所抬的大盘内放有馒头、馍、麻花、点心等面食。这里的馍并非有育子的寓意，而是作为一种主食，可见辽宋的馒头具有不同的功能。根据宋人王易的《燕北录》记载，辽朝皇后生男儿后服用半盏调杏的酥油，生女儿后服三钱调盐的黑豆汤，皇帝和大臣饮酒祝贺，虽然酥油和豆汤都是为了补身体用，但也有生育饮食的文化象征。辽朝皇帝的生日礼仪，都有行酒、行茶、行肴、行膳的过程，这些饮食行为都具有烘托喜庆、吉祥氛围之意。

在婚礼中，饮食同样具有文化的象征意义。芬兰学者韦斯特马克（E. A. Westermarck）认为："新娘与新郎一起共食，乃是一种极其常见而又广泛流行的婚姻仪式。"以大量的资料证实了在未开化民族和文明民族中都有这种现象，"其目的在于保证男女之间的结合，其手段则使人们很自然地想到婚姻生活中最显著的一个特点，这就是夫妻有食同吃。除了共食之外，还有一种共饮的仪式。有时，这两种仪式是合二为一的"。④这种共食婚俗，也是一种以共同行为表示双方结合，并对双方产生相互约束的仪式。共饮如同共食一样，也是一种表示男女结合的具体象征，或者是作为加强夫妻关系的一种手段。辽代婚礼中的宴饮行为，有表示喜庆、吉祥之意。如皇帝的纳后仪，始终贯穿着进酒、献酒、行酒和宴饮，与拜礼相映衬。

在丧葬和祭祀礼仪中，不同的时期形成一些特殊的服丧禁忌规范，就是说在饮食、衣着、居住、言语、容体等行为方面加以限制，以表示对死者的哀悼和怀念之情。辽代契丹人墓葬中常见有殉牲的现象，还有以饮食器和食物作为随葬的习俗。如契丹族的"烧饭"之俗，即人们埋葬死者及葬后每当

① [宋] 孟元老撰，王永宽注释：《东京梦华录》卷5《育子》，郑州：中州古籍出版社，2010年，第99页。
② 邵国田：《敖汉旗羊山1—3号辽墓清理简报》，《内蒙古文物考古》1999年第1期，第1—38页。
③ 巴林左旗博物馆：《内蒙古巴林左旗滴水壶辽代壁画墓》，《考古》1999年第8期，第53—59页。
④ [芬兰] 韦斯特马克：《人类婚姻史》第1卷，李彬等译，北京：商务印书馆，2002年，第839、841页。

朔、望、节辰、忌日等，举行焚烧酒食的祭祀仪式。这种"烧饭"之俗一直流传至金、元时期。在一些自然宗教和人为宗教的祭祀礼仪中，饮食可以起到沟通人与神之间的桥梁作用。如契丹"凡举兵，帝率蕃汉文武臣僚，以青牛白马祭告天地、日神，惟不拜月"[①]，"以黑白羊祭天地"[②]。这些饮食和饮食器，都作为一种特定的象征符号，表现出主体者在宗教祭祀活动中向神灵供奉的祭祀品，借此表达主体者对神灵的精神寄托，希冀达到预期所祈求目标的心理愿望。

辽代有过重九节、饮菊花酒的习俗。如辽代统和三年（公元985年）闰九月"庚辰，重九，骆驼山登高，赐群臣菊花酒"[③]。统和四年（公元986年）九月"甲戌，次黑河，以重九登高于高水南阜，祭天。赐从臣命妇菊花酒"[④]。饮菊花酒的行为仍然是为了消除灾难，祈求平安吉祥。在其他的岁时节庆中，饮食作为重要的具有象征意义的一种符号，传递着文化信息。如春节至元宵节，大致从北朝时期开始，成为象征着一年中的肇始和团圆的节日。契丹的正旦节，用糯米和白羊骨髓和成拳头大的米团，分发给各个帐幕，到夜深时分，皇帝和各位帐主把米团从帐幕的窗户向外扔出，如果扔出的米团是双数就算吉日，马上鼓乐齐鸣，宴饮行乐；如果是单数就意味着不吉，便请来巫师祛邪。这里的米团就具有判断吉凶的文化功能。

瞿明安教授对饮食象征文化的礼仪性研究时认为："某些饮食活动只有在特定场合或地点举行的仪式活动、交往活动、宗教活动和其他社会生活活动中才具有象征意义，这是饮食象征文化满足人们心理需要和社会需要的又一种具体表现。"[⑤]美国人类学家科恩（Abner Cohen）把象征符号分为两种，一种是神圣的象征符号，用于宗教仪式；另一种是世俗的象征符号，用于世俗礼仪。他认为象征符号可以包括一切物品、动作、关系、语言等，它可以唤起人们的情感冲动，驱使人们采取行动，如典礼仪式、礼物交换、宴饮酬酢、社交礼节。象征符号的主要功能是能够将个人与个人、个人与群体

---

① ［元］脱脱等：《辽史》卷34《兵卫志上》，北京：中华书局，1974年，第397页。
② ［元］脱脱等：《辽史》卷14《圣宗本纪五》，北京：中华书局，1974年，第160页。
③ ［元］脱脱等：《辽史》卷10《圣宗本纪一》，北京：中华书局，1974年，第116页。
④ ［元］脱脱等：《辽史》卷11《圣宗本纪二》，北京：中华书局，1974年，第124页。
⑤ 瞿明安：《隐藏民族灵魂的符号：中国饮食象征文化论》，昆明：云南大学出版社，2001年，第39页。

之间的关系予以具体表现，能够具体表现人的地位与角色等。①辽代在处理国与国、民族与民族、君臣之间的人际交往中，在特定的场合中举行各种饮食活动，来象征辽朝与中原王朝的友好关系以及君臣间的融洽。同时，在举行诞生礼、婚礼、葬礼等过程中，主人设宴招待宾客和对参加者馈赠食物的饮食行为成为这些仪式的重要内容，寓意生子、婚礼的喜庆和葬礼的悲痛。在祭祀仪式中，饮食行为又是饮食文化在特定场合中的一种表现形式，表达了人们寄托神灵、祖先庇佑和期望风调雨顺、安乐太平的心理愿望。岁时节庆中的饮食行为，象征着人们祈求平安吉祥的心愿和欢乐喜庆的氛围。

辽代饮食行为的文化象征，是饮食文化整个象征体系中的重要组成部分，把饮食文化的表层结构和深层意义有机地统一起来，以饮食行为作为表层符号反映深层的文化内涵，为饮食主体传递信息产生不同的功能，来表现人们的淳朴观念和实现事实的心理愿望，寓意生育观、爱情观、幸福观、美好观、团圆观、吉祥观、长寿观等，表达了人们对幸福生活的憧憬与向往。

二、辽代饮食文化的交往交流交融

从北方草原饮食文化的发展历史看，早在考古学上的新石器时代开始就已经形成饮食文化区的区系发展序列和分布，特别是内蒙古东南部的原始文化发现的饮食器在发展中存在着先后承继的关系。自北方游牧民族诞生以后，草原地区逐渐形成"饮酪食肉"的饮食范式，其他与饮食相关的文化现象都围绕这一范式进行，虽然在延续中存在着融合、交流的文化事实，但由于在同一地域生息，生产生活方式相近，反映在饮食文化上必然具有传承的一面，尤其在饮食的物质层面上更加凸显。

（一）饮食文化的传承

在辽代以前的游牧民族中，鲜卑的饮食文化对契丹有着直接的联系。《新唐书》卷219《契丹传》记载："契丹，本东胡种，其先为匈奴所破，保鲜卑山。魏青龙中，部酋比能稍桀骜，为幽州刺史王雄所杀，众遂微，逃潢

---

① 夏建中：《文化人类学理论学派：文化研究的历史》，北京：中国人民大学出版社，1997年，第321页。

水之南，黄龙之北。至元魏，自号曰契丹。"①说明契丹与鲜卑同为东胡的后裔，并为鲜卑的一支。内蒙古阿鲁科尔沁旗辽耶律羽之墓出土的墓志说："其先宗分佶首派出石槐历汉魏隋唐已来世为君长。"②说明契丹的族源来自鲜卑。从早期契丹墓葬的形制、埋葬习俗及器物特征看，多有鲜卑的风格。学术界认为："契丹早期文化是直接继承舍根文化发展而来的。"③舍根文化是早于契丹的鲜卑文化，分布于今内蒙古通辽。由于契丹与鲜卑有着同源的族属，在饮食文化上具有承继关系。如饮食器中的敞口长颈灰陶瓶、灰陶碗以及弦纹、钱纹装饰，墓葬中殉牲现象，祭祀中的牺牲品等，二者之间都非常的接近，反映出的承继关系显而易见。

突厥势力最强大时，东部的地域范围可达大兴安岭一带。唐初在漠南设置定襄、云中等都督府，任用归附的突厥贵族为各州都督，使大量的突厥降户安置于此。后来，突厥可汗颉跌利施重建汗国，向东破契丹和奚，使契丹处于突厥的控制之下。《通典》卷200《契丹》记载："其后为突厥所逼，又以万家寄于高丽。"④直到突厥汗国晚期，"契丹及奚与突厥连和，屡为边患，讷建议请出师讨之"⑤。公元10世纪以后，契丹强大，于神册元年（公元916年）"秋七月壬申，（太祖）亲征突厥、吐浑、党项、小蕃、沙陀诸部，皆平之。俘其酋长及其户万五千六百，铠甲、兵仗、器服九十余万，宝货、驼马、牛羊不可胜算"⑥。从此，突厥又臣服于契丹。在这种关系中，双方的饮食文化势必有交流的趋向。如突厥金银器中常见到一种折肩罐，有无耳、环耳、錾耳之分。其中，无耳折肩罐在辽代金银器中多有发现。内蒙古阿鲁科尔沁旗辽耶律羽之墓出土的鎏金《孝子图》银壶、内蒙古克什克腾旗二八地1号辽墓出土的"大郎君"银壶、科左后旗吐尔基山辽墓出土的银盖壶、翁牛特旗解放营子辽墓⑦出土的银壶。錾耳折肩罐也是突厥的典型器之一，在辽代金银器也有发现，如科左后旗吐尔基山辽墓出土的鎏金錾花银壶、内蒙古通辽市奈林稿辽墓⑧出土的鎏金立凤纹银壶、赤峰市博物馆收藏

---

① ［宋］欧阳修、宋祁：《新唐书》卷219《契丹传》，北京：中华书局，1975年，第6167页。
② 内蒙古文物考古研究所等：《辽耶律羽之墓发掘简报》，《文物》1996年第1期，第32页。
③ 张柏忠：《契丹早期文化探索》，《考古》1984年第2期，第183—186页。
④ ［唐］杜佑：《通典》卷200《契丹》，北京：中华书局，1988年，第5486页。
⑤ ［后晋］刘昫等：《旧唐书》卷93《薛讷传》，北京：中华书局，1975年，第2984页。
⑥ ［元］脱脱等：《辽史》卷1《太祖本纪上》，北京：中华书局，1974年，第11页。
⑦ 翁牛特旗文化馆等：《内蒙古解放营子辽墓发掘简报》，《考古》1979年第4期，第330—334页。
⑧ 内蒙古文物工作队：《内蒙古哲里木盟奈林稿辽代壁画墓》，《考古学集刊》第1集，北京：中国社会科学出版社，1981年，第231—243页。

的辽代鎏金錾耳银杯（图103）。这种錾耳折肩罐在辽代墓葬中出土过类似的瓷器，如辽宁省阜新市海力板辽墓、卧凤沟辽墓、王府辽墓、南皂力营子辽墓[①]出土的錾耳折肩瓷罐。可见，突厥金银饮食器对辽代金银器、陶瓷器的影响较大，特别是辽代早中期的金银器，有些器物直接继承了突厥的器型与艺术风格。

图103　鎏金錾耳银杯（辽代，内蒙古赤峰市博物馆藏）

在辽代的饮食器中，炊煮器主要为铜、铁器，种类有鼎、釜、锅、火盆等，这些铁质饮食器在西夏、金代、元代中都有传承。内蒙古阿鲁科尔沁旗耶律羽之墓出土的釜形铁鼎，辽宁朝阳市南大街窖藏[②]出土的敛口铜釜。在西夏的遗迹中也有同类器出土，如内蒙古准格尔旗敖包渠西夏窖藏[③]出土的敛口铁鍑、圜底铁锅、侈口铁釜、侈口双耳铛。金元时期仍然如此，遗址中经常发现有带耳铁锅、铁火盆、铁鼎等，如内蒙古克什克腾旗元代应昌路故城、锡林郭勒盟等地，出土有六耳铁锅、铁釜、铁火盆、铁烤架等炊煮器。近现代蒙古族居住的蒙古包内中央置火灶或铁火架、铁火盆、铁锅。可以说这种承继关系一直延续到现在。契丹的貔狸馔为其饮食中的珍异美味，王辟之的《渑水燕谈录》卷8《事志》记载："契丹国产貔狸，形类大鼠而足短，极肥，其国以为殊味，穴地取之，以供国主之膳，自公相以下，不可得而尝。常以羊乳饲之。顷年虏使尝携至京，烹以进御。今朝臣奉使其国者，皆

---

①　辽宁省文物考古研究所等：《阜新海力板辽墓》，《辽海文物学刊》1991年第1期，第106—119页；李宇峰：《阜新发现的辽瓷錾耳壶》，《中国文物报》1989年8月11日；辽宁省文物考古研究所等：《阜新南皂力营子一号辽墓》，《辽海文物学刊》1992年第1期，第54—63页。

②　尚晓波：《辽宁省朝阳市南大街辽代铜铁器窖藏》，《文物》1997年第11期，第57—61页。

③　伊克昭盟文物工作站：《准格尔旗发现西夏窖藏》，《文物》1987年第8期，第91—96页。

得食之，然中国人亦不嗜其味也。"①辽国的御厨将貔狸饲养肥壮之后，或盐渍，或风干，或熏制，或冷炙，以供帝王享用，有时还让王公贵族尝鲜，给宋使都要密赐。女真人将黄鼠作为饮食珍味。宋人文惟简的《虏廷事实》记载："沙漠之野，地多黄鼠，畜豆壳于其地，以为食用。村民欲得之，则以水灌穴，遂出而有获。见其城邑有卖者，去皮刻腹，极甚肥大。虏人相悦，以为珍味。则知苏属国奉使时，胡妇掘野鼠而食之者，正谓此也。"②这种黄鼠也作为元代以后蒙古族的饮食美味，近现代仍有人食之。

（二）饮食文化的交往交流交融

北方草原地区饮食文化在传承过程中，必然与周邻民族、中原地区、西方国家形成相互交流的局面，进而丰富了草原饮食文化的内涵，这是符合文化人类学关于文化变迁和文化涵化的理论要求。这种交流关系始于原始时代，特别是对东北地区、中原地区的饮食文化造成很大的影响，反之亦然。在北方游牧民族诞生和草原丝绸之路正式开通以后，饮食文化的交流状况愈演愈烈。草原饮食文化与其他地区的互相交流，主要体现在食物原料、食物品种、饮食器的类型与装饰、饮食风俗、饮食风味等方面。

辽代早期，在其西部、西北、北部、东部生息着许多民族，有奚、室韦、突厥、吐谷浑、党项、回鹘、阻卜、乌古、敌烈、女真、渤海。辽朝与这些民族经常发生战争，贡物互市，扩大了相互间的经济贸易往来。如吐谷浑，"有白承福者，自同光（后唐年号，公元923—926年）初代为都督。……其畜牧就善水草，丁壮常数千人。羊马生息，入市中土"③。西瓜本为西域的特产，五代时由回纥引种，契丹打败回纥后获取种子在上京一带种植。宋使胡峤的《陷北记》曰："遂入平川，多草木，始食西瓜，云契丹破回纥得此种，以牛粪覆棚而种，大如中国冬瓜而味甘。"④内蒙古敖汉旗羊山1号辽墓⑤墓室东壁的宴饮图，墓主人前置砖砌半浮雕式黑色小方桌，桌前侧放一带子母口的黑色圆盘，盘内盛三个西瓜，证实了西瓜从西域

---

① ［宋］王辟之：《渑水燕谈录》卷8《事志》，上海：上海书店，1990年。
② ［宋］文惟简：《虏廷事实·黄鼠》，陶宗仪：《说郛三种·说郛一百卷》卷8，上海：上海古籍出版社，1988年，第173页。
③ ［宋］王溥：《五代会要》卷28《吐浑》，上海：上海古籍出版社，1978年，第450页。
④ ［宋］叶隆礼撰，贾敬颜、林荣贵点校：《契丹国志》卷25《胡峤陷北记》，上海：上海古籍出版社，1985年，第238页。
⑤ 邵国田：《敖汉旗羊山1—3号辽墓清理简报》，《内蒙古文物考古》1999年第1期，第1—38页。

传入后的种植情况。在契丹的食物中有一种回鹘豆，"高二尺许，直干，有叶无旁枝，角长二寸，每角止两豆，一根才六七角，色黄，味如粟"。①这种豆是从回鹘传入并引种。另外，葡萄也从西域传入。渤海的螃蟹、石鲎为契丹人所喜好，"渤海螃蟹，红色，大如碗，螯巨而厚，其跪如中国蟹螯。石鲎，鲛鱼之属，皆有之。"②从渤海传入螃蟹、鲛鱼，成为契丹人的饮食美味。

契丹与党项的关系是从党项首领继迁开始。继迁利用宋、辽之间的矛盾，采取联辽政策，契丹也利用党项势力牵制北宋，公元986年辽朝皇帝授继迁为定难军节度使，都督夏州诸军事。继迁为了进一步取得辽朝的支持，请求联姻，契丹主以宗室女耶律襄的女儿封义成公主许嫁，赐马三千匹。后封继迁为夏国王，接着又改封西平王。公元1031年，元昊与契丹兴平公主结婚，以加强二者之间的联盟关系。但是，党项建立的西夏与辽朝联盟，都是为了各自统治者利益而服务，在利益受到损害时，必然要发生战争。如公元1044年，辽兴宗率十万大军西征西夏，大败而还，西夏获辽军器服辎重不计其数，西夏还经常遣使入辽朝贡，并能得到辽政府的赏赐。因此，契丹与西夏以联姻、战争、朝贡等形式，加强二者之间的联系，促进饮食文化的交流。

契丹与女真通过贡赐和贸易的方式进行经济联系。如统和年间，女真几乎每年都要向辽贡献方物。统和六年（公元988年）八月，"丁丑，濒海女直遣使速鲁里来朝"③。统和九年（公元991年）"春正月甲戌，女直遣使来贡"④。统和二十一年（公元1003年）"夏四月乙丑，女直遣使来贡"。二十二年（公元1004年）"二月乙卯朔，女直遣使来贡"⑤。统和二十八年（公元1010年）"冬十月丙午朔，女直进良马万匹，乞从征高丽，许之"⑥。女真一部分归附契丹后称为"熟女真"，"或居民等自意相率赍以金、帛、布、黄蜡、天南星、人参、白附子、松子、蜜等诸物，入贡北番；或只于边上买

① [宋]叶隆礼撰，贾敬颜、林荣贵点校：《契丹国志》卷27《岁时杂记》，上海：上海古籍出版社，1985年，第256页。
② [宋]叶隆礼撰，贾敬颜、林荣贵点校：《契丹国志》卷27《岁时杂记》，上海：上海古籍出版社，1985年，第257页。
③ [元]脱脱等：《辽史》卷12《圣宗本纪三》，北京：中华书局，1974年，定131页。
④ [元]脱脱等：《辽史》卷13《圣宗本纪四》，北京：中华书局，1974年，第141页。
⑤ [元]脱脱等：《辽史》卷14《圣宗本纪五》，北京：中华书局，1974年，第158、159页。
⑥ [元]脱脱等：《辽史》卷15《圣宗本纪六》，北京：中华书局，1974年，第168页。

卖"。①契丹的商人经常到女真地区进行商业买卖活动，"亦无所碍，契丹亦不以为防备"②。居住在粟末江以北的"生女真"也把北珠、人参等土特产，运到宁江州的榷场与契丹进行贸易。

《契丹国志》卷22《控制诸国》记载了许多民族与契丹交易的情况。居住在契丹东北的屋惹、阿里眉、破骨鲁等国，每年除给契丹进贡"大马、蛤蚾、青鼠皮、貂鼠皮、胶鱼皮、蜜蜡"之外，还和契丹"任便往来买卖"。正东北的铁离国"惟以大马、蛤蚾、鹰鹘、青鼠、貂鼠等皮及胶鱼皮等物与契丹交易"。靺鞨国"惟以细鹰鹘、鹿、细白布、青鼠皮、银鼠皮、大马、胶鱼皮等与契丹交易"。铁离、喜失牵国"惟以羊、马、牛、驼、皮、毛之物与契丹交易"。蒙古里国"惟以牛、羊、驼、马、皮、毳之物与契丹交易"。于厥国"惟以牛、羊、驼、马、皮、毳之物与契丹交易"。鳌古里国"以牛、羊、驼、马、皮、毳为交易"③。契丹设置榷场和西北各族贸易，"高昌、龟兹、于阗、大小食、甘州人，时以物货至其国（契丹），交易而去"④。但与吐蕃、党项、突厥等"不进贡往来"。契丹与周边民族政治上的联姻、军事上的征战、商贸上的往来，在很大程度上促进了饮食文化的交流。尤其是经济贸易的主要货物，多与饮食生活资料来源有关。

早期契丹人主要与北魏至唐朝时期的中原地区往来，双方通过关市、贸易、朝贡、赏赐、战争等手段，促进经济上的贸易，带动饮食文化的交流。《魏书》卷100《契丹传》记载："真君以来，求朝献，岁贡名马。……太和三年（公元479年）……其莫弗贺勿于率其部落车三千乘、众万余口，驱徙杂畜，求入内附，止于白狼水东。自此岁常朝贡。后告饥，高祖矜之，听其入关市籴。及世宗、肃宗时，恒遣使贡方物。熙平中（公元516—518年），契丹使人祖真等三十人还，灵太后以其俗嫁娶之际，以青毡为上服，人给青毡两匹，赏其诚款之心，余依旧式。朝贡至齐受禅常不绝。"⑤契丹从北魏太平真君年（公元440—451年）以来，一直向北魏朝贡特产，并在边界的

---

① ［宋］叶隆礼撰，贾敬颜、林荣贵点校：《契丹国志》卷22《控制诸国》，上海：上海古籍出版社，1985年，第212页。

② ［宋］叶隆礼撰，贾敬颜、林荣贵点校：《契丹国志》卷22《控制诸国》，上海：上海古籍出版社，1985年，第212页。

③ ［宋］叶隆礼撰，贾敬颜、林荣贵点校：《契丹国志》卷22《控制诸国》，上海：上海古籍出版社，1985年，第213—214页。

④ ［元］马端临：《文献通考》卷346《契丹下》，北京：中华书局，1986年，第2712页。

⑤ ［北齐］魏收：《魏书》卷100《契丹传》，北京：中华书局，1974年，第2223页。

关市进行贸易，用牲畜换取必要的生活资料。《隋书》卷84《契丹传》记载："开皇四年（公元584年），率诸莫贺弗来谒。五年（公元585年），悉其众款塞，高祖纳之，听居其故地。……其后契丹别部出伏等背高丽，率众内附。……开皇末，其别部四千余家背突厥来降。"[①]指出了隋开皇年间，契丹与隋朝交往的状况。《新唐书》卷219《契丹传》记载："武德中（公元618—626年），其大酋孙敖曹与靺鞨长突地稽俱遣人来朝，而君长或小入寇边。后二年，君长乃遣使者上名马、丰貂。""贞观三年（公元629年），摩会复入朝，赐鼓纛，由是有常贡。""咸通中（公元860—874年）……复败约入寇，刘守光戍平州，契丹以万骑入，守光伪与和，帐饮具于野，伏发，禽（擒）其大将。群胡恟，愿纳马五千以赎，不许，钦德输重赂求之，乃与盟，十年不敢近边。"[②]在唐玄宗开元年以前，契丹向唐朝进贡，但战争频繁。开元以后，契丹向唐朝进贡献物增多，战争减少，有利于促进双方的经济贸易往来，也带动了饮食文化的交流。

辽代早期正是中原地区的五代时期。朱温建立后梁政权时（公元907年），契丹耶律阿保机送名马、女口、貂皮，求册封。公元908年，耶律阿保机和耶律述分别向后梁皇帝朱温赠送良马、细马、金马鞍辔、貂皮衣冠、男女小奴隶和朝霞锦。公元909年八月，又赠送金镀铁甲、银甲、马匹、云霞锦。后来，不断派人赠送物品给朱温。天赞四年（公元925年）五月，耶律阿保机向后唐"遣使拽鹿孟等来贡方物"[③]。天显元年（公元926年），由于要"复寇渤海国，又遣梅老鞋里已下三十七人贡马三十匹，诈修和好"[④]。天显九年（公元934年），耶律德光向后唐赠送"马四百、驼十、羊二千"[⑤]。双方的使者一直往来不绝。与南唐的关系，在《南唐书》卷18《契丹传》中有记载。会同三年（公元940年）九月，"契丹……来聘，献狐白裘"。六年（公元943年）六月，"契丹……来聘，献马五驷"；七年（公元944年）正月，"契丹……来聘，献马三百、羊三万五千"。[⑥]

辽代早期的饮食器具，从器物造型和装饰艺术及工艺看，主要受唐朝的

① ［唐］魏征等：《隋书》卷84《契丹传》，北京：中华书局，1973年，第1881—1882页。
② ［宋］欧阳修、宋祁：《新唐书》卷219《契丹传》，北京：中华书局，1975年，第6168、6172—6173页。
③ ［宋］王溥：《五代会要》卷29《契丹》，上海：上海古籍出版社，1978年，第456页。
④ ［宋］王溥：《五代会要》卷29《契丹》，上海：上海古籍出版社，1978年，第456页。
⑤ ［宋］王钦若等编：《册府元龟》卷972《外臣部·朝贡五》，北京：中华书局，1960年，第11423页。
⑥ ［宋］马令、陆游：《南唐书》卷18《契丹传》（两种），南京：南京出版社，2010年，第353页。

影响。金银器中的花瓣口、圆形口、盘状、曲式、海棠形口器，与唐代金银器的圆形、葵形、椭方、海棠、花瓣、菱弧形口有着明显的共性，二者显然有着直接的渊源关系。从器口形式看，唐代金银器第一、第二期以圆形为主，第三、第四期则以多瓣形器口为主，这与辽代金银器第一期早段的风格十分相似，特别是唐代金银器第三、第四期的花瓣形器口，在辽代被完全吸收并得到了充分的发展，仅在花瓣数上略有差异。辽代金银器第一期晚段与唐代金银器在器口变化上仍保持一致，没有走出唐代金银器的模式。辽代的银箸、银匙、渣斗、盏托，在造型上都与唐代同类器物有共同特征。辽代金银器的纹饰题材和布局几乎是唐代金银器的翻版，尤其是第一、第二期的纹饰布局讲求对称，构图繁缛而层次分明。纹饰有分区装饰、单点装饰和满地装等，在器物内底或器顶饰主体花纹，其他部位以辅助性花纹修饰。辽代早期金银器中的动物纹、植物纹以龙、凤、鸳鸯、摩羯、鸿雁（图104）、莲瓣、牡丹、卷草居多，植物纹常以缠枝的形式出现，团花装饰为主要特征。唐代金银器中的动物和植物纹更是主要的装饰题材，种类比辽代更为丰富，二者的承继关系十分明显。同时，辽代早期的仿皮囊式鸡冠壶是契丹民族典型的饮食器之一，这种造型的器物与唐代金银器的同类器非常相似，当为契丹民族文化的影响所致。

图104　对雁衔花纹金杯（辽代，内蒙古阿鲁科尔沁旗辽耶律羽之墓出土，
内蒙古文物考古研究所藏）

辽代的陶瓷烧制，在契丹传统制陶工艺的基础上，吸收北方系统的瓷器技法而独创，在中国五代和北宋时期南北诸窑的产品中独树一帜。辽代早期的瓷器类别繁多，既有契丹民族传统的特点，又吸收了中原文化的精髓。内蒙古阿鲁科尔沁旗辽耶律羽之墓出土的瓷器，多仿定窑白瓷，釉色晶莹，胎

质细腻，胎体轻薄；绿釉和仿青瓷也是辽瓷中少见的精品，还有褐釉、酱釉
瓷器，器种有白瓷皮囊式鸡冠壶、白瓷盘口瓶、白瓷盖罐、青瓷双耳四系盖
罐、"盈"字款白瓷大碗等。在辽代的遗址和墓葬中，陶瓷器组合一般为两
套，一套为契丹民族特色的器物，如鸡冠壶、凤首瓶、牛腿瓶等；另一套为
中原风格的产品，如碗、盘、瓶等（图105），其中三彩器是在唐三彩的基础
上烧制而成。

图 105　莲花形白瓷执壶、温碗（辽代，内蒙古赤峰出土，内蒙古博物院藏）

辽代中、晚期，辽宋之间经常互派使者，馈赠礼物。双方在公元1004
年定下"澶渊之盟"，宋每年给辽输银十万两，绢二十万匹。此后，辽宋间
继续互派使节，在边境互市，有利于加强辽宋之间的经济、文化交流。北宋
初年，辽宋双方就已经在沿边互市，但没有设置官署机构进行管理，纯属民
间贸易。公元977年，在北宋的镇、易、雄、霸、沧等州设置榷场。公元
991年，又在雄州、霸州、静戎军、代州雁门寨设置榷场。公元1005年，辽
在涿州新城、振武军及朔州南设置榷场；北宋在雄州、安肃军及广信军设置
榷场，派官吏监督贸易。这些榷场开设的时间很长，"终仁宗、英宗之世，
契丹固守盟好，互市不绝"[1]。短期设置的榷场有定州军城寨、飞狐茭牙、
火军山、久良津等。榷场交易的物品，在澶渊之盟之前，从宋输入辽的有香
药、犀、象、茶，后来增加苏木一项。澶渊之盟后，再增加缯帛、漆器、粳
糯。由辽输入宋的商品有银、钱、布、羊、马、橐驼，羊的数量很大。在辽
代金银饮食器的器形上，宋文化的因素可见一斑，特别是在辽代中期以后更

---

① ［元］脱脱等：《宋史》卷186《食货志下八》，北京：中华书局，1977年，第4563页。

加明显。宋代金银器的一个显著特点是仿生多变的造型,用钣金的方法制作如花朵、荷叶形状的碗、盘等。结合这种造型,原来适宜于唐代金银器上的四、五、六等分区法随即失去了意义,宋人在器形和纹饰统一下,曲口分瓣非常随意,瓣数增多,出现了二十多瓣的器物。如内蒙古巴林右旗白音汉辽代窖藏出土的柳斗形银杯(图106)、荷叶形银杯、复瓣仰莲纹银杯、二十五瓣莲花口银杯、海棠形錾花银盘,辽宁省建昌龟山1号辽墓[1]出土的花瓣式口银杯、银盘。其中,柳斗形银杯的制作工艺和器形,与江苏省吴县藏书乡[2]出土的宋代荷叶盖柳斗形银罐接近;二十五瓣莲花口银杯,与江苏省溧阳市平桥宋代银器窖藏[3]出土的鎏金十二曲六角栀子花银盏、复瓣莲花银盏和四川省德阳市宋代窖藏[4]银器中的I式、III式、IV式银杯相类似;海棠形錾花银盘,与溧阳市平桥宋代银器窖藏出土的鎏金海棠形狮子绣球纹银盘的形制相近。八棱体金银器是宋人的器物,《宣和乙巳奉使行程录》记录宋使许亢宗等充奉使贺金吴乞买登位,所带贺礼中有"涂金平级八角饮酒斛二只,盖勺全;涂金平级八角银瓶十只,盖金;涂金大浑银香狮三只,座金"[5]。内蒙古巴林右旗白音汉辽代窖藏出土的八棱錾花银执壶、八棱錾花银温碗,与福建省邵武故县[6]出土的鎏金夹层银八角杯同属八棱体器物。说明宋代的八棱体器不但影响了辽代金银器,也对金代金银器有一定的文化渗入。

图106 柳斗形银杯(辽代,内蒙古巴林右旗白音汉窖藏出土,内蒙古博物院藏)

① 靳枫毅、徐基:《辽宁建昌龟山一号辽墓》,《文物》1985年第3期,第48—55页。
② 叶玉奇、王建华:《江苏吴县藏书公社出土宋代遗物》,《文物》1986年第5期,第78—80页。
③ 肖梦龙、汪青青:《江苏溧阳平桥出土宋代银器窖藏》,《文物》1986年第5期,第70—77页。
④ 沈仲常:《四川德阳出土的宋代银器简介》,《文物》1961年第11期,48—52页。
⑤ [宋]徐梦莘:《三朝北盟会编·宣和乙巳奉使行程录》,上海:上海古籍出版社,1987年,第141页。
⑥ 王振铺、何圣庠:《邵武故县发现一批宋代银器》,《福建文博》1982年第1期,第1—27页。

　　契丹的饮食传入中原地区后，深受北宋上层社会和人民的喜欢。根据
《契丹国志》卷21《南北朝馈献礼物》的记载，契丹送给宋朝皇帝的生日礼
物有法渍法麹面麹酒、蜜渍山果、蜜晒山果、匹列山梨柿、榛栗、松子、郁
李子、黑郁李子、面枣、楞梨、棠梨及饮食美味貔狸。宋朝送给契丹皇帝生
辰礼物有金银酒食茶器、法酒、乳茶、岳麓茶、盐蜜果、干果。宋朝给辽使
的礼物有银器、粳、粟、面、羊、法酒、糯米酒。乳酪在北宋都城为珍贵而
美味的饮品，有专门经营乳酪而成名的"乳酪张家"。到南宋时，把乳酪改
进，制成"酪面"。契丹的肉食在北宋也由粗制走向细制。如北宋东京出现
鹿脯、冬月盘兔、炒兔、葱泼兔、野鸭肉等。羊肉在汉族居住区的大城市，
名目繁多。如旋煎羊白肠、批切头、汤骨头乳炊羊、炖羊、虚汁垂丝羊头、
入炉羊、羊头签、羊肉头肚等。这都说明辽代契丹的饮食文化与中原地区饮
食文化的交流互动状况。

　　辽代契丹族的饮食文化，不仅向中原地区、西北地区、东北地区传播，
还通过高丽传入朝鲜、日本，经过西域传入中亚一带，扩大了交流的区域。
同时，中亚、西亚的饮食器不断传入契丹境内。契丹崛起后，向西北边境扩
张，保证了通往西域的交通畅通无阻，高昌、于阗成为辽与波斯、大食等国
联系的桥梁，客观上促进了西方文化的传入，这在考古学资料中可以得到证
实。内蒙古科左后旗吐尔基山辽墓出土的八棱单耳金杯、阿鲁科尔沁旗辽耶
律羽之墓出土的鎏金"高士图"银把杯，造型多呈多棱式，圈足，有把和指
环，在边棱饰联珠纹。克什克腾旗二八地1号辽墓出土的五星纹银把杯，口
侧附把和指环。吐尔基山辽墓出土的鎏金錾花银壶，肩部附花瓣形錾耳，耳
下有圆形指环，环下饰一乳突。阿鲁科尔沁旗扎斯台辽墓①出土的鎏金鸿雁
焦叶五曲錾耳银杯，一侧附錾耳，下有圆形指环，环下饰一乳突。鎏金鸿雁
纹银耳杯，一侧口部附錾耳，下有圆形指环，环下侧饰一乳突（图107）。这
种器物造型，在粟特金银器中流行，但纹饰带有中国化，当为仿粟特产品。
阿鲁科尔沁旗辽耶律羽之墓出土的鎏金《孝子图》银壶、克什克腾旗二八地
1号辽墓出土的"大郎君"银壶，形制与俄罗斯米努辛斯克盆地西部、濒临
叶尼塞河上游的科比内2号突厥墓②出土的折肩金杯非常相似，纹饰和錾文
为中国式，应为仿突厥的造型。联珠纹装饰又是波斯萨珊王朝银器的做法，

---

① 张景明：《辽代金银器研究》，北京：文物出版社，2011年，第109—110页。
② 孙机：《论近年内蒙古出土的突厥与突厥式金银器》，《文物》1993年第8期，第48—58页。

饱满圆润，技法高超。辽代早期高足杯的形状在唐代金银器中不见，杯身宽浅，呈敞口盘形，圈足矮小，如赤峰市大营子辽驸马墓出土的鎏金团龙戏珠纹银高足杯。这种类型的高足杯，与中亚（今乌兹别克斯坦南部铁尔梅兹市）巴拉雷克发现的公元5至6世纪嚈哒壁画中人物手中的高足杯相近。河北省窖藏出土的辽太平年间的双凤纹金高足杯，口缘有一周联珠纹，杯身比早期稍有增高，圈足矮，但有增大的趋势，其器形明显具有波斯的风格。粟特银器中的杯、碗，器体多分曲或作花瓣形，这种匠意深深地影响了唐代早期金银器的造型。辽代花瓣形或多曲式金银器主要继承了唐代后期的风格，但有的金银器却明显是粟特银器的做法，如辽宁省喀左县北岭辽墓①出土的六曲银碗。辽宁省朝阳市姑营子辽耿氏墓②出土的玻璃带把杯，具有典型的伊斯兰玻璃器特征，与伊朗高原喀尔干出土的玻璃把杯有着相同的造型。内蒙古奈曼旗辽陈国公主墓出土的乳钉纹玻璃把杯，与喀尔干出土的公元9世纪玻璃把杯的器形相似；刻花玻璃瓶在河北省定县北宋五号塔基③内出土有类似的器形，与德黑兰考古博物馆藏乃沙不耳出土的公元10世纪水瓶的形状和纹饰相近。这些玻璃饮食器皿，都产于伊朗高原，具有伊斯兰风格，通过草原丝绸之路传入辽朝境内。

图107　鎏金鸿雁纹银耳杯（辽代，内蒙古阿鲁科尔沁旗扎斯台辽墓出土，
内蒙古阿鲁科尔沁旗博物馆藏）

① 辽宁省文物考古研究所：《辽宁喀左北岭辽墓》，《辽海文物学刊》1986年第1期，第38—42页。
② 朝阳地区博物馆：《辽宁朝阳姑营子辽耿氏墓发掘报告》，《考古学集刊》第3集，1983年，北京：中国社会科学出版社，第168—195页。
③ 河北定县博物馆：《河北定县发现两座宋代塔基》，《文物》1972年第8期，第39—51页。

辽代在历史上虽然存在着与各民族间的战争，正是由于文化上的交流促使了民族间的和平往来，消除了战争带来的不和谐因素，促进了民族的大融合。契丹建立辽朝政权后，在政治上采取了"以国制治契丹，以汉制待汉人"的政策，反映在文化也是如此，但是很快便被中原地区强劲的文化所冲击，因而采取了"兼容并蓄"的文化政策。在饮食器上，辽代早期多受唐文化和西方文化的影响，甚至有些器物是唐代的直接翻版。中期以后逐渐接受宋文化的因素，直至完全宋化。在辽代的墓葬中，经常发现两套形制不同的随葬品，既有契丹民族的特征，又有中原地区的风格（图108）。可以看出契丹民族最大可能地吸收中原地区、周边民族和西方国家的文化，这对促进契丹民族与汉民族、周邻民族的融合有很大的作用。辽朝与唐朝、五代、宋朝、西夏、西域诸国的使者一直往来不绝，通过朝贡、赐赠、联姻、榷场等途径，增进与各民族经济商贸上的交易，带动了饮食文化的交流，推动了契丹民族与这些民族和地区的和谐交往。同时，无论是从饮食构成、饮食生活、饮食礼仪，还是饮食制度、饮食理论、饮食艺术等来看，都与中原地区、周邻地区以及西方国家有着双向的互动交流，充分说明辽代饮食文化具有多样性、包容性、开放性的特点，促进了民族间的融合，为构筑中华民族共同体的最后形成起到了重大作用。

图108　"官"字款莲纹白瓷盖罐（辽代，内蒙古奈曼旗陈国公主墓出土，内蒙古文物考古研究所藏）

参 考 文 献

一、古代文献

［唐］李延寿：《北史》，北京：中华书局，1974年。

［汉］司马迁：《史记》，北京：中华书局，1959年。

［汉］班固：《汉书》，北京：中华书局，1962年。

［刘宋］范晔：《后汉书》，北京：中华书局，1965年。

［北齐］魏收：《魏书》，北京：中华书局，1974年。

［唐］魏征等：《隋书》，北京：中华书局，1973年。

［唐］陆羽：《茶经》，北京：中华书局，2010年。

［后晋］刘昫等：《旧唐书》，北京：中华书局，1975年。

［宋］彭大雅、徐霆：《黑鞑事略》，王国维笺证本：《蒙古史料校注四种》，北京：1926年刊印。

［宋］薛居正等：《旧五代史》，北京：中华书局，1976年。

［宋］欧阳修：《新五代史》，北京：中华书局，1974年。

［宋］司马光：《资治通鉴》，北京：中华书局，1956年。

［宋］叶隆礼：《契丹国志》，上海：上海古籍出版社，1985年。

［宋］李焘：《续资治通鉴长编》，北京：中华书局，1979年。

［宋］朱彧：《萍洲可谈》，上海：上海古籍出版社，1989年。

［宋］欧阳修：《归田录》，上海：上海书店，1990年。

［宋］王辟之：《渑水燕谈录》，上海：上海书店，1990年。

［宋］周密：《齐东野语》，济南：齐鲁书社，2007年。

［宋］苏辙：《栾城集》，上海，上海古籍出版社，1987年。

［宋］王安石：《临川先生文集》，北京：中华书局，1959年。

［宋］毕仲游：《西台集》，郑州：中州古籍出版社，2005年。

［宋］孟元老：《东京梦华录》，上海：上海古典文学出版社，1956年。

［宋］王溥：《五代会要》，上海：上海古籍出版社，1978年。

［宋］王钦若等编：《册府元龟》，北京：中华书局，1960年。

［元］脱脱等：《辽史》，北京：中华书局，1974年。

［元］脱脱等：《宋史》，北京：中华书局，1977年。

［元］脱脱等：《辽史补注》，陈述补注，北京：中华书局，2018年。

［元］马端临：《文献通考》，北京：中华书局，1986年。

［元］柯九思等编：《辽金元宫词》，北京：北京古籍出版社，1988年。

［元］耶律楚材：《湛然居士文集》，北京：中华书局，1986年。

［明］李时珍：《本草纲目》，昆明：云南人民出版社，2011年。

二、现代文献

陈述：《契丹史论证稿》，北平：国立北平研究院史学研究所，1948年。

大同市考古研究所编：《大同东风里辽代壁画墓》，北京：文物出版社，2016年。

方李莉编著：《费孝通晚年思想录——文化的传统与创造》，长沙：岳麓书社，2005年。

费孝通主编：《中华民族多元一体格局》，北京：中央民族大学出版社，2018年。

傅璇琮、孙钦善、倪其心，等主编：《全宋诗》，北京：北京大学出版社，1991年。

盖山林：《丝绸之路：草原文化研究》，乌鲁木齐：新疆人民出版社，2010年。

何明、吴明泽：《中国少数民族酒文化》，昆明：云南人民出版社，1999年。

河北省文物研究所编著：《宣化辽墓——1974～1993年考古发掘报告》，北京：文物出版社，2001年。

黄淑娉、龚佩华：《文化人类学理论方法研究》，广州：广东高等教育出版社，2004年。

黄小钰：《北京及周边地区辽代壁画墓研究》，北京：科学出版社，2019年。

贾敬颜：《五代宋金元人边疆行记十三种疏证稿》，北京：中华书局，2004年。

姜习等主编：《中国烹饪百科全书》，北京：中国大百科全书出版社，1992年。

李春祥编著：《饮食器具考》，北京：知识产权出版社，2006年。

李锡厚、白滨、周峰：《辽西夏金史研究》，福州：福建人民出版社，2005年。

李义、胡廷荣编著：《全编宋人使辽诗与行记校注考》，呼和浩特：内蒙古文化出版社，2012年。

李逸友：《北方考古研究》（一），郑州：中州古籍出版社，1994年。

林耀华主编：《民族学通论》（修订本），北京：中央民族大学出版社，1997年。

刘未：《辽代墓葬的考古学研究》，北京：科学出版社，2016年。

马宏伟：《中国饮食文化》，呼和浩特：内蒙古人民出版社，1992年。

马晋宜、杜成辉编纂：《全辽诗》（上），北京：中国国际教育出版社，2001年。

内蒙古文物考古研究所编：《内蒙古文物考古文集》第1辑，北京：中国大百科全书出版社，1994年。

内蒙古文物考古研究所编：《内蒙古文物考古文集》第2辑，北京：中国大百科全书出版社，1997年。

内蒙古自治区文物考古研究所编：《内蒙古文物考古文集》第3辑，北京：科学出版社，2004年。

内蒙古自治区文物考古研究所等：《辽陈国公主墓》，北京：文物出版社，1993年。

彭善国：《辽金元陶瓷考古研究》，北京：科学出版社，2013年。

彭兆荣：《饮食人类学》，北京：北京大学出版社，2013年。

齐东方、李雨生：《中国古代物质文化史·玻璃器》，北京：开明出版社，2018年。

瞿明安：《隐藏民族灵魂的符号：中国饮食象征文化论》，昆明：云南大学出版社，2001年。

瞿宣颖纂辑：《中国社会史料丛钞·南北饮食风尚》，上海：上海书店，1985年。

史宗主编：《20世纪西方宗教人类学文选》，金泽等译，上海：上海三联书店，1995年。

舒焚：《辽史稿》，武汉：湖北人民出版社，1984年。

苏秉琦：《中国文明起源新探》，北京：生活·读书·新知三联书店，1999年。

孙建华编著：《内蒙古辽代壁画》，北京：文物出版社，2009年。

孙进己、孙泓：《契丹民族史》，桂林：广西师范大学出版社，2010年。

王健群、陈相伟：《库伦辽代壁画墓》，北京：文物出版社，1989年。

王钟翰主编：《中国民族史》，北京：中国社会科学出版社，1994年。

文物编辑委员会编：《文物考古工作三十年（1949—1979）》，北京：文物出版社，1979年。

巫鸿、李清泉：《宝山辽墓：材料与释读》，上海：上海书画出版社，2013年。

吴泽霖总纂：《人类学词典》，上海：上海辞书出版社，1991年。

夏建中：《文化人类学理论学派：文化研究的历史》，北京：中国人民大学出版社，1997年。

项春松：《赤峰历史与考古文集》，呼和浩特：内蒙古新闻出版局，2002年。

谢定源编著：《中国饮食文化》，杭州：浙江大学出版社，2008年。

杨树森：《辽史简编》，沈阳：辽宁人民出版社，1984年。

于宝林：《契丹古代史论稿》，合肥：黄山书社，1998年。

张景明：《辽代金银器研究》，北京：文物出版社，2011年。

张久和：《辽夏金元史徵·辽朝卷》，呼和浩特：内蒙古大学出版社，2007年。

张正明：《契丹史略》，北京：中华书局，1979年。

赵荣光、谢定源：《饮食文化概论》，北京：中国轻工业出版社，2000年。

朱狄：《原始文化研究：对审美发生问题的思考》，北京：生活·读书·新知三联书店，1988年。

朱风、贾敬颜译：《汉译蒙古黄金史纲》，呼和浩特：内蒙古人民出版社，2007年。

［奥地利］施米特：《原始宗教与神话》，萧师毅、陈祥春译，上海：上海文艺出版社，1987年。

［德］卡西尔：《人论》，甘阳译，上海：上海译文出版社，1985年。

［法］迪尔凯姆：《社会学研究方法论》，胡伟译，北京：华夏出版社，1988年。

［芬兰］韦斯特马克：《人类婚姻史》（1），李彬等译，北京：商务印书馆，2002年。

［美］本尼迪克特：《文化模式》，王炜等译，北京：生活·读书·新知三联书店，1988年。

［美］卡罗琳·考斯梅尔：《味觉：食物与哲学》，吴琼、叶勤、张雷译，北京：中国友谊出版公司，2001年。

［美］马文·哈里斯：《好吃：食物与文化之谜》，叶舒宪、户晓辉译，济南：山东画报出版社，2001年。

［美］马文·哈里斯：《文化唯物论》，张海洋、王曼萍译，北京：华夏出版社，1989年。

［美］西敏司：《饮食人类学：漫话餐桌上的权力和影响力》，林为正译，北京：电子工业出版社，2015年。

［日］岛田正郎：《大契丹国：辽代社会史研究》，何天明译，呼和浩特：内蒙古人民出版社，2006年。

［日］绫部恒雄主编：《文化人类学的十五种理论》，周星等译，贵阳：贵州人民出版社，1988年。

［日］杉山正明：《疾驰的草原征服者：辽西夏金元》，乌兰、乌日娜译，桂林：广西师范大学出版社，2014年。

［英］拉德克利夫-布朗：《社会人类学方法》，夏建中译，济南：山东人民出版社，1988年。

［英］拉德克利夫-布朗：《原始社会的结构与功能》，潘蛟等译，北京：中央民族大学出版社，1999年。

［英］马林诺夫斯基：《科学的文化理论》，黄建波等译，张海洋校，北京：中央民族大学出版社，1999年。

［英］马林诺夫斯基：《文化论》，费孝通译，北京：中国民间文艺出版社，1987年。

［英］马林诺夫斯基：《巫术科学宗教与神话》，李安宅编译，上海：上海文艺出版社，1987年。

三、外文文献

Bronislaw Kaspar Malinowski, *Argonauts of the Western Pacific*, London: George Routledge, 1922.

C. Wissler, *Man and culture*, New York, Crowell, 1923.

E. B. Tylor, *On a Method of Inuestigating the Deuelopment of Institutions: Applied to Laws of Marriage and Descent. Readings in Cross Cultural Methodology*, edited by F. W. Moore, HRAF Press, New Haven, 1970.

E. B. Tylor, *The Orins of Culture*, Harper and Brothers Publishers, New York, 1958.

F. Boas, Race, *Language and Culture*, New York, Macmillan, 1982.

J. H. Steward, *Theory of Culture Change*, University of Illinois Press, Urbana, 1990.

Marvin Harris, *The Rise of Anthropological Theory: A History of Theories of Culture*, Thomas Y. Crowell Company, Inc, 1968.

Marvin Harris: *Cultural Materialism: The Struggle for a Science of Culture*, New York, Vintage Books, 1980.

后　记

　　饮食人类学的概念、理论与方法虽然源于西方国家，但传入中国后结合各民族本土丰富的饮食文化资料，逐渐形成中国特色的人类学分支学科，也铸就了相关的研究成果。尤其是"中国饮食文化史"丛书、"中国饮食文化专题史"丛书的面世，涉及人类学、民族学、历史学、考古学、民俗学、烹饪学、文献学、文化学、食品科技史、农业史等学科，可谓是目前研究饮食文化领域中最具权威的成果。笔者有幸参与了这两部丛书的撰写，即《中国饮食文化史·中北地区卷》《中国饮食器具发展史》，除此以外还编著出版《中国北方游牧民族饮食文化研究》《草原饮食文化研究》，都是基于饮食人类学的理论与方法，结合民族学、历史学、考古学的理论和资料完成的。这次以"饮食人类学视域下的辽代饮食文化研究"为题，在梳理学术史和前期研究基础上，运用饮食人类学的理论和研究方法，结合历史文献资料、考古实物资料，提出饮食人类学的学科建构及其对食学理论的支撑、北方草原饮食文化区的界定与文化生态观等学术观点，进而论述辽代的生计方式与饮食构成、辽代饮食器具的分类与造型、制度文化与辽代饮食阶层性、辽代艺术形式体现的饮食文化与饮食艺术、辽代饮食文化的象征表意与交往交流交融。以饮食人类学为指导，以饮食为载体，以辽代饮食文化为研究对象，更好地传承古代北方民族传统文化，创新现代优秀民族文化。

　　在本书资料调查和写作过程中，得到内蒙古博物院、内蒙古文物考古研究所、赤峰市博物馆、辽上京博物馆、辽中京博物馆、巴林右旗博物馆、乌兰察布博物馆、鄂尔多斯青铜器博物馆等单位的支持。中山大学社会学与人类学学院的考古学博士生张杰承担了辽代墓葬壁画中饮食文化有关内容的撰写，北方民族大学民族学学院的民族学博士生马宏滨在查找资料方面给予很多的帮助，北方民族大学中央高校基本科研业务费专项资金、辽宁省"兴辽英才计划"项目资金提供出版资助，在此感谢以上单位和两位博士生及有关领导的大力支持。同时，感谢我的同学北京大学医学出版社王凤廷社长和科学出版社编辑，对本书的出版给予鼎力相助，内蒙古赤峰博物馆副馆长马凤磊研究员提供部分图片，也感谢本书参与者在写作和拍照中付出的艰辛。总之，学无止境，仍需再努力。

作　者

于 2021 年岁首